▽网页详情页效果图

CDR

U0734229

陶艺轩
TAOYIXUAN

器悦人心，因人而美
THE INSTRUMENT IS PLEASING TO PEOPLE AND BEAUTIFUL BECAUSE OF PEOPLE

首页 关于我们 产品展示 新闻资讯 品牌介绍 联系我们

美好生活

精致陶瓷，点亮美好生活

2024年度新品发布

其他产品 | 新品展示

品名:百叶瓶

产地:江西景德镇

工艺:手工制作

材质:陶瓷

包装:3层防破损包装

使用空间:客厅、书房、会所

规格:A款:高30cm 宽11.5cm 口径5.5cm

B款:高40cm 宽15.5cm 口径8cm

手工制作存在误差，介意者慎买

口径5.5cm
30cm

30cm

A款

口径8cm
15.5cm

40cm

B款

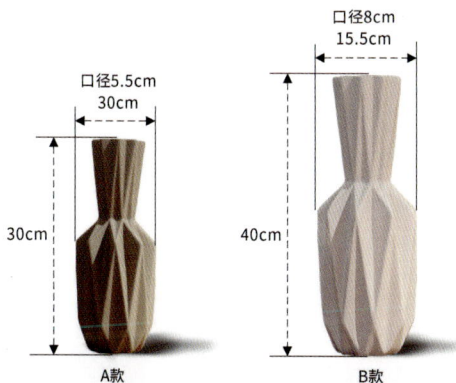

掌握时间的艺术，每一道褶皱都诉说着无声的岁月。
独特褶皱陶瓷花瓶，让家的每一刻都充满故事。

立即购买

Copyright©2024 陶艺轩

▽文创产品的设计

▽展架广告的设计

▽矢量图

▽对角线构图

▽色彩印象

▽图像显示模式

▽辅助工具的设置

▽导入指定格式图像

▽平行线条文字

▽仙人掌插画

▽绘制帆船

▽黑黄线条背景

▽镂空图像效果

▽花式色相环

▽填色水果造型

▽制作墙砖效果

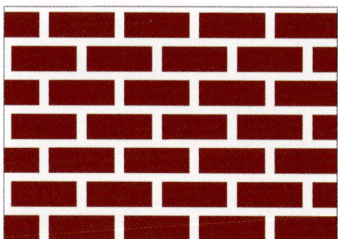

▽绘制渐变海报背景

▽ 4·23 读书日配图

▽ Q 版图形

▽小清新明信片

▽卡通星形装饰

▽炫彩绮丽花纹

▽仿真立体按钮

▽圆珠笔画效果

▽卷页效果

▽素描绘画效果

▽纸巾盒展开图

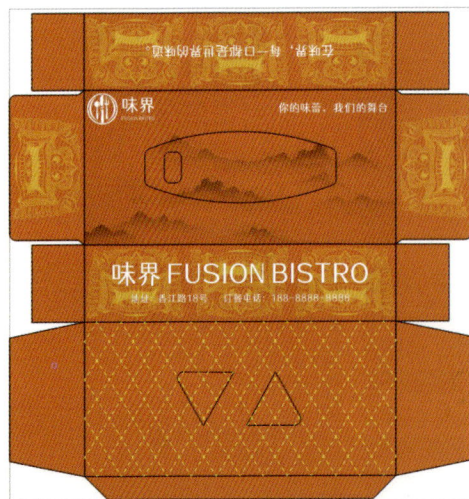

▽纸巾盒效果图

CorelDRAW

"创新设计思维"
数字媒体与艺术设计类新形态丛书

创意设计

陈红梅
胡静 朱乐乐 ◎编著

CorelDRAW

+AIGC

平面设计

◆微课版◆

人民邮电出版社
北京

图书在版编目（CIP）数据

CorelDRAW+AIGC平面设计：微课版 / 陈红梅，胡静，
朱乐乐编著. -- 北京：人民邮电出版社，2025.
（"创新设计思维"数字媒体与艺术设计类新形态丛书）.
ISBN 978-7-115-66871-4

Ⅰ. TP391.412

中国国家版本馆CIP数据核字第2025BL0254号

内 容 提 要

　　本书以实际应用为写作目的，遵循由浅入深、从理论到实践的原则，结合 AIGC 工具的应用详细介绍使用 CorelDRAW 2024 进行平面设计的方法与技巧。全书共 13 章，包括平面设计基础知识，图形图像、版式、色彩，文档的设置与导出，图形的绘制与编辑，对象的变换与管理，颜色的填充与调整，文本与表格的应用，图形特效的应用，位图的处理，包装的设计与制作，网页的设计与制作，文创产品的设计与制作，展架广告的设计与制作等内容。

　　本书可作为本科和高职院校视觉传达设计、数字媒体艺术、新媒体设计等相关专业的教材，也可作为广告设计、网页设计、插画设计等设计行业从业人员的参考书。

◆ 编　　著　陈红梅　胡　静　朱乐乐
　　责任编辑　许金霞
　　责任印制　胡　南

◆ 人民邮电出版社出版发行　　北京市丰台区成寿寺路 11 号
　　邮编　100164　电子邮件　315@ptpress.com.cn
　　网址　https://www.ptpress.com.cn
　　三河市君旺印务有限公司印刷

◆ 开本：787×1092　1/16　　　彩插：2
　　印张：14.5　　　　　　　2025 年 5 月第 1 版
　　字数：376 千字　　　　　2025 年 5 月河北第 1 次印刷

定价：59.80 元

读者服务热线：(010)81055256　印装质量热线：(010)81055316
反盗版热线：(010)81055315

PREFACE

　　CorelDRAW作为Adobe公司倾力打造的平面设计软件，在广告设计、网页设计、包装设计等众多领域内享有广泛的应用与赞誉。掌握利用CorelDRAW 2024进行平面设计，并巧妙融合AIGC（人工智能生成内容）工具以强化创作成效，对于提升作品质量和竞争力至关重要，已成为广告设计、网页设计、插画设计等设计行业从业者的核心技能之一。基于此，我们编写了本书。

　　全书共13章，第1章对平面设计的理论知识进行介绍，第2~9章以理论结合实操的形式对Corel-DRAW软件的功能进行介绍。第10~13章分别对包装、网页、文创产品及展架广告的设计与制作进行介绍。通过对本书的学习，读者可以了解平面设计的基础理论，熟悉CorelDRAW 2024软件的使用方法与技巧，提高读者使用CorelDRAW 2024进行平面设计的能力。

内容特点

　　本书按照"软件功能解析—课堂实操—实战演练"的思路编排内容，且在每章最后安排"拓展练习"，以帮助读者综合应用所学知识。书中还穿插了"知识链接"板块，帮助读者拓展思维，使其知其然，并知其所以然。

　　软件功能解析：在对软件的基本操作有了一定的了解后，又进一步对软件具体功能进行详细解析，使读者系统掌握软件各功能的应用方法。

　　课堂实操：精心挑选课堂案例，结合AIGC工具的应用对课堂案例进行详细解析，读者能够快速掌握AIGC工具的应用和软件的基本操作，熟悉案例设计的基本思路。

　　实战演练：结合本章相关知识点设置综合性案例，帮助读者更好地巩固所学知识，并达到学以致用的目的。

　　拓展练习：本书各章均设置了拓展练习，梳理了拓展练习的技术要点，并将操作步骤分解，以帮助读者完成练习，进一步提升实操能力。

　　融合AIGC工具应用：使用文心一言、即梦AI、豆包等工具进行智能分析、文案写作、创意生成等，不仅大幅提升效率，更激发无限创意，助力用户轻松打造专业级、个性化高质量设计作品。

案例特色

应用AIGC工具，提高设计能力

扫码观看视频，指导实操训练

明确设计目标，总结知识要点

解析设计思路，详述操作方法

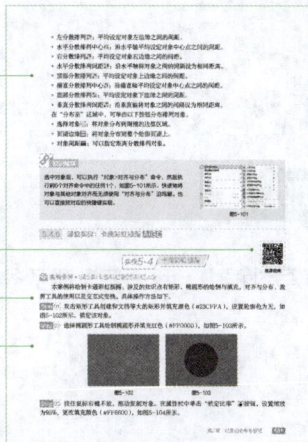

提供拓展练习，强化实操能力

梳理技术要点，分解制作步骤

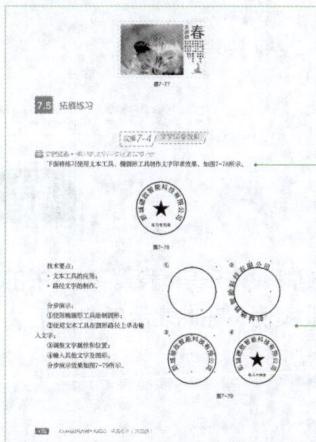

学时安排

本书的参考学时为64学时，讲授环节为32学时，实训环节为32学时。各章的参考学时参见以下学时分配表。

章	课程内容	学时分配/学时	
		讲授	实训
第1章	CorelDRAW与平面设计	1	1
第2章	图形图像、版式、色彩	1	1
第3章	文档的设置与导出	2	2
第4章	图形的绘制与编辑	2	2
第5章	对象的变换与管理	2	2
第6章	颜色的填充与调整	2	2
第7章	文本与表格的应用	2	2
第8章	图形特效的应用	2	2
第9章	位图的处理	2	2
第10章	包装的设计与制作	4	4
第11章	网页的设计与制作	4	4
第12章	文创产品的设计与制作	4	4
第13章	展架广告的设计与制作	4	4
	学时总计	32	32

资源获取

本书配套丰富的学习与教学资源，包括所有案例的基础素材、效果文件、PPT课件、教学大纲、教学教案等资料，教师可登录人邮教育社区（www.ryjiaoyu.com），在本书页面中免费下载使用。

基础素材　　效果文件　　PPT 课件　　教学大纲　　教学教案

本书所有案例均配有微课视频，扫描书中二维码即可观看。

编者团队

本书由陈红梅、胡静、朱乐乐编著。在本书的编写过程中，我们还邀请了多名行业设计师为本书提供了很多精彩的商业案例，在此表示感谢。

编著者

2025年3月

CONTENTS

目录

I

第1章

CorelDRAW 与
平面设计

CDR

内容导读

本章将对CorelDRAW与平面设计的相关知识进行讲解，包括认识CorelDRAW、平面设计基础知识、AIGC在平面设计中的应用以及平面设计协同软件等。了解并掌握这些基础知识，可以更好地利用CorelDRAW和AIGC技术进行平面设计与创作，提高设计效率与创作水平。

学习目标

- 了解CorelDRAW软件
- 了解平面设计的基础知识
- 熟悉AIGC在平面设计中的应用
- 熟悉常用平面设计协同软件的特点

素养目标

- 充分认识并积极学习AIGC技术在平面设计中的应用，利用AI工具进行智能化设计与创作，优化设计流程，提升工作效率和创新能力。
- 全面了解不同平面设计协同软件的特点，有针对性地进行协同设计，提高设计效率和质量。

案例展示

应用领域

花漾时光

与人工智能的结合

Nature

智能素材创作

1.1 认识CorelDRAW

CorelDRAW是一款专业的矢量图形设计软件，由Corel公司开发。该软件提供了一系列强大的设计工具，可以帮助设计师实现创意的无限可能。

1.1.1 应用领域

CorelDRAW的应用领域广泛且多样，涵盖设计、艺术、商业及印刷等行业。下面对部分应用领域进行介绍。

1. 广告设计

广告设计是一门结合了创意和商业策略的艺术，旨在通过视觉传达的方式吸引目标受众，并促使其采取特定行动，如购买产品、订阅服务或参与活动。使用CorelDRAW可以制作各种宣传材料，如海报、传单、折页、户外广告等，如图1-1、图1-2所示。这些作品不仅极具视觉吸引力，而且能准确传达广告信息，实现广告设计的商业价值。

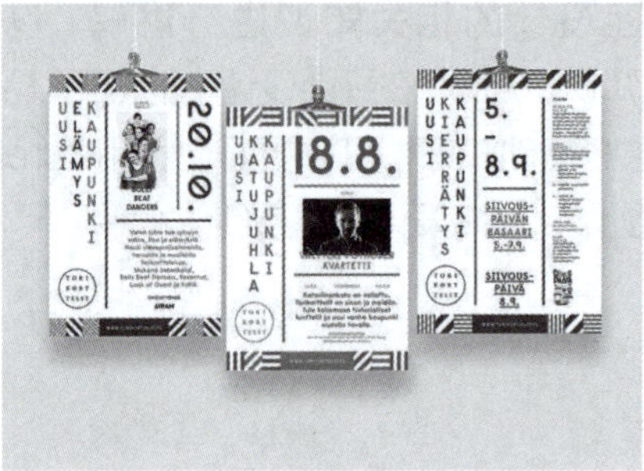

图1-1    图1-2

2. 包装设计

包装设计是产品营销的重要组成部分，它不仅可以保护产品、提供必要的信息，还具有吸引顾客、传达品牌价值的作用。使用CorelDRAW可以设计产品的包装结构、图案、标签、说明书等，如图1-3、图1-4所示。通过其强大的排版、矢量绘图和色彩管理功能，可以设计出外表美观、满足实际生产需求的包装，完美展现产品的品牌价值与魅力。

3. 插画设计

插画在许多领域中起着至关重要的作用，包括出版业、广告、产品包装、网站设计和多媒体演示等。使用CorelDRAW可以创作矢量插图、卡通人物、图标等丰富多样的插画作品，为各个领域注入创意与活力，如图1-5、图1-6所示。

图1-3    图1-4    图1-5    图1-6

4. 网页UI设计

网页UI（User Interface，用户界面）设计是指为网站、Web应用程序或移动Web应用创建用户界面的过程，旨在提供直观、高效、美观且符合用户体验原则的交互环境。CorelDRAW可以作为网页UI设计的辅助工具，帮助设计师创作出精美的网页元素，如按钮、图标和图形背景，还能够用于绘制网页布局草图和进行部分UI元素的设计，如图1-7、图1-8所示。

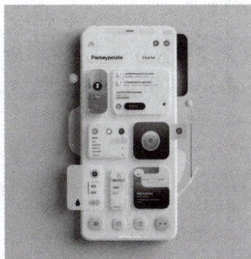

图1-7   图1-8

5. 企业VI设计

企业VI（Visual Identity，视觉识别系统）设计是构建企业品牌形象的重要环节，是管理和展示企业对外形象的过程。使用CorelDRAW可以设计企业标志（Logo）、标准字体、色彩方案、视觉风格等，构建统一且有辨识度的企业品牌形象。例如，可以用CorelDRAW创作企业文具（信纸、便笺、名片、工作证）、办公用品、制服、展示道具等企业视觉识别系统中的应用元素，如图1-9、图1-10所示。

图1-9   图1-10

1.1.2　特色功能

CorelDRAW 提供了许多独特的功能，使其从众多图形设计软件中脱颖而出。以下是一些具有代表性的特色工具和功能。

1. LiveSketch工具

LiveSketch工具利用人工智能技术将手绘草图转换成精确的矢量图形。LiveSketch可以识别用户的绘图动作，允许用户以手绘的方式进行创作，无须预先绘制草图或进行复杂的路径编辑。

2. 矢量编辑功能

CorelDRAW以其强大的矢量编辑功能著称，允许用户创建和编辑可无限缩放而不失真的矢量图形。它提供了丰富的工具和功能来帮助用户精确绘制线条、形状，并支持复杂路径操作、节点编辑、布尔运算等，适用于制作简洁的标志、复杂的插图以及精细的技术图纸。

3. 位图编辑功能

CorelDRAW不仅提供了丰富的矢量绘图和编辑工具，还能处理位图（如照片）。功能内置的 Corel PHOTO-PAINT提供专业的照片编辑功能，包括层次编辑、特效应用和图像调整，使用户能够在一个软件内完成图形和照片的所有编辑工作。

4. 设计资源与协作

CorelDRAW集成了大量内置素材库，如颜色样式、填充图案、纹理、剪贴画、字体等。此外，它还提供云存储、协作工具、资产库同步等功能，支持团队合作和跨平台工作。

5. 输出与兼容性

CorelDRAW支持各类专业打印设置，确保设计作品能够准确无误地输出到各类印刷设备。同时，它可以导出多种常见的文件格式，如PDF、EPS、JPEG、SVG等，与其他设计软件和印刷流程具有良好的兼容性。

1.1.3 与人工智能的结合

CorelDRAW与人工智能的结合是一种强大且创新的设计趋势，将传统的矢量图形制作工具与人工智能生成图形内容的技术相结合，不仅能够提高设计质量和效率，还能够为客户提供更加个性化和有创意的设计产品。

例如，AIGC（人工智能生成内容）技术可以帮助设计师快速生成高质量的图像素材，减少手动绘制的烦琐过程，如图1-11所示。再将生成的素材导入CorelDRAW进行精细调整，如修改颜色、调整布局等，使其更加符合设计要求，如图1-12所示。

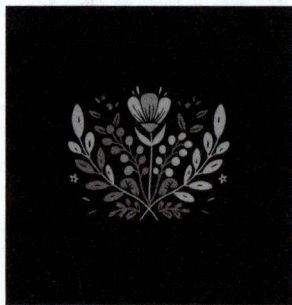

图1-11   图1-12

1.2 平面设计基础知识

平面设计是一种视觉传达艺术，旨在通过图形、文字和图像等元素来传递信息。这种设计形式跨越多个平面媒介，包括纸质印刷品（如海报、传单、名片、产品包装）、数字媒介（如网站、应用界面）、广告等。

1.2.1 平面设计的核心要素

平面设计的核心要素包括色彩、图形和文字。这3种元素在平面设计中相互配合、互为补充，通过设计师巧妙的整合与编排，形成和谐统一、富有视觉冲击力和感染力的设计作品。

1. 色彩

在平面设计中，色彩可以迅速传达情绪和感受，吸引目标受众的注意力。色彩的选择不仅反映了品牌的形象和信息，还可以影响受众的情绪和行为。不同的色彩搭配能够创造出不同的情绪和视觉效果。例如暖色调常常用来表达活力、热情和兴奋的情绪，如图1-13所示，而冷色调则可能让人联想到平静、清新或专业，如图1-14所示。

图1-13

图1-14

2. 图形

图形是设计中用于叙事和表达信息的重要视觉工具，包括基本形状、线条、纹理、图标、插图、照片等各种可视化的非文字元素。通过巧妙地结合和应用这些不同类型的图形，可以创造出富有表现力和感染力的设计作品，如图1-15、图1-16所示。

图1-15

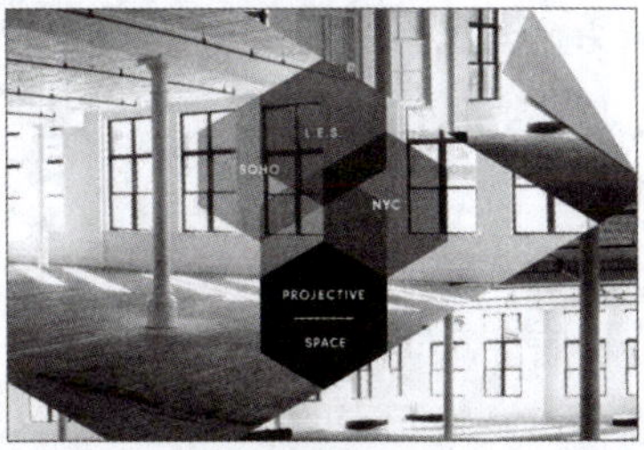

图1-16

3. 文字

在平面设计中，文字不仅是传达信息的核心元素，更是构建视觉美感、引导目标人群视线流动以及塑造品牌辨识度的关键要素。设计师通过精心挑选字体，调整字号大小、布局方式以及运用颜色对比等手段，能够有效实现信息层次划分、视觉焦点确立和设计主题强化，如图1-17所示。

图1-17

1.2.2 平面设计的基本原则

在平面设计中使用色彩、文字和图形元素，可以传达特定的信息或感受。为了有效地进行平面设计，在进行设计时，需要遵循以下几个原则。

• 对比原则：对比是设计中用来突出重点和制造视觉焦点的有效手段。通过大小对比、颜色对比、形状对比、字体对比等，可以强化视觉效果，引导观看者的注意力。

• 对齐原则：通过对齐元素，可以建立清晰的视觉层次结构，使设计更加整洁和有序。常见的对齐方式包括左对齐、右对齐、居中对齐和两端对齐。

• 亲密性原则：亲密性原则强调将相关的元素组织在一起，形成视觉上的关联。这样可以帮助观看者更容易地理解和消化信息，提高设计的可读性和易用性。

• 重复性原则：重复是建立视觉统一性和提高品牌识别度的重要方法。通过重复使用相同的颜色、字体、图形等元素，可以确保视觉的连贯性，使设计更加和谐统一。

• 留白原则：留白是指在设计中留出空白，让元素有足够的"呼吸"余地。适当的留白可以提高设计的品质和品位，使画面更加"透气"和"舒适"。

• 平衡原则：平衡是指在视觉上营造一种稳定和谐的感觉。平衡可以是对称的，也可以是不对称的，关键在于通过适当的布局使视觉效果均衡。

以上这些基本原则相互关联、相互补充，共同构成了平面设计的核心框架。设计师在创作过程中应根据具体需求和目标，灵活运用这些原则，创造出既美观又实用的设计作品。

1.2.3 平面设计的构图

平面设计的构图不仅关注视觉美学，也重视通过设计元素与构图原则的运用实现对观看者视觉感知和心理反应的有效调控，以达成设计的最终目标——有效地传达信息和情感，同时满足审美需求和功能需求。

1. 构图与视觉

构图决定了设计作品的整体视觉效果和吸引力。优秀的构图能够使画面元素形成和谐统一的整体，产生强烈的视觉冲击力。通过合理的构图，可以突出设计作品的主题，引导观看者的视线，使画面富有层次感和立体感。以下是构图在视觉方面对设计作品的影响。

图1-18   图1-19

- 位置布局：元素在画面中的位置直接影响着视觉重心和信息流向。
- 大小对比：通过调整元素的尺寸大小，可以强调重要元素或突出层级关系，如图1-18所示。
- 色彩应用：色彩不仅能够强化情绪表达，还能引导视线、区分信息层次。
- 空间深度与层次：可以通过透视、遮挡、重叠等手法模拟三维空间感，让画面具有立体感，增强画面的视觉吸引力和沉浸感，如图1-19所示。
- 视觉引导：运用线条、形状、纹理等作为视觉线索，可以使观看者按照设计师预期的顺序浏览信息，从而更好地理解作品的意图和主题。

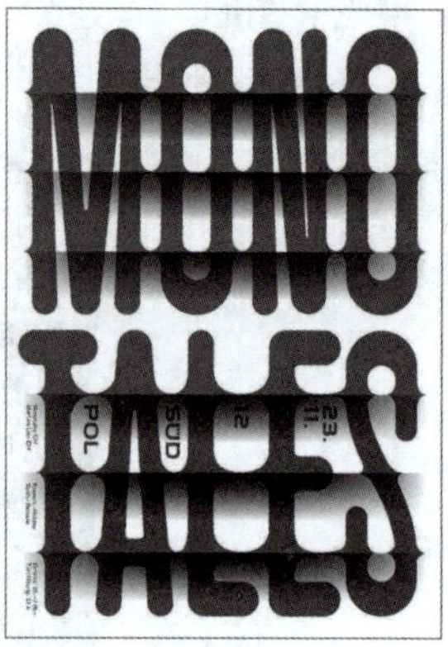

2. 构图与心理

在平面设计中，构图不仅是技术层面的排布组合，更是深入探究受众心理、有效传达设计理念的关键手段。通过精心构思和巧妙布局，设计师能够创造出既美观又实用的设计作品，同时满足商业诉求和审美体验。以下是构图与心理在平面设计中的关键点。

- 视觉层次与焦点：通过构图，设计师可以控制视觉焦点，引导观众的注意力集中于设计中最重要的信息或元素上，例如大小、颜色、对比度等，如图1-20所示。
- 情绪激发：色彩、形状、纹理等视觉元素都能激发观看者特定的情绪反应。
- 视觉平衡与和谐：通过对称、不对称或径向平衡的布局，可以创造出和谐、稳定或动态的视觉效果，满足不同的设计目标和审美需求，如图1-21所示。
- 文化符号与象征：在设计中考虑文化因素和象征意义，可以帮助设计作品更好地与目标受众产生共鸣，传达更深层次的信息和价值观。
- 心理暗示与引导：构图中的线条、形状和方向可以作为视觉暗示，引导观看者的视线或思考方向。
- 故事讲述：通过构图和视觉元素的巧妙运用，设计师可以创造出引人入胜的视觉故事，使观众在情感上与设计作品产生共鸣。

图1-20

图1-21

1.2.4 平面设计的基本流程

平面设计流程是一个系统且有序的过程，它确保了设计作品从构思到完成的每一步都经过精心策划和执行。

1. 沟通交流

设计师需要与客户进行深入交流，了解客户的需求、目标受众、品牌指南以及其他相关信息，并在项目概述中定义项目范围和目标，确保设计团队和客户对项目的理解和期望一致。

2. 调研分析

可以通过查阅行业报告、分析竞争对手的设计和市场趋势等方式进行调研分析。市场调研和需求分析是设计过程中不可或缺的一环，它为设计师提供了关于市场趋势、受众喜好和竞争对手的宝贵信息。

3. 草稿讨论

设计师根据收集的信息，通过手绘或软件创建草图，包括基本布局、色彩方案、字体选择等。在设计团队内部讨论草稿，提出改进意见并优化，然后与客户讨论，确保双方就设计方向达成共识。

4. 签订合同

双方就设计方向达成一致后就需要签订设计合同，明确双方的权利和义务以及设计的具体要求和进度安排。

5. 提案讨论

设计师根据合同要求制定详细的设计方案并向客户进行提案。提案讨论阶段是一个关键的环节，设计师需要充分展示设计的创意和优势，并听取客户的意见和建议，进一步完善设计方案。

6. 修改完善

在提案讨论完成后，设计师需要根据客户的反馈进行修改和完善。这个过程可能需要多次迭代，直到达到客户的满意为止。

7. 验收完成

设计作品完成后，客户需要审查和验收。如果客户对设计作品表示满意，那么设计流程就进入了收尾阶段，设计师需要提交最终的设计文件，并确保客户能够正确地使用这些文件。

8. 后期制作

设计师准备所有必要的文件和材料，确保符合印刷或数字出版的技术要求。这个过程可能需要与其他专业团队（如印刷厂、制作公司等）进行合作，确保设计作品最终呈现的效果符合预期。

1.3 探索AIGC在平面设计中的应用

AIGC是指人工智能生成内容，这是一种利用机器学习、深度学习、自然语言处理、计算机视觉等先进AI技术来自动或半自动创建文本、图像、音频、视频等各种内容的新型生产方式。目前AIGC在平面设计领域的应用正逐渐变得广泛，为设计师带来了前所未有的便利和创新体验。

1.3.1 创意生成与概念探索

AIGC可以基于先前的设计数据和趋势进行分析，自动生成创意概念和视觉元素。设计师可以通过输入关键词或概念，让AIGC根据这些输入的内容生成多种设计方案。这些方案不仅具有创新性，还可以根据设计师的需求进行调整和优化。通过这种方式，设计师可以迅速获得大量的创作灵感，并在其生成的内容中挑选出最适合自己设计需求的元素和概念。以下内容是利用ChatGPT 4.0为科技公司知识竞赛生成的设计方案。

Q 小张所在的科技公司要举行一个知识竞赛，需要制作一张海报，对此有什么好的设计方案吗？

A 当然可以。为了设计一张吸引人且信息明确的知识竞赛海报，我们可以考虑以下几个关键要素，并结合AIGC技术来辅助创作。

1. 主题与氛围

明确传达知识竞赛的主题，如"智慧碰撞""知识盛宴""科技探索之旅"等，通过AIGC生成与主题相符的视觉元素或插画。营造积极向上、竞争而又友好的氛围，可以选择明亮、活力的颜色进行搭配，或者利用AIGC生成的动态插图展示选手间的互动。

2. 公司标识与品牌形象

确保公司的logo、品牌色调和设计风格在海报中得以体现。AIGC可以协助生成符合公司VI规范的图形元素或背景纹理。

3. 竞赛信息

竞赛标题：大标题醒目且易于阅读，使用AIGC推荐的字体和排版方式。

日期与时间：重要时间节点清晰标注，可以使用AIGC生成的时钟或日历图标辅助表达。

地点：精确标明竞赛举办地点，可配合地图图标或建筑物剪影。

参赛方式与报名链接：提供简明的参赛指引和醒目的二维码或网址，便于参与者报名。

4. 奖项设置与奖励展示

列出主要奖项及其奖品，可以使用AIGC生成奖杯、证书等象征荣誉的图像，增加视觉吸引力。如果有赞助商或合作伙伴，适当展示其logo，体现活动的权威性和影响力。

5. 号召行动

引入激励性的标语或口号，鼓励员工积极参与，如"Aim high, learn more, join the challenge!"，使用AIGC生成艺术化文字效果。设计明显的"报名"或"参加"按钮，使用对比鲜明的颜色和动态效果引导员工行动。

6. 视觉层次与布局

利用AIGC推荐的模板和布局，确保信息层级分明，重要信息突出，次要信息有序排列。使用空间、线条、色块等元素划分区域，保持整体设计的平衡与和谐。

1.3.2 智能素材创作

AIGC技术能够根据设计师的需求，自动生成各种风格的图案、图标、线条、纹理等基础图形元素。无论是简约现代风、复古怀旧风，还是未来科幻风，AIGC技术皆能精准匹配设计师所需的设计主题，还可以通过学习大量现有的图像数据，生成高质量的摄影图片或风格化的插画作品，涵盖风景、人物、物品等各类主题，极大丰富了设计素材库。这些素材可以直接应用于海报、包装、VI系统等设计项目中。图1-22、图1-23为利用Midjourney（AIGC平台）以"自然"为主题生成的不同风格的图形元素。

图1-22    图1-23

1.3.3 图像编辑与优化

AIGC在图像编辑与优化方面的应用非常广泛，涵盖了从基础的图像调整到高级的内容创作和编辑。具体而言，AIGC在图像编辑与优化方面的应用表现在以下几个方面。

• 图像增强与恢复：利用深度学习算法对图像进行增强，提高图像的对比度和清晰度，调整图像的色彩平衡效果、分辨率，以及减少图像中的噪点，提高图像质量。

• 内容感知编辑：根据图像的内容进行智能分析，并据此进行有针对性的编辑，例如对象去除和填充、风格迁移、图像合成等。图1-24所示为使用Toolkit去除图像背景的效果。

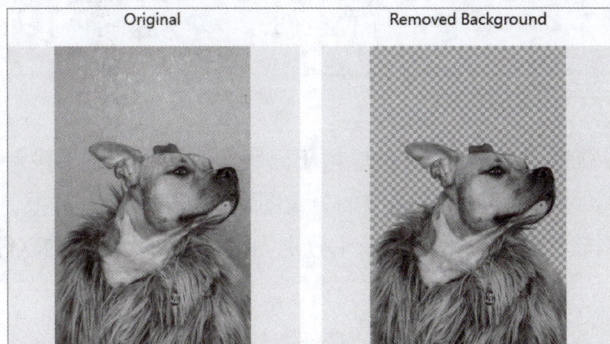

图1-24

● 人物编辑：可以根据用户的指令对人像进行精细的编辑，如调整肤色、修饰面部特征、改变发型等。

除了上面提及的核心应用外，AIGC在文本处理与排版、自动化流程以及交互式设计的创新方面亦展现出显著价值，具体如下。

● 文本处理与排版：AIGC可以自动进行文本的生成、编辑和排版，根据内容和设计风格提出字体选择、元素大小调整和布局的建议，甚至能够生成符合设计主题的创意文案。

● 自动化流程：AIGC自动化工具可以简化设计流程，如自动执行版面设计、素材整合、格式转换等任务。这大大提高了工作效率，减少了人为错误。

● 交互式设计：AIGC可以创建动态的、交互式的设计元素，如网页动画、交互式广告等，还可以根据用户的交互行为实时调整设计元素，提供更加个性化的用户体验。

总的来说，AIGC在平面设计领域的影响日益显著，已融入众多设计工具与平台。设计师借助AI的强大支持，能更快、更准确地实现设计目标并探索新的视觉叙事方式与交互方式，推动平面设计艺术的创新与突破。

1.4 平面设计协同软件

CorelDRAW作为一款功能强大的平面设计软件，与其他协同工具如Photoshop、Illustrator和InDesign配合使用，能够进一步拓宽设计师的创作边界。

1.4.1 图像处理——Photoshop

Adobe Photoshop简称"PS"，是由Adobe公司开发和发行的图像处理软件。Photoshop的主要功能包括图像扫描、编辑修改、图像制作以及图像输入和输出等，可以有效地进行图片编辑工作，广泛应用于平面设计、广告摄影、影像创意、网页制作、建筑效果图后期制作及影视动画图像制作加工等多个领域。图1-25所示分别为Photoshop 2024的软件图标和启动界面。

图1-25

1.4.2 图形设计——Illustrator

Adobe Illustrator简称"AI"，是一种应用于出版印刷和平面图形设计的工业标准矢量插画软件，主要用于创建和编辑高质量、可缩放的矢量图形，在宣传册、海报、杂志、包装、标志等的版式设计工作中占据核心地位。图1-26所示分别为Illustrator 2024的软件图标和启动界面。

图1-26

1.4.3 版式设计——InDesign

Adobe InDesign是一款专业排版设计软件，它基于一个新的开放的平面对象体系，实现了高度的可扩展性。它可以与PS、AI、Acrobat等软件相配合，广泛应用于各类商业广告设计、书籍杂志版面设计与编排，以及网页效果设计等领域。图1-27所示为InDesign 2024的软件图标和启动界面。

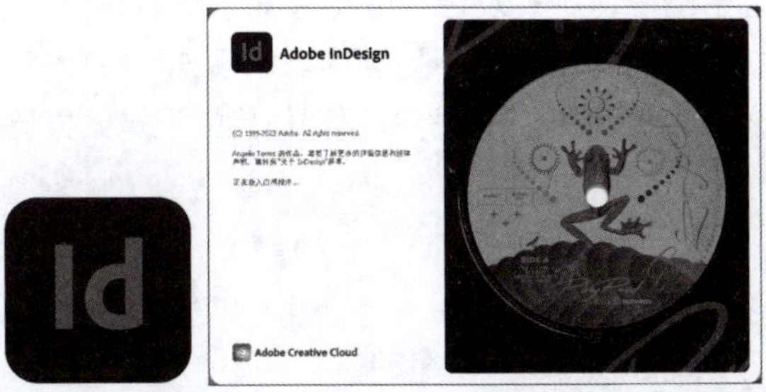

图1-27

第 2 章

图形图像、版式、色彩

内容导读

本章将对图形图像、版式及色彩的相关知识进行讲解，包括图形图像的基础知识、常见的构图方式、图像的颜色模式、图像的色彩搭配等。了解并掌握这些基础知识，对于提升设计作品的视觉效果具有重要意义。

学习目标

- 掌握图形图像的基础知识
- 熟悉常见的构图方式
- 掌握图像的颜色模式
- 掌握图像的色彩搭配方法

素养目标

- 提高设计师图形图像处理和色彩运用的能力，进而提高其在设计领域的专业能力和创意水平。
- 通过讲解不同的构图方式，让设计师能够根据不同的设计需求选择合适的构图形式，使作品更具层次感和吸引力。

案例展示

矢量图　　　　　　　　　对角线构图　　　　　　　　　色彩印象

2.1 图形图像的基础知识

掌握选择与应用像素、分辨率以及图像文件格式的技能，是理解和处理各类图像问题的核心，在平面设计及其他相关领域都至关重要。

2.1.1 像素和分辨率

像素是图像的基本组成单位，而分辨率则决定了图像的清晰度和细节展现能力。

1. 像素

像素（Pixel）是构成图像的最小单位，决定了图像的分辨率和质量。在位图（如JPEG、PNG等格式）中，图像的质量直接取决于其包含的像素数量。像素越多，图像越细腻，表现的颜色层次和细节也越丰富，图2-1、图2-2所示为不同像素的图像效果。

图2-1   图2-2

2. 分辨率

分辨率的单位是dpi，通常指的是单位长度内像素的数量，它可以是图像分辨率，也可以是屏幕分辨率。

（1）图像分辨率

图像分辨率是指图像中每单位长度含有的像素数目，如图2-3所示。分辨率高的图像比相同打印尺寸的低分辨率图像包含更多的像素，图像更加清楚、细腻。但分辨率越高，图像文件也越大。

图2-3

（2）屏幕分辨率

屏幕显示的分辨率即屏幕上显示的像素个数，常见的屏幕分辨率规格有1920×1080、1600×1200、640×480。在屏幕尺寸一样的情况下，分辨率越高，显示效果就越精细。在计算机的显示设置中会展示推荐的显示器分辨率，如图2-4所示。

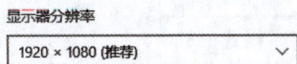

图2-4

2.1.2 矢量图和位图

矢量图和位图是两种不同的图形图像表示方法，它们在多个方面存在显著的差异。

1. 矢量图

矢量图又称为"向量图形"，由线条、形状等矢量对象构成，如图2-5所示。由于其线条的形状、位置、曲率和粗细都是通过数学公式进行描述和记录的，因而矢量图与分辨率无关，能以任意大小输出而不会遗漏细节或降低清晰度，放大后边缘不会出现锯齿，如图2-6所示。矢量图的色彩表现相对有限，通常用于展示简单的图像和图形元素，如标识、图标、Logo等，其适用于需要保持清晰度和一致性的场景，如图形设计、文字设计、标志设计和版式设计等。

图2-5

图2-6

2. 位图

位图也称为"点阵图像"或"像素图"，是由像素组成的。位图中的每个像素都被分配了一个特定位置和颜色值，按一定次序进行排列，就组成了色彩斑斓的图像，如图2-7所示。位图与分辨率紧密相关，当位图放大时，像素点也会放大，导致图像质量下降，出现锯齿状或马赛克状的边缘，如图2-8所示。位图非常适合表现连续色调和色彩层次丰富的图像，例如照片、自然景色、细腻的纹理等，它能够呈现出逼真的视觉效果，捕捉细微的色彩和光影变化。因此，在摄影、绘画、艺术和设计等领域，位图被广泛应用。

图2-7

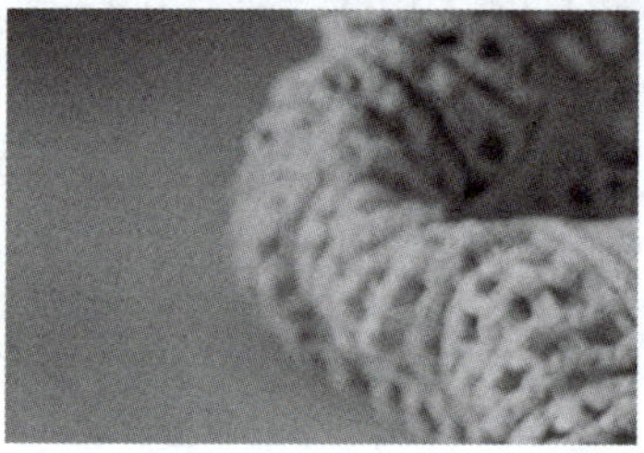

图2-8

2.1.3 文件的存储格式

文件格式是指使用或创作的图形、图像的格式，不同的文件格式拥有不同的使用范围。在CorelDRAW软件中常用的文件格式如表1-1所示。

表 1-1

格式	说明	扩展名
CDR格式	CorelDRAW软件默认格式，用于保存所有矢量图形、文本、布局、层、颜色模式和其他设计元素，便于后期继续编辑和修改	.cdr
AI格式	Illustrator软件默认格式，在CorelDRAW软件中也可以保存为该格式文件	.ai
PDF格式	通用的文件格式，可以保存矢量图形、位图图像和文本等内容，便于共享和打印	.pdf
EPS格式	用于图形交换的矢量格式，常见于印刷行业以及与其他设计软件间的文件交流	.eps
SVG格式	一种基于XML的开放标准矢量图形格式，用于在Web上显示和交互式操作矢量图形	.svg
TIFF格式	高质量图像格式，支持有损和无损压缩，常用于专业印刷和存档	.tif
JPEG格式	有损压缩格式，适用于网页或文件尺寸较小的情况，但不建议用于要求高品质印刷输出的场合	.jpg .jpeg
PNG格式	一种采用无损压缩算法的位图格式，具有较高的图像压缩质量，支持透明图像背景，因此在网页设计和图标制作等领域有着广泛的应用	.png

2.2 常见的构图方式

构图是视觉艺术（包括摄影、绘画、平面设计等）领域中将元素在空间内排列组合的重要手段，它影响着作品的整体视觉效果与信息传达。下面将对几种常见的构图方式进行介绍。

2.2.1 平衡式构图

平衡式构图是在画面中建立上下、左右或者中心点的视觉平衡感，可以使作品看起来稳定而和谐。这种构图方法根据不同的需求和风格被应用于绘画、摄影、平面设计等多个领域。平衡式构图主要分为两种类型：对称平衡和不对称平衡。

1. 对称平衡

对称平衡是通过在画面的中轴线两侧放置形状、颜色或者质量相等的元素，来达到视觉上的均衡。对称平衡可以给人稳定、和谐的感觉，如图2-9所示。对称平衡可以是绝对的，也就是两边完全一样；也可以是相对的，即在视觉效果上保持平衡。

2. 不对称平衡

不对称平衡是指不同的元素以不同的方式在画面上分布，但最终通过调整这些元素的视觉重量来达到一种动态的、更加自然的平衡状态。在不对称平衡中，元素的大小、颜色、形状、纹理等都可以影响其视觉重量。不对称平衡构图更为灵活和自由，能够创造出更加有趣和丰富的视觉效果，如图2-10所示。

图2-9

图2-10

2.2.2 垂直构图

垂直构图通过在画面中强调垂直线条和元素来呈现视觉效果和表达作品的主题。这种构图方式通常将主要元素放置在垂直线上方或下方，构成挺拔的形式，让视线可以上下流动，具有极强的展现力，如图2-11所示。垂直构图常用于表达力量、崇高或竖直感，适合展示高耸的建筑物、树木或垂直的纵深效果，如图2-12所示。

图2-11

图2-12

2.2.3 放射性构图

在放射性构图中，画面的元素从一个共同的中心点向四周扩散，形成类似于光线或波纹从中心发散的效果，如图2-13所示。中心点是放射性构图的核心，可以是画面上的一个实际物体，也可以是一个虚拟的焦点，如图2-14所示。这种构图方式能够创造出强烈的视觉动感，引导观者的视线向中心聚焦，增强画面的吸引力和表现力。通过创造性地运用放射状线条和布局，可以在作品中构建动态的空间感和纵深感。

图2-13

图2-14

2.2.4 对角线构图

对角线构图是一种强调画面中对角线元素的构图方法。利用画面中的对角线，创造动感、深度和视觉引导，能够有效吸引观者的注意力，增强作品的表现力。在摄影中，对角线构图适用于拍摄运动场景、人物肖像等，能够突出速度、力量感，或者达到平衡、和谐的效果，如图2-15所示。拍摄山脉河流、栈道桥梁等自然景观时，运用对角线构图可以强化地平线的空间深度和透视感，展现大自然的宏大与广阔，如图2-16所示。在绘画、设计等其他应用场景中，对角线构图同样能够展现其独特的审美价值。

图2-15

图2-16

2.2.5 三角形构图

三角形构图依靠画面中的元素形成视觉上的三角形结构，以达到平衡、稳定和引导观看者视线的效果，如图2-17所示。在实际应用中，除了使用物体构成三角形，还可以使线条、颜色、光影等视觉元素

图2-17

图2-18

构成三角形，如图2-18所示。通过调整三角形的大小和在画面中的位置，可以改变作品的视觉重心和平衡感。

2.2.6 框架式构图

框架式构图是利用前景做成一个"框架"，形成遮挡，引导观者注意框内景象，营造神秘感，突出主体，同时也可以遮挡不必要的元素，增强画面层次感，渲染画面的故事氛围。"框架"可以是任何形状，并不像生活中的画框那样是固定的，只要能将画面上的主体框起来，都可称为"框架"，如图2-19、图2-20所示。

图2-19　　　　　　　　　　　图2-20

2.3 图像的颜色模式

图像的颜色模式决定了图像中颜色的表现和呈现方式，不同的颜色模式适用于不同的输出环境。

2.3.1 RGB模式

RGB模式是一种加色模式，适合在显示器、电视屏幕、投影仪等以光为基础显示颜色的设备上使用。在RGB模式中，R（Red）表示红色，G（Green）表示绿色，B（Blue）表示蓝色。RGB模式几乎包括了人类所能感知的所有颜色，是目前运用最广的颜色模式之一。

在RGB模式下，RGB的每个值都可使用从0到255的值来表示。当所有值均为255时，图像是纯白色；当所有值为0时，图像是纯黑色。当3个值相等但不为0和255时，图像显示不同程度的灰色，如图2-21所示。

2.3.2 CMYK模式

CMYK模式是一种减色模式，适合传统的四色印刷工艺，常用于图书、海报等各种纸质媒体的印刷制作。在CMYK模式中，C（Cyan）表示青色，M（Magenta）表示品红色，Y（Yellow）表示黄色，K（Black）表示黑色。CMYK模式通过反射某些颜色的光并吸收另外颜色的光，产生各种不同的颜色。

在CMYK模式下，CMYK的每个值都可使用从0%至100%的值来表示，如图2-22所示。其中，低百分比更接近白色，高百分比更接近黑色。

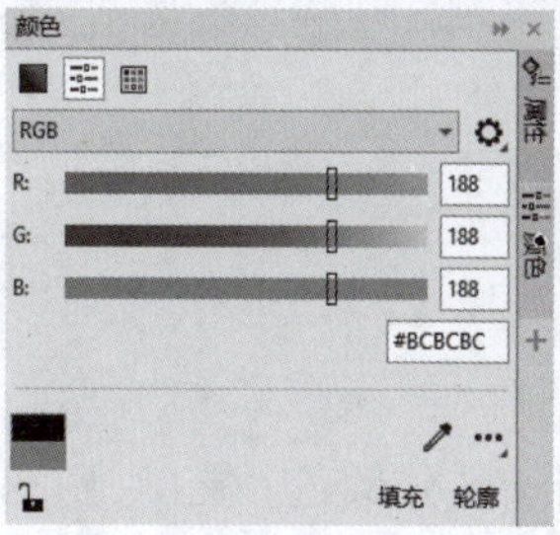

图2-21 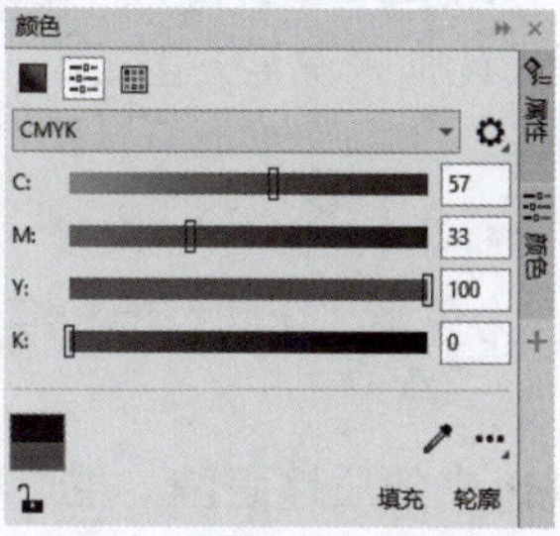　　　　　　　　　　　图2-22

2.3.3　Lab模式

Lab模式是最接近真实世界颜色的一种颜色模式，适用于色彩校正和色彩管理。其中，L表示亮度，范围是0%（黑色）至100%（白色）。a表示由绿色到红色的范围，b表示由蓝色到黄色的范围，a、b范围是−128至+127，如图2-23所示。Lab描述的是颜色的显示方式，而不是设备（如显示器、打印机等）生成颜色所需的特定色料数量，所以Lab被视为与设备无关的颜色模式。

2.3.4　HSB模式

HSB模式以人类对颜色的感觉为基础，描述了颜色的3种基本特性：色相（H）、饱和度（S）和亮度（B）。

色相以角度表示，范围通常在0°至360°。饱和度可使用0%（灰色）至100%（完全饱和）的值来表示，值为100%时颜色是纯色，如图2-24所示。当饱和度降低时，颜色会向灰色过渡，直到饱和度为0%。亮度使用从0%（黑色）至100%（白色）的值来表示，值为100%时颜色最亮，呈现白色；值为0%时颜色最暗，呈现黑色。

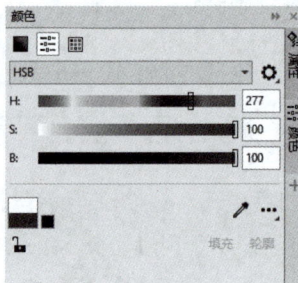

图2-23　　　　　　　　　　图2-24

2.3.5　灰度模式

灰度模式是一种只使用单一色调表现图像的颜色模式。灰度模式使用黑色调显示物体，每个灰度对象都具有从0%（白色）到100%（黑色）的亮度值。使用黑白或灰度扫描仪生成的图像通常以灰度显示。

灰度模式可以简化图像的颜色信息，使其更易于处理和分析。将彩色图像转换为灰度模式，可以去除颜色对图像的影响，使得对图像的处理更加集中于亮度、对比度和纹理等特征。

2.4　图像的色彩搭配

色彩是设计中最重要的视觉元素之一，它能够影响人们的情绪和感知。因此，了解色彩的基本原理与搭配技巧对于设计师来说至关重要。

2.4.1　色彩的属性

色彩的3个属性分别为色相、明度、饱和度。

1. 色相

色相是色彩所呈现出来的质地面貌，主要用于区分颜色。在0°到360°的标准色轮上，可按位置度量色相。通常情况下，色相是以颜色命名的，如红色、黄色、绿色等，如图2-25所示。

| 红色 | 橙色 | 橙黄色 | 黄色 | 黄绿色 | 绿色 | 蓝色 | 紫色 |

图2-25

2. 明度

明度是指色彩的明暗程度。通常情况下，明度的变化有两种情况，一是不同色相之间的明度变化，二是同色相之间的明度变化。要提高色彩的明度可以加入白色，反之则加入黑色，图2-26所示为同一色相的不同明度示意图。

图2-26

3. 饱和度

饱和度是指色彩的纯度或强度，也就是色彩中纯色的占比。在色彩中，红色（#FF0000）、橙色（#FFA500）、黄色（#FFFF00）、绿色（#00FF00）、蓝色（#0000FF）、紫色（#800080）等的饱和度最高。高饱和度的色彩看起来更纯净、鲜艳，而低饱和度的色彩则看起来更灰、更柔和，图2-27所示为同一色相的不同饱和度示意图。

图2-27

2.4.2 色相环

色相环是理解和操作色彩混合的重要工具，它提供了一种直观的方式来查看颜色之间的关系，同时可以通过混合和匹配色彩来创建新的颜色。

色相环是一个圆形的颜色序列，通常包含12到24种不同的颜色，按照它们在光谱中出现的顺序进行排列。以12色相环为例，12色相环由原色、间色（第二次色）、复色（第三次色）组合而成，如图2-28所示。

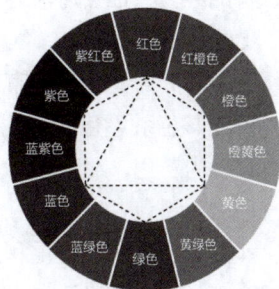

图2-28

（1）原色

原色指不能通过其他颜色混合调配得出的基本色，即红色、黄色、蓝色，彼此形成一个等边三角形。

（2）间色（第二次色）

三原色中的任意两种原色相互混合而成的颜色即间色。如红色+黄色=橙色，黄色+蓝色=绿色，红色+蓝色=紫色，彼此形成一个等边三角形。

（3）复色（第三次色）

任何两个间色或三个原色混合产生的颜色为复色，复色的名称一般由两种颜色名称组合而成，如橙黄色、黄绿色、蓝紫色等，彼此形成一个等边三角形。

根据在色相环上的相对位置和距离进行分类，颜色可以分为以下几种。

（1）同类色

在色相环中夹角在15°以内的颜色，色相性质相同，但有深浅之分。同类色搭配可以理解为使用不同明度或饱和度的单色进行色彩搭配，明暗不同的单色可以体现出层次感，营造出协调、统一的画面。

（2）邻近色

在色相环中夹角在30°~60°范围内的颜色，色相近似，冷暖性质一致，色调和谐统一。邻近色搭配效果较为柔和，主要是通过明度增强效果。

（3）类似色

在色相环中夹角在60°~90°范围内的颜色，有明显的色相变化。类似色搭配的画面色彩活泼但又不失统一。

（4）中差色

在色相环中夹角为90°的颜色，色彩对比效果较为明显。中差色搭配的画面比较轻快，有很强的视觉张力。

（5）对比色

在色相环中夹角为120°的颜色，色彩对比效果较为强烈。对比色搭配的画面具有矛盾感，矛盾越鲜明，对比越强烈。

（6）互补色

在色相环中夹角为180°的颜色，色彩对比最为强烈。互补色搭配的画面给人强烈的视觉冲击力。

2.4.3 色彩与色调

色彩在视觉表达中扮演着极其重要的角色，它不仅能影响观看者的视觉感受，还能深刻影响其情绪和心理状态。每一种色彩都承载着独特的情感与寓意，蕴含着丰富多彩的文化背景、个人独特的经验、社会习俗等多重因素。

1. 色彩

色彩分为无彩色和有彩色两大类，具体介绍如下。

无彩色系不包含其他任何色相，只有黑色、白色。饱和度越低，越接近于灰色，饱和度为0时颜色为灰色。

（1）黑色

黑色是权威、庄重和正式的象征。它代表着深邃与未知，有时也带有忧郁和沉默的气息，如图2-29所示。在设计中，黑色常常用于营造高端、专业的氛围，或是表达一种低调而深沉的氛围。

（2）白色

白色代表着纯洁、清新和平静。它给人一种明亮、干净的感觉，有助于营造简约、高雅的氛围，如图2-30所示。白色也常常与纯洁无瑕、清新自然等意象相联系，在设计作品中使用白色能增添一份清新脱俗的气质。

图2-29

图2-30

（3）灰色

灰色处于黑白之间，代表着中立、沉稳和低调。灰色并不是单一的色彩，而是由多种颜色调配而来，只有明度的变化。在设计中，灰色可以作为辅助色使用，而全屏灰色只有在特殊情况下才使用。

有彩色系指可见光谱中的全部色彩，常见的有彩色有红色、橙色、黄色、绿色、青色、蓝色、紫色等颜色。

（1）红色

红色热情而奔放，象征着活力、激情和爱情。它常常能够迅速吸引人们的目光，带来强烈的视觉冲击。在我国传统文化中，红色也常用来表达喜庆、吉祥和热烈的情感，如图2-31所示。

（2）橙色

橙色温暖而欢快，给人一种阳光、活力、欢乐的感觉，如图2-32所示。它代表着积极向上的精神风貌，能够调动人们乐观的情绪。在设计中，橙色常用于营造轻松、愉悦的氛围。

图2-31

图2-32

（3）黄色

黄色是明亮而醒目的颜色，能够迅速吸引人们的注意力，象征着智慧、光明和希望。它能够激发人们的创造力和想象力，为设计作品增添一份活力与生机，如图2-33所示。

（4）绿色

绿色代表着自然、和谐与平衡。它让人联想到生机勃勃的大自然，带来一种宁静、舒适的感觉。绿色也常用于表达环保、健康的理念，能在设计中传递出积极、正面的信息，如图2-34所示。

图2-33   图2-34

（5）青色

青色是一种介于蓝色和绿色之间的颜色，通常给人一种清新、宁静和自然的印象。青色既可以作为主色调来突出清新、自然的主题，如图2-35所示，也可以作为点缀色来平衡其他鲜艳色彩，使整体设计更加和谐、统一。

（6）蓝色

蓝色冷静而理智，象征着沉稳、信任和专业。它能够平复内心的波动，使人感到平静与安宁。在商务、科技等领域中，蓝色常被用来展现专业、可靠的形象，如图2-36所示。

（7）紫色

紫色神秘而高贵，融合了红色的热情与蓝色的冷静。它代表着优雅、浪漫和奢华，能为设计作品增添一份独特的魅力，如图2-37所示。

图2-35 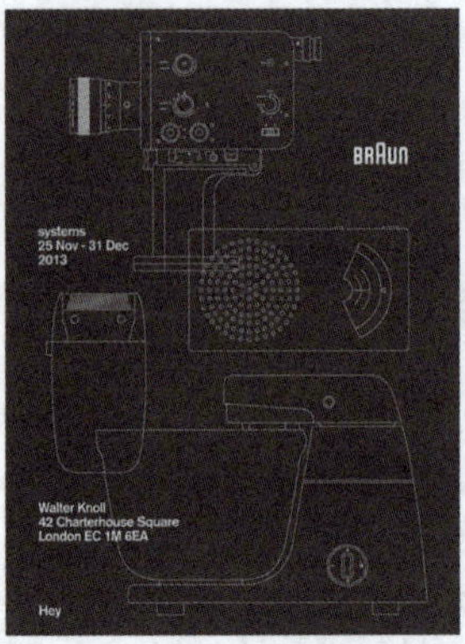　　　　　　　　图2-36 　　　　　　　　图2-37

2. 色调

根据人的心理感受色调可以分为冷色调和暖色调，中间的过渡色为中性色。在同一张图像中，使用不同的色调可以表现出截然不同的氛围。图3-38所示的冷色调给人以宁静、清凉和放松的感觉，适合营造安静、沉稳的环境。而图3-39所示的暖色调则传递出温暖、活力和热情，能够激发情感，营造出热烈和愉悦的氛围。中性色则在冷色调和暖色调之间起到平衡的作用，能够增强画面的层次感和协调性。

图2-38 　　　　　　　　　　　图2-39

（1）冷色调

冷色调包括蓝色、绿色、紫色及其衍生色。这些色彩让人联想到水、天空和树木，给人一种清凉、安静的感觉。在心理层面，冷色调有助于放松心情，减轻压力，因此常被用于需要营造安静、专业或高科技氛围的设计中。

（2）暖色调

暖色调通常包括红色、橙色、黄色及其衍生色。这些色彩让人联想到阳光、火焰和庆典，因此会给人一种温暖、舒适的感觉。在心理层面，暖色调往往能激发人的情感，引起兴奋、激动和快乐的情绪。在需要营造温馨、亲切和活力四射的氛围时，暖色调是理想的选择。

（3）中性色

中性色包括黑色、白色、灰色、棕色等。这些色彩没有明显的"温度感"，因而被称为"中性色"。中性色通常用作设计的背景色或用于平衡其他更鲜艳的色彩，以呈现和谐、稳重的视觉效果。

2.5　色彩应用

色彩在平面设计中扮演着至关重要的角色，不同的设计领域对色彩的运用有着不同的需求和策略。以下将对色彩在品牌与标识设计、包装设计、网页与UI设计、广告与营销推广中的特定应用进行介绍。

（1）品牌与标识设计

在品牌与标识设计中，色彩不仅要传达品牌的核心价值和情感，还需要确保标识的可识别性和独特性，具体可从以下几个方面着手。

- 选择具有高度识别性的颜色，使品牌在竞争中脱颖而出。
- 可使用稳定、可信赖的蓝色来构建企业或行业品牌的形象。
- 运用活泼的色彩如橙色或黄色来传递年轻和有活力的品牌个性。
- 维持色彩的一致性，以确保在所有媒体上都能清晰、准确地识别品牌。

（2）包装设计

包装设计中的色彩不仅要吸引消费者，还要传达产品信息和品牌属性。

- 使用的色彩需与产品类型调性一致，如天然和有机产品使用绿色或棕色。
- 使用视觉冲击力强的颜色使产品在货架上脱颖而出。
- 运用透明窗口或色彩搭配展示产品本身，增加真实感。
- 考虑消费者的心理和流行趋势，选择符合目标市场审美的色彩。

（3）网页与UI设计

在网页及UI设计中，不仅可以用色彩增强美感，还可以通过不同的色彩搭配来引导用户的注意力和操作行为。

- 使用对比色彩来增强网页或界面的可读性和易用性，如深色背景配浅色文字。
- 运用冷暖色调区分不同的界面元素，如使用冷色调背景和暖色调按钮。
- 利用色彩心理学，通过色彩影响用户情绪，如使用绿色传递安全感和自然感。
- 保持色彩简洁，避免使用过多色彩造成视觉干扰。

（4）广告与营销推广

在广告与营销推广中，色彩是吸引目标消费者注意和传递信息的重要工具。

- 选择能引起特定情绪反应的色彩，如红色常用于促销和引发紧迫感。
- 使用品牌色彩，增强广告与品牌的一致性。
- 运用明亮和引人注意的色彩吸引视线，特别是在视觉竞争激烈的环境中。
- 考虑文化差异，确保色彩在不同市场中具备良好的适应性和接受度。

在不同的设计领域通过巧妙地应用色彩，设计师可以有效地传达信息、引导用户行为，提高品牌识别度，最终推动下一步的商业行为。

2.6 AIGC配色效果展示

随着人工智能技术的不断发展，AIGC在各个领域的应用越来越广泛。其中，配色作为视觉设计的重要组成部分，对提升AIGC的吸引力和用户体验具有关键作用。下面将借助Midjourney介绍单色、类似色、对比色、三色及渐变的配色方案，帮助用户更好地理解和应用这些配色技巧。

1. 单色配色方案

单色配色方案主要使用同一种颜色不同明度和饱和度的变体来构建整体色彩效果。这种配色方案有助于保持视觉的统一性和协调性，给人一种和谐、稳定的感觉，如图2-40、图2-41所示。

2. 类似色配色方案

类似色配色方案是使用色相环中邻近或相近的颜色来构建整体色彩效果的方法，类似色具有相似的色调和明度，因此它们在视觉上能够相互协调，形成统一的整体。这种配色方案能够营造出柔和、温馨的视觉效果，同时也保持一定的色彩变化，图2-42、图2-43所示分别为蓝绿、青紫类似色配色方案效果图。

图2-40　　　　　　　　图2-41

3. 对比色配色方案

对比色配色方案使用色彩差异较大的颜色进行搭配，常见的有红绿、蓝橙、黄紫等。例如，红色与绿色搭配可以使得画面充满活力和冲击力，如图2-44所示；橙色与蓝色的对比则显得较为柔和，能够给人一种清新自然的感觉，如图2-45所示。

图2-42　　　　　　　图2-43　　　　　　　图2-44　　　　　　　图2-45

4. 三色配色方案

三色配色方案的关键在于颜色的选择和搭配，既要保证颜色的和谐统一，又要体现出色彩的对比和变化。在选择颜色时可以使用色彩心理学，例如使用让人感到温暖、活力的暖色调，如图2-46所示，或使用让人感到冷静、清新的冷色调，如图2-47所示。

5. 渐变配色方案

渐变配色方案是一种使颜色在一个区域内逐渐过渡显示的设计技术，它可以为设计作品增加层次感和视觉吸引力。这种配色方案通常由两种或多种颜色组成，颜色之间通过平滑过渡实现渐变效果，如图2-48、图2-49所示。

图2-46　　　　　　　图2-47　　　　　　　图2-48　　　　　　　图2-49

第 3 章

文档的设置与导出

CDR

内容导读

本章将对文档的设置与导出进行讲解，包括CorelDRAW工作界面、页面属性、图像文件的导入和导出以及打印选项的设置。了解并掌握这些基础知识，能够帮助设计师高效地完成从创作到输出的每个环节，确保设计作品的一致性和高质量呈现。

学习目标

- 掌握CorelDRAW工作界面
- 掌握页面属性
- 掌握图像文件的导入和导出方法
- 熟悉打印选项的设置方法

素养目标

- 培养设计师从设计构思到实际输出全流程的操作能力。
- 提高设计师的专业素养和项目交付质量，确保无论是自主打印还是与印刷服务商协作都能得到高品质设计成果。

案例展示

图像显示模式　　　　辅助工具的设置　　　　导入指定格式图像

3.1 CorelDRAW 工作界面

CorelDRAW是一款广受欢迎的矢量图形编辑器，被广泛应用于平面设计、标志设计、排版、插图制作等领域。

3.1.1 启动和退出

安装CorelDRAW后，在桌面上双击图3-1所示的快捷方式图标，待程序进入图3-2所示的欢迎屏幕界面，即表示正常启动。

若要退出软件，单击右上角的"关闭"✕按钮，或者执行"文件>退出"命令即可。

图3-1 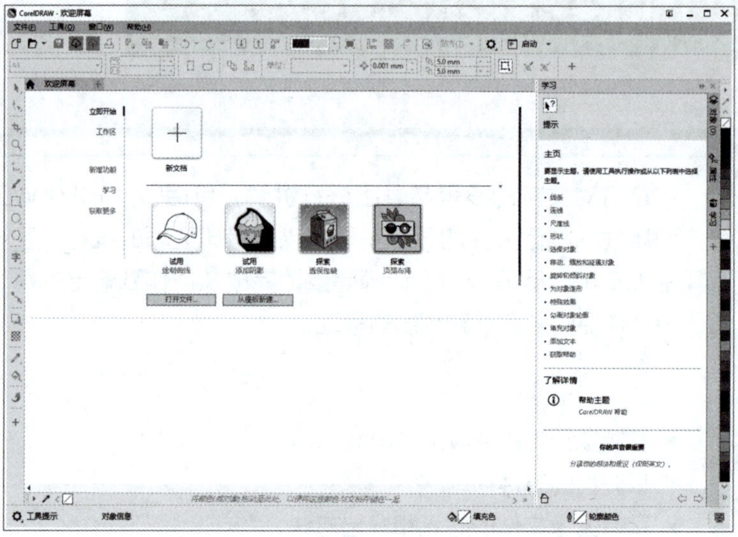   图3-2

3.1.2 工具箱和工具栏

工具箱包含绘制和编辑图像的工具，一些工具默认可见，而有些工具则要展开工具栏才能显示。工具按钮右下角的小箭头表示有一个展开工具栏，单击该箭头可访问展开工具栏中的工具，如图3-3所示。

执行"窗口>工具栏"命令，在子菜单中可以显示和隐藏菜单栏、状态栏、标准、属性栏、工具箱等，如图3-4所示。

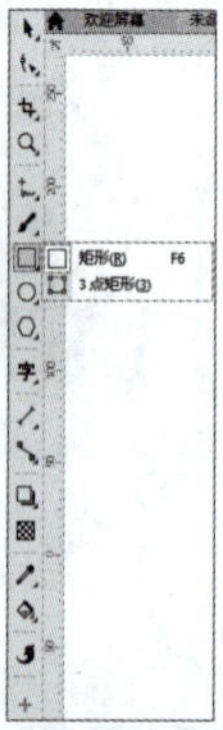

图3-3 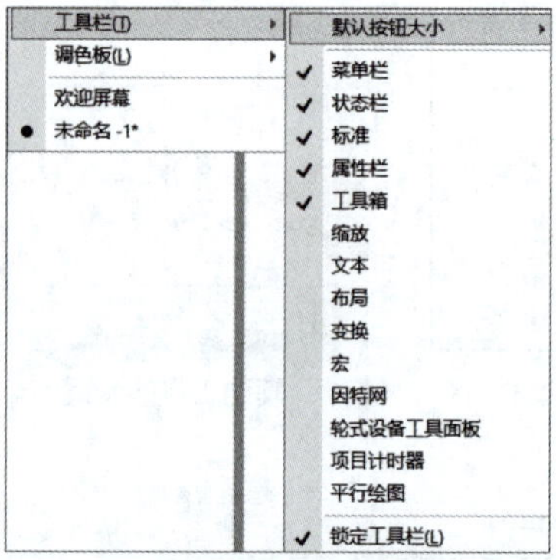   图3-4

1. 菜单栏

菜单栏提供了访问CorelDRAW所有功能的途径，包括文件、编辑、查看、布局、效果、文本、窗口等菜单，如图3-5所示。

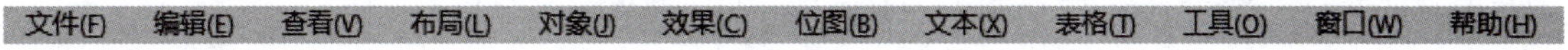
文件(F)
编辑(E)
查看(V)
布局(L)
对象(J)
效果(C)
位图(B)
文本(X)
表格(T)
工具(O)
窗口(W)
帮助(H)

图3-5

2. 状态栏

状态栏显示关于选定对象的信息（例如颜色、填充类型、轮廓），如图3-6所示。它还可以显示文档颜色信息，如文档颜色预置文件和颜色校样状态。

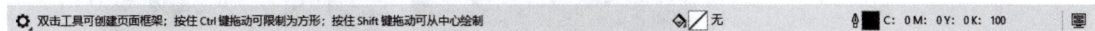

双击工具可创建页面框架；按住 Ctrl 键拖动可限制为方形；按住 Shift 键拖动可从中心绘制
无
C: 0 M: 0 Y: 0 K: 100

图3-6

3. 标准工具栏

默认情况下显示标准的工具栏，其中包含许多菜单命令的快捷方式按钮和控件，如图3-7所示。

PDF
57%
贴齐(T)
启动

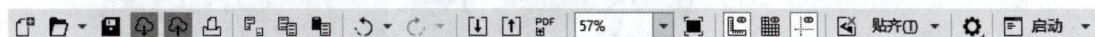

图3-7

4. 属性栏

属性栏显示与当前活动工具或所执行的任务相关的最常用的功能。属性栏外观与工具栏类似，但其内容随使用的工具或任务的不同而变化。

例如，在工具箱中选择矩形工具，属性栏会显示与矩形相关的命令：对象设置、对象大小、旋转角度、圆角半径等，如图3-8所示。

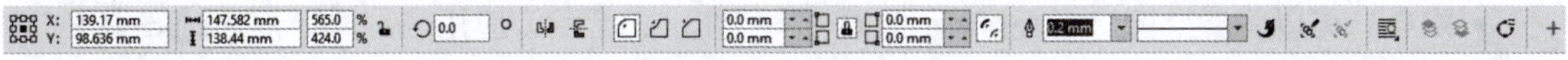
X: 139.17 mm
Y: 98.636 mm
147.582 mm
138.44 mm
565.0
424.0
0.0

图3-8

除以上常用的工具栏外，CorelDRAW还具有用于特定任务的工具栏，工具栏的位置也可以根据需要自定义。

- 缩放：包含放大和缩小绘图页面的命令。用户可以直接指定原始视图的百分比进行缩放，或者通过单击缩放工具来实现所需的缩放效果。
- 文本：包含文本格式化和对齐文本的命令。
- 布局：包含一些用于将对象转换为 PowerClip 图文框和文本框、显示对齐辅助线以及设置列和页边距的命令。
- 变换：包含倾斜、旋转和镜像对象的命令。
- 宏：包含编辑、测试和运行宏的命令。
- 因特网：包含Web相关工具的命令，可用于创建翻转效果以及将内容发布到互联网上。
- 项目计时器：包含一些控件，允许用户在绘图过程中跟踪项目任务所花费的时间，帮助管理项目进度。

3.1.3 图像显示模式

CorelDRAW 提供了多种图像显示模式，以满足不同的设计需求和场景。这些显示模式可以帮助设计师更好地处理、编辑和预览图像，提高工作效率和创作质量。在“查看”菜单中，分别有线框、正常、增强和像素4种模式可供选择。

- 线框：线框模式只显示绘图的轮廓，如图3-9所示，且以单色显示。该模式可以快速预览绘图的基本元素，特别适用于检查图形的布局和结构。

- 正常：图像以常规方式显示，不会显示特殊的处理效果，如图3-10所示。该模式适用于一般的图像编辑和设计工作。

- 增强：使绘图轮廓形状和文字的显示更加柔和，能消除锯齿边缘，如图3-11所示。该模式在需要更平滑、更细腻的显示效果时非常有用，特别是在处理矢量图形时。

- 像素：用于显示基于像素的图像，允许用户放大对象的某个区域来更准确地确定对象的位置和大小。该模式适用于查看导出为位图文件格式的图像，以及处理一些需要以像素为单位进行精确编辑的图像。

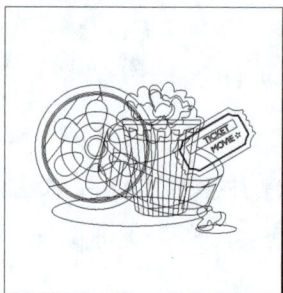

| 图3-9 | 图3-10 | 图3-11 |

3.1.4 文档窗口显示模式

CorelDRAW支持同时打开多个文档窗口，默认情况下文档窗口是合并在一起的。"窗口"菜单中提供了多种排列模式。

- 层叠：可以将多个窗口层叠排列，图3-12、图3-13所示为应用"层叠"前后的效果。

| 图3-12 | 图3-13 |

- 停靠窗口：可以将层叠排列的窗口以纵向或横向的方式停靠在窗口上。
- 水平平铺：可以将多个窗口横向排列，如图3-14所示。
- 垂直平铺：可以将多个窗口纵向排列，如图3-15所示。
- 合并窗口：恢复到默认窗口排列模式。

| 图3-14 | 图3-15 |

3.1.5　预览显示

预览显示是将页面中的对象以不同的区域或状态显示，"查看"菜单中提供了几种预览模式来满足不同的查看需求。

● 全屏预览：该模式允许用户在无干扰的环境中查看作品。在这个模式下，所有的界面元素如工具栏和泊坞窗都会被隐藏，只显示设计本身。

● 只预览选定的对象：该模式只显示选定的对象。若没有选择对象，执行该命令后将显示空白屏幕。

● 多页视图：若文档中含有多个页面，该模式可将所有页面显示在同一界面。

3.1.6　辅助工具的设置

辅助工具可以帮助用户更精确地创建和修改图形，包括标尺、网格、辅助线等。

1. 标尺

在绘图窗口中显示标尺，有助于精确地绘制、缩放和对齐对象。默认情况下，标尺是显示在画布顶端与左端的。如果画布上未显示标尺，可执行"查看>标尺"命令，让其显示出来。双击顶端或左端的标尺，打开"选项"对话框，可对标尺的单位、微调距离、原始等选项进行设置，图3-16、图3-17所示分别为英寸、毫米单位的显示效果。

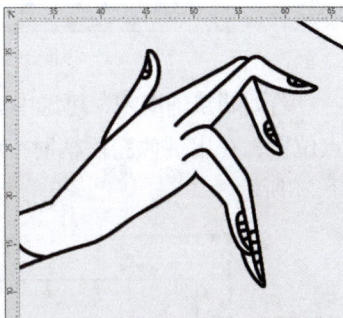

图3-16

图3-17

2. 网格

网格功能在画布上提供了一个参考网格，帮助用户按照一定间距绘制和对齐对象。网格分为文档网格和基线网格，在"选项"对话框中可对网格的颜色、间距和样式进行设置。

（1）文档网格

文档网格是在绘图窗口显示的交叉线条，可以用来准确对齐和放置对象，如图3-18所示。

（2）基线网格

基线网格仅在绘图页面上显示，是一种专门用于对齐文本行底部的网格，如图3-19所示。默认情况下行间距为14pt。所有对象都可以贴齐基线网格，但只有文本框可以通过设置自动对齐基线网格。

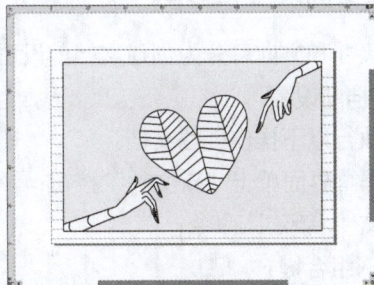

图3-18

图3-19

3. 辅助线

辅助线可以放置在绘图窗口的任意位置，以水平线、垂直线或斜线的形式存在，主要用于辅助对象的放置和定位。

将鼠标指针放置在水平标尺上，按住鼠标左键往下拖动，释放鼠标即可创建一条水平辅助线，如图3-20所示。使用相同的方法，将鼠标指针放置在左侧的垂直标尺上自左向右拖动，可创建垂直辅助线，如图3-21所示。

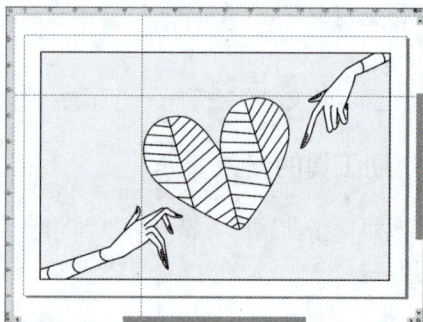

图3-20　　　　　　　　　　　　　图3-21

若要调整辅助线，可选中垂直辅助线，此时蓝色辅助线变为红色，再次单击，调整出现的节点位置，在出现倾斜手柄时拖动鼠标进行旋转，如图3-22所示，释放鼠标即可完成调整，如图3-23所示。

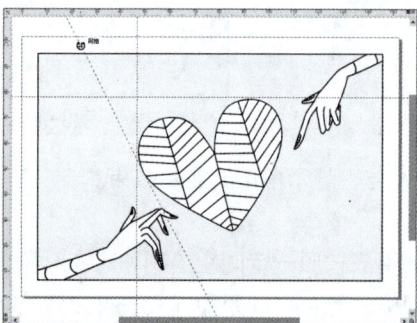

图3-22　　　　　　　　　　　　　图3-23

3.2 页面属性

用户可以根据设计需求灵活地设置页面属性，从而确保设计作品的质量和视觉效果达到最佳。

3.2.1 设置页面尺寸和方向

设置页面尺寸和方向可分为创建文档前设置和创建文档后设置两种方法。

1. 创建文档前设置

可以通过执行以下操作创建文档：

- 在欢迎屏幕界面单击"新文件"按钮；
- 执行"文件>新建"命令；
- 按Ctrl+N组合键；
- 在标准工具栏上，单击"新建" 按钮。

以上操作均可打开"创建新文档"对话框，在"尺度"选项中可以对页面的宽度、高度和方向等进行设置，如图3-24所示。

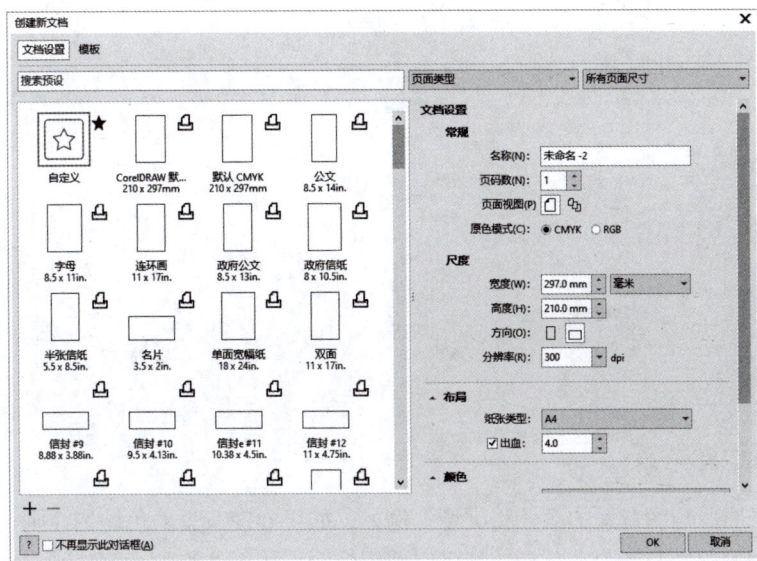

图3-24

"创建新文档"对话框中的部分选项功能介绍如下。

- 预设目标列表框：双击对话框左侧的预设，可以从预设创建文档。
- 名称：设置当前文档的名称。
- 页码数：在数值框中输入一个值，设置新建文档的页数。
- 页面视图：选择页面的查看方式。选择"单页视图" 🗖 一次查看一个页面；选择"多页视图" 🔲 一次查看所有页面。
- 原色模式：选择文档的原色模式，默认的原色模式会影响一些效果的颜色混合方式，例如填充、混合等。
- 宽度/高度：设置文档的宽度和高度，在"宽度"数值框后面的下拉列表中可以进行单位设置。
- 方向：设置页面方向为横向或纵向。
- 分辨率：设置页面分辨率。该下拉列表中包含一些常用的分辨率。
- 纸张类型：在下拉列表中可选择常用的纸张大小，例如A4、A3等。
- 出血：勾选"出血"复选框，在"出血"数值框中输入出血值。

🔗 **知识链接**

CorelDRAW中内置了很多模板，在"创建新文档"对话框中用户可单击"模板"按钮，选择适合的模板后单击"打开"按钮即可使用该模板。

2. 创建文档后设置

新建文档后，可执行"布局>页面大小"命令，在打开的"选项"对话框中，可对页面的大小、宽度、高度、方向、渲染分辨率和出血等属性进行设置，如图3-25所示。此外，也可以在属性栏中快速设置。

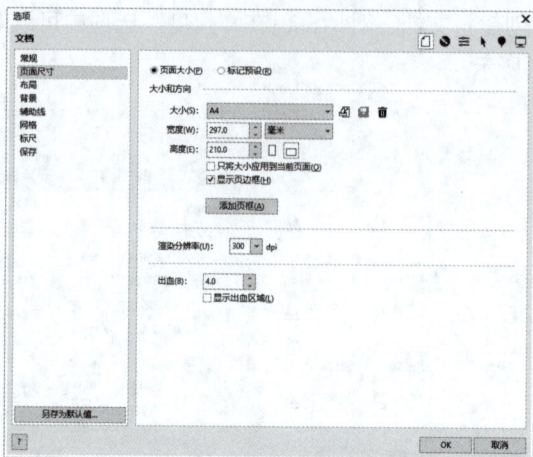

图3-25

3.2.2 设置页面背景

该功能用于选择绘图背景的颜色和类型。例如，如果要使背景颜色均匀，则可以使用纯色。如果需要更复杂的背景或者动态背景，则可以使用位图。执行"布局>页面背景"命令，打开"选项"对话框，其中各选项的作用如下。

- 无背景：默认的背景模式。
- 纯色：单击该单选按钮后单击其下拉按钮，在弹出的颜色挑选器中可选择纯色作为背景，如图3-26所示。
- 位图：单击该单选按钮后单击"浏览"按钮，可设置导入位图的路径，如图3-27所示。
- 位图尺寸：设置位图尺寸，"默认尺寸"是位图的当前大小。"自定义尺寸"通过在"水平"和"垂直"数值框中输入数值来指定位图尺寸。若禁用"保持纵横比" 按钮，则可以实现指定不成比例的位图尺寸。
- 打印和导出背景：勾选该复选框，背景与绘图会一起被打印和导出。

图3-26

图3-27

🔗 **知识链接**

在"位图来源类型"中可以选择"链接"或者"嵌入"。
- 链接：将位图链接到绘图，对源文件所做的更改会反映到位图背景中。
- 嵌入：将位图嵌入绘图中，对源文件所做的修改不会反映到位图背景中。

3.2.3 设置页面布局

执行"布局>页面布局"命令打开"选项"对话框。在"布局"下拉列表中，可选择不同的布局选项，如图3-28所示。若勾选"对开页"复选框，将激活"起始于"下拉列表，内容会合并到一页。

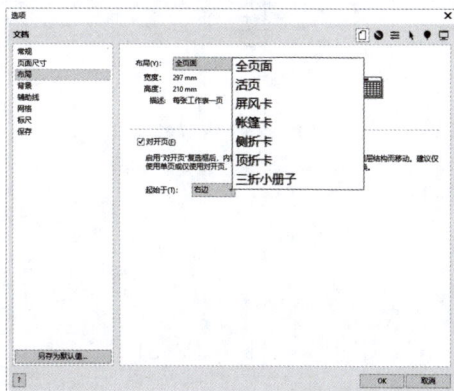

图3-28

3.2.4 课堂实操：巧设页面背景

实操 *3-1* / 巧设页面背景

微课视频

📁 **实例资源** ▶ \第3章\巧设页面背景\背景.jpg

本案例将设置页面的背景为位图。涉及的知识点有文档的创建、页面背景的设置。具体操作方法如下。

Step 01 启动CorelDRAW，在标准工具栏上单击"新建" 🗗 按钮，在"创建新文档"对话框中设置参数，如图3-29所示。

Step 02 单击"OK"按钮，效果如图3-30所示。

图3-29

图3-30

Step 03 执行"布局>页面背景"命令，打开"选项"对话框，如图3-31所示。

Step 04 单击"位图"单选按钮后，单击"浏览"按钮，在弹出的"导入"对话框中选择"背景"，如图3-32所示。

Step 05 单击"导入"按钮后，返回到"选项"对话框，单击"自定义尺寸"单选按钮，设置水平和垂直参数，如图3-33所示。

Step 06 单击"OK"按钮，效果如图3-34所示。

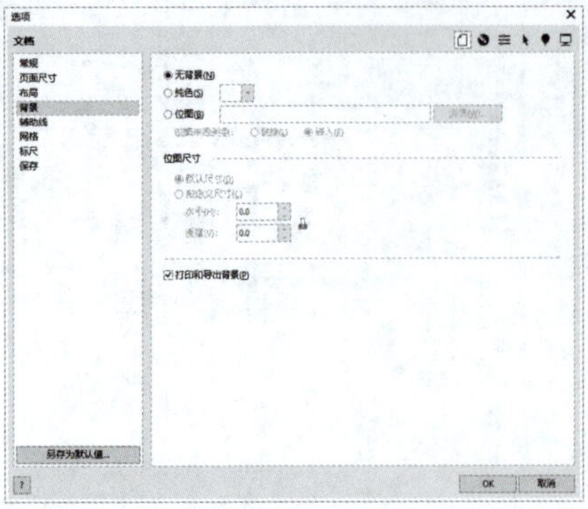

图3-31

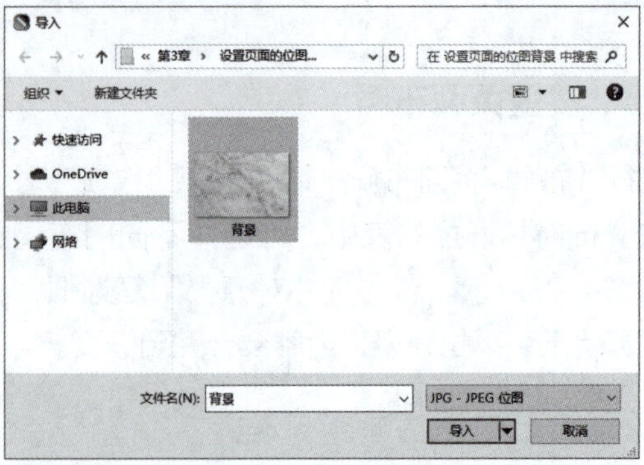

图3-32

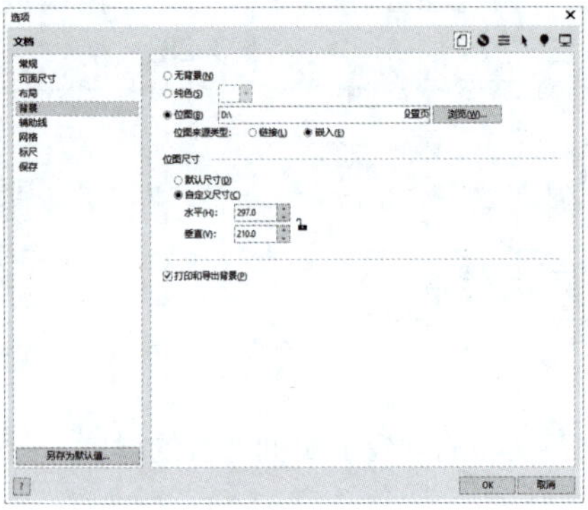

图3-33

图3-34

至此，页面背景的设置完成。

3.3 图像文件的导入和导出

图像文件的导入和导出可以对不同格式的图像进行操作，以满足不同情形的需求。

3.3.1 导入指定格式图像

新建或打开文档后，执行"文件>导入"命令，或按Ctrl+I组合键，在打开的"导入"对话框中，选择需要导入的文件并单击"导入"按钮，此时鼠标指针转换为导入鼠标指针。在文档内单击可直接将位图以原大小放置在该文档区域，或者按住鼠标左键拖动重新设置位图尺寸，如图3-35所示，释放鼠标后位图填充到该区域，如图3-36所示。

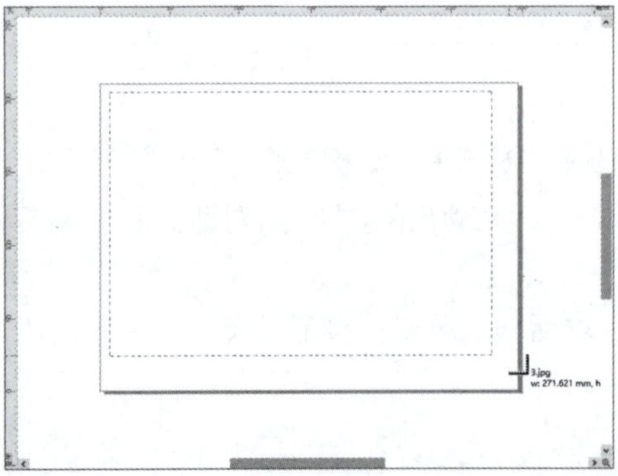

图3-35

图3-36

3.3.2 导出指定格式图像

导出经过编辑处理的图像时可执行"文件>导出"命令，或按Ctrl+E组合键，打开图3-37所示的"导出"对话框。设置存储的位置和文件名后，可以打开"保存类型"下拉列表，选择PDF、JPG、AI等格式，如图3-38所示。完成设置后单击"导出"按钮即可。

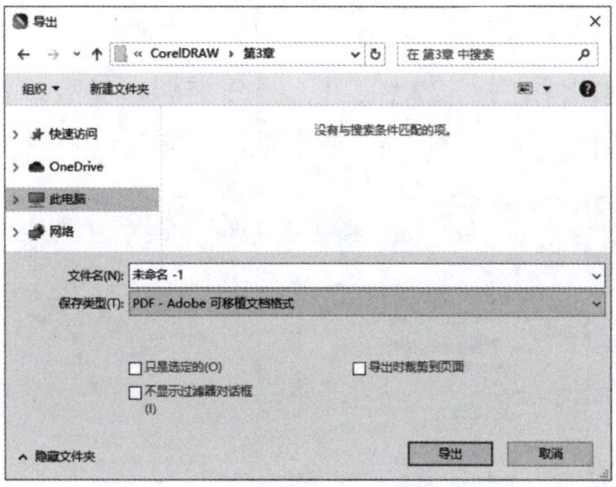

图3-37

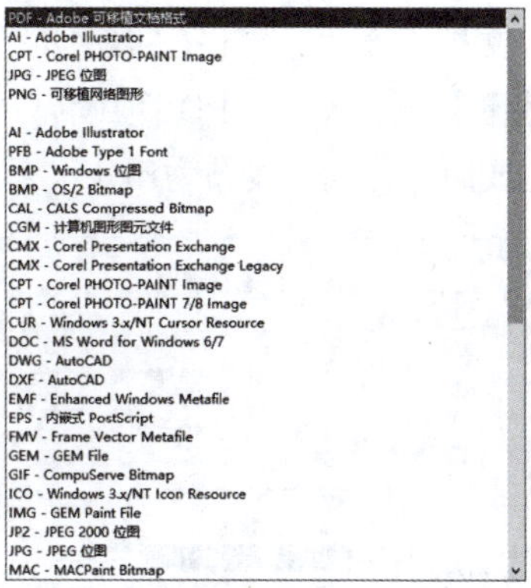

图3-38

3.3.3 图像优化

图像优化可以在不影响画质的基础上进行适当的压缩，调整图像大小，从而提高图像在网络上的传输速度。执行"文件>导出为>Web"命令，在弹出的"导出到网页"对话框中，可以调整图像的颜色模式、质量和其他参数来优化图像，如图3-39所示。设置完成后，单击"另存为"按钮保存优化后的图像。

图3-39

🔗 **知识链接**

与Web兼容的文件格式有GIF、PNG、JPEG和WEBP。

- GIF：适用于导出线条、文本、颜色很少的图像或具有锐利边缘的图像。
- PNG：适用于导出各种图像类型，包括照片和线条图。
- JPEG：适用于导出照片和扫描的图像。
- WEBP：适用于导出各种图像类型，包括照片、线条图、图标、带文本的图像。

当文件导出为以上格式时，可以将图像裁剪至绘图页面大小，以删除不需要的部分，减小文件大小。不在绘图页面内的任意部分在导出时都将被裁剪掉。

3.3.4 发布至PDF

CorelDRAW可以将图形图像文件发布为PDF格式，以保存原始文档的字体、图像、图形及格式。执行"文件>发布为PDF"命令，在打开的"发布为PDF"对话框中设置参数。在"PDF预设"选项中，可以选择不同的PDF预设，这些预设针对不同的使用场景进行了优化，比如预印、Web、文档发布等，如图3-40所示。单击"设置"按钮，打开"PDF设置"对话框，可以设置导出范围、页面尺寸、PDF预设以及输出颜色、文档信息、压缩类型等参数，如图3-41所示。设置完成后，返回"发布为PDF"对话框，单击"保存"按钮即可发布。

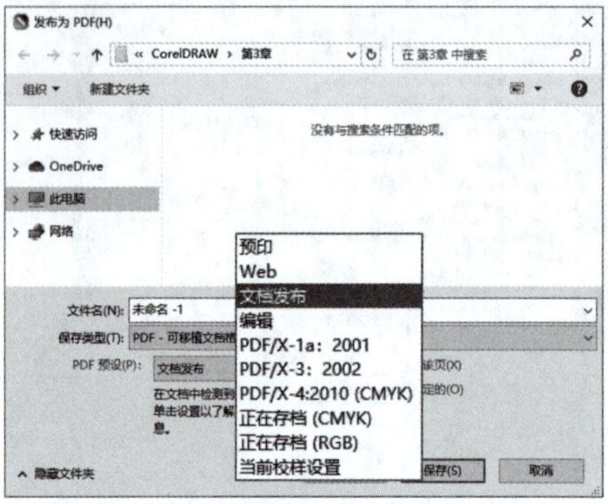

图3-40 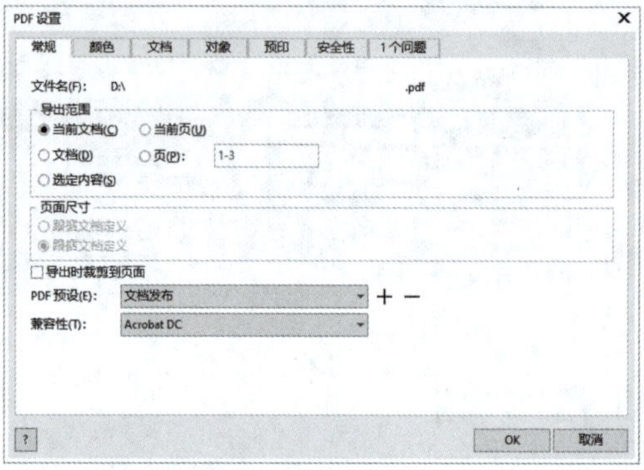   图3-41

在"PDF预设"选项中，各预设的功能介绍如下。

● 预印：启用ZIP位图压缩，嵌入字体并且保留专为高端质量打印设计的专色。

● Web：用于联机查看PDF文件。该样式启用JPEG位图压缩、文本压缩，并且包含超链接。

● 文档发布：创建可以在激光打印机或桌面打印机上打印的PDF文件，该样式适合常规的文档传送。

● 编辑：显示的PDF文件中包含所有字体、最高分辨率的所有图像以及超链接，便于编辑此文件。

● PDF/X-1a:2001：启用ZIP位图压缩，将所有对象转换为目标CMYK颜色模式。

● PDF/X-3:2002：允许PDF文件中同时存在CMYK数据和非CMYK数据（例如Lab或灰度）。

● PDF/X-4:2010（CMYK）：该样式确保文件在印刷过程中的兼容性和准确性，要求文件包含所有必要的字体、图像和颜色信息，以便在不同的印刷设备和工作流程中都能保持一致性。

● 正在存档（CMYK）：这种PDF样式将保留原始文档中的所有专色或Lab色，但是会将其他的颜色（例如灰度或RGB）转换为CMYK颜色模式。

● 正在存档（RGB）：与正在存档（CMYK）相似，但其他颜色将转换为RGB颜色模式。

● 当前校样设置：将校样颜色预置文件应用到PDF中。

3.3.5 课堂实操：优化图像大小

实操3-2 优化图像大小

微课视频

实例资源 ▶ \第3章\优化图像大小\花船.cdr

本案例将优化图像大小。涉及的知识点有文档的打开、图像优化命令的执行。具体操作方法如下。

Step 01 按Ctrl+O组合键，在"打开绘图"对话框中选择素材文件，如图3-42所示。

Step 02 单击"打开"按钮，效果如图3-43所示。

图3-42

图3-43

Step 03 执行"文件>导出为>Web"命令，弹出"导出到网页"对话框，在"质量"下拉列表中选择"高"，如图3-44所示。

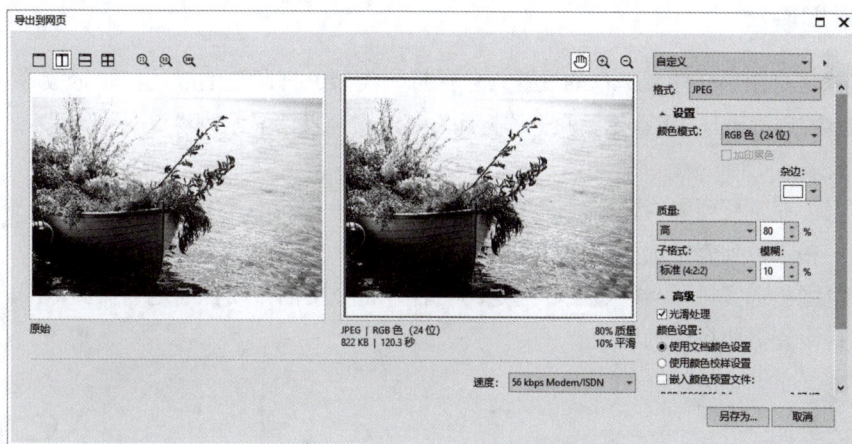

图3-44

Step 04 单击"另存为"按钮，在弹出的"另存为"对话框中设置保存路径与文件名，如图3-45所示。

Step 05 保存后的素材与保存前的素材大小对比如图3-46所示。

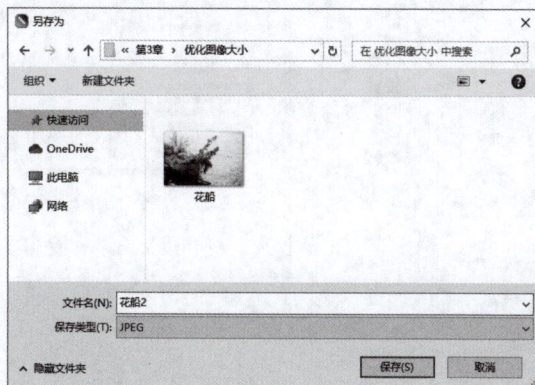

图3-45

图3-46

至此，图片大小的优化完成。

知识链接

随着AI技术的发展，部分工具支持在线压缩功能。以AI工具"佐糖"为例，在官网中找到"图片压缩"功能，上传图片即可一键压缩，如图3-47所示。

图3-47

3.4 打印选项的设置

打印选项的设置是相对重要的一个步骤，相关的设置直接决定着打印出的图像最直观的视觉效果。

3.4.1 常规设置

常规设置是对图形文件最基本的设置，包括打印类型、打印范围以及打印份数等。执行"文件>打印"命令或按Ctrl+P组合键，打开"打印"对话框，默认显示为"常规"选项卡，如图3-48所示。

- 打印机：在下拉列表中选择已连接的打印机。
- 方向：在下拉列表中选择页面打印方向。
- 打印范围：选择打印当前页面、选定的内容、整个文档，或者指定的页面范围。
- 份数：设置需要打印的份数。

知识链接

某些打印机支持自动匹配页面尺寸和方向。要启用此选项，可以执行"工具>选项>全局"命令，在"选项"对话框中选择"打印"选项，切换至"驱动程序兼容性"选项卡，勾选"打印以适合纸张大小"复选框，如图3-49所示。

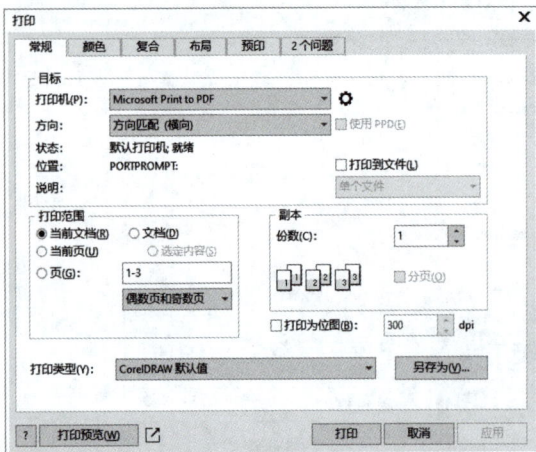

图3-48

图3-49

3.4.2 布局设置

要设置打印作业的大小、位置，可在"打印"对话框中选择"布局"选项卡，如图3-50所示。

- 与文档相同：保持图像大小与其在文档中的大小相同。
- 调整到页面大小：调整打印作业的大小和位置，以适合打印页面。
- 重新定位插图至：可以从其下拉列表中选择一个位置来重新定位打印作业，例如页面中心、顶部中心、底部中心、左上角、右下角等。
- 拼贴页面：勾选该复选框，"平铺重叠"可以指定要重叠平铺的数量，"页宽"指定平铺要占用的页宽百分比。勾选"包括平铺标记"复选框便于在拼接时对齐各个A4页面。
- 出血限制：设置出血值。通常将出血限制设在0.125mm到0.25mm。超出出血限制的部分都会造成不必要的内存损耗，而且如果在打印多个页面时在单张纸上有多个出血，将会出现问题。
- 版面布局：可以从其下拉列表中选择一种版面布局，如图3-51所示。选择的布局不影响原始文档，仅影响打印方式。

图3-50

图3-51

3.4.3 颜色设置

默认情况下，当文档发送到打印机时，CorelDRAW不会执行颜色转换。但是，如果操作系统中存在与打印机相关的颜色预置文件，CorelDRAW会检测到颜色预置文件并将其用于把文档颜色转换为打印机颜色空间的操作中。

在"打印"对话框的"颜色"选项卡中可以对颜色进行管理，从而确保精准的颜色再现，如图3-52所示。

- 颜色："复合"选项为默认选项，通常用于打印作业中的颜色补漏和叠印设置；"分隔"选项则主要用于打印作业中的颜色分离。

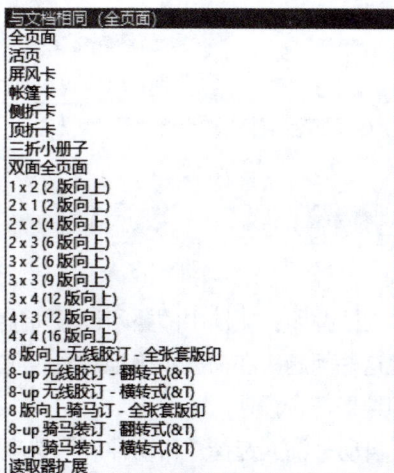

图3-52

- 设置：可选择"文档颜色"或"颜色校样"，单击"颜色校样"单选按钮可以应用"颜色校样"泊坞窗中定义的校样预设。

- 颜色转换：单击"文档颜色"单击按钮激活该下拉列表，可以选择"CorelDRAW"选项让CorelDRAW执行颜色转换，或选择打印机执行颜色转换（仅适用于PostScript打印机）。
- 输出颜色：可以从中选择一种颜色模式。打印时所有文档颜色会调整为选定的颜色模式。
- 颜色配置文件：可以从中选择一种颜色预置文件（该选项仅适用于某些颜色模式）。
- 匹配类型：指定打印的匹配类型。"相对比色"可以在打印机上生成校样，且不保留白点；"绝对比色"保留白点和校样；"感性"适用于多种图像，尤其是位图和摄影图像；"饱和度"适用于矢量图形，可以保留高度饱和的颜色（线条、文本和纯色对象，如图表）。

在"颜色"选项中单击"分隔"单选按钮，将激活"分色"选项卡，如图3-53、图3-54所示。"分色"选项卡各选项的功能介绍如下。

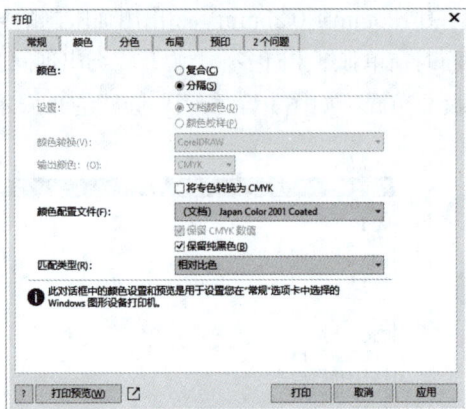

图3-53

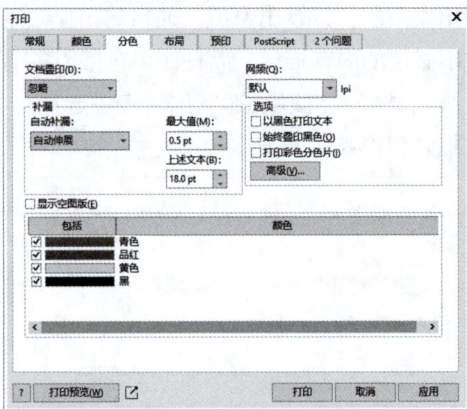

图3-54

- 文档叠印：文档中的叠印设置可能会导致颜色重叠或打印效果不佳，选择"忽略"选项可以避免这些问题。在需要精确控制颜色重叠和打印效果的复杂设计中，选择"保留"选项可以确保打印结果符合预期。
- 自动补漏：选择"自动伸展"选项，在"最大值"数值框中输入参数。选择"固定宽度"选项，在"宽度"数值框中输入参数。
- 上述文本：在该数值框中输入的值表示应用自动伸展时的最小大小。如果该值设置得太小，在应用自动伸展时，小文字会被渲染得看不清楚。
- 高级：单击该按钮，在弹出的"高级分色片设置"对话框中可以更改分色的打印顺序。

3.4.4 打印预览设置

打印预览功能允许用户在打印前查看打印作业在纸张上的布局、颜色、大小和方向等效果，确保打印结果符合预期。在"打印"对话框左下角单击"打印预览"按钮，或执行"文件>打印预览"命令，将跳转到打印预览界面，如图3-55所示。

1. 挑选工具

使用挑选工具可以手动调整打印作业的显示位置。

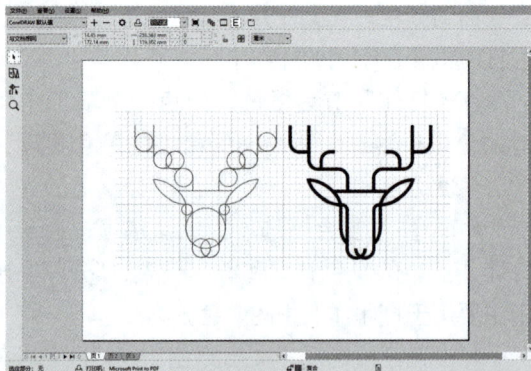

图3-55

2. 版面布局工具

选择版面布局工具▦可以在顶部属性栏中根据选定的编辑内容设置装订的方式、页面排列以及页边距。

（1）编辑基本设置

在"编辑的内容"下拉列表中选择该选项，可以设置装订的方式，如图3-56所示。

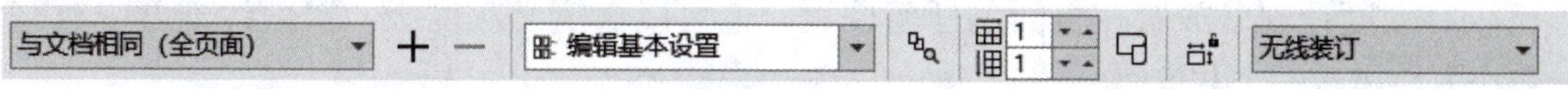

图3-56

- 交叉/向下页数：设置交叉或向下的页数。
- 单面/双面▢：选择该选项后，在非双面打印设备上打印时，向导会自动提示如何向打印机送纸，以便进行双面打印。
- 装订模式：在该下拉列表中可以选择装订方式。"无线装订"将各个页面分隔开，然后在书脊处将页面黏合起来；"鞍状订"折叠页面，然后相互插入；"校对和剪切"校对所有拼版并将其堆叠到一起；"自定义装订"排列每一个拼版中打印的页面。

（2）编辑页面位置

在"编辑的内容"下拉列表中选择该选项，可以对页面的排列进行设置，如图3-57所示。

图3-57

- 智能自动排序▦：在拼版上自动排列页面。
- 连续自动排序▦：从左至右、从上至下排列页面。
- 克隆自动排序▦：将工作页面放入可打印页面的每个框中。
- 页面序号▦：手动排列页码，在该数值框中可以指定页码。
- 页面旋转↻：可以设置旋转角度。

（3）编辑页边距

在"编辑的内容"下拉列表中选择该选项，可以调整页边距，如图3-58所示。

图3-58

- 等页边距▦：设置右侧的页边距等于左侧的页边距，底部的页边距等于顶部的页边距。若选择该选项，则必须设置页边距。
- 自动设定页边距▦：选择该选项则自动设置页边距。

3. 标记放置工具

选择标记放置工具▦，在顶部属性栏中可以指定打印机标记在页面上的位置，如图3-59所示。

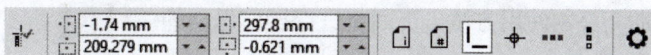

图3-59

- 自动位置标记方阵▦：单击该按钮后，在打印页面上自动生成一系列均匀分布或处于特定位置的标记。
- 打印文件信息▦：打印文件的信息，如颜色预置文件、半色调设置、名称、创建图像的日期和时间、图版号码及作业名称。
- 打印页码▦：对不包含任何页码或与实际页码不对应的图像进行分页。

- 打印裁剪标记：打印在页角，表示纸张大小。可以打印裁剪/折叠标记，作为修剪纸张的辅助线来使用。
- 打印套准标记：套准标记会打印在每张分色片上，以对齐彩色打印机上的胶片。
- 颜色调校栏：确保每张分色片上再现颜色的刻度精确。
- 密度计刻度：它是一系列由浅到深的灰色框，测试半色调图像的密度时需要用到这些框。可以将密度计刻度放置在页面的任何位置，也可以自定义灰度级。密度计刻度中有7个方块，每个方块表示一个灰度级。
- 预印：单击该按钮跳转至“打印选项”对话框中的“预印”选项卡，如图3-60所示。可以对文件信息、裁剪/折叠标记、注册标记、调校栏等参数进行设置。

4. 缩放工具

选择缩放工具，在顶部属性栏中可以调整页面显示的方式，例如放大、缩小、缩放1：1、缩放选定对象、按页高显示等，图3-61所示为按页高显示效果。

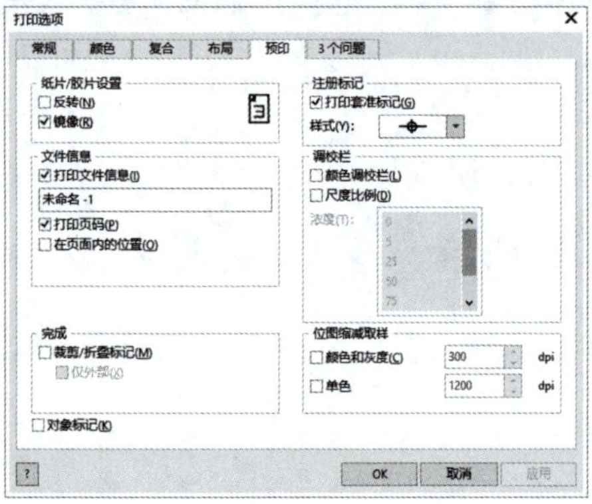

图3-60

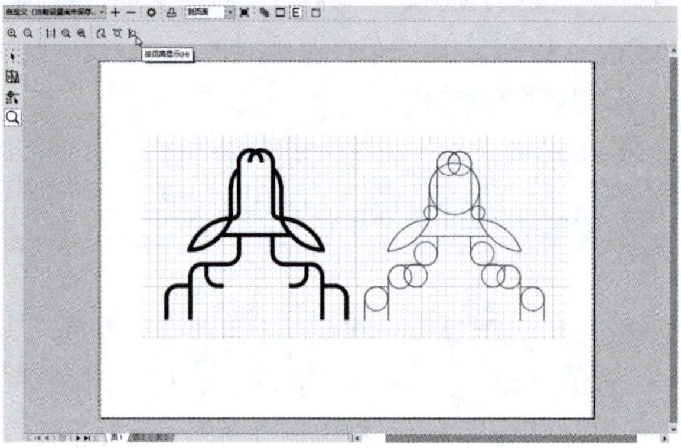

图3-61

3.5 实战演练：调整模板页面

微课视频

实操3-3 调整模板页面

实例资源 ▸ \第3章\调整模板页面\模板.cdr

本章实战演练将调整模板的页面尺寸，综合练习本章的知识点，帮助读者熟练掌握文档的打开和保存、绘图页面的调整以及辅助工具的使用方法。下面将进行操作思路的介绍。

Step 01 执行“文件>从模板新建”命令，在弹出的“创建新文档”对话框中选择模板“Freelance Design Services Brochure”，如图3-62所示。

Step 02 单击“打开”按钮，效果如图3-63所示。

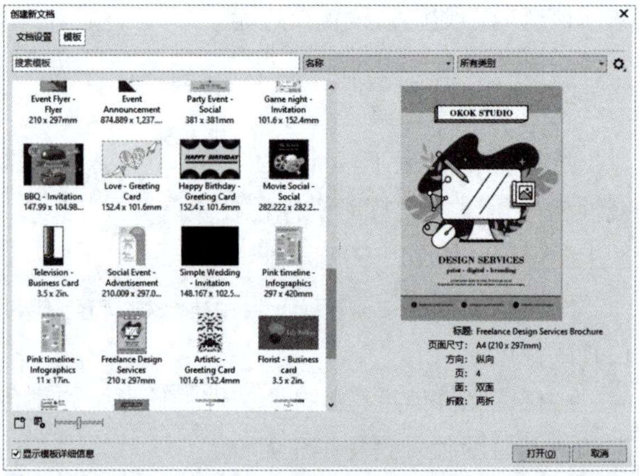

图3-62

Step 03 分别选择"页2"至"页4",单击鼠标右键,在弹出的快捷菜单中执行"删除页面"命令,仅保留"页1",如图3-64所示。

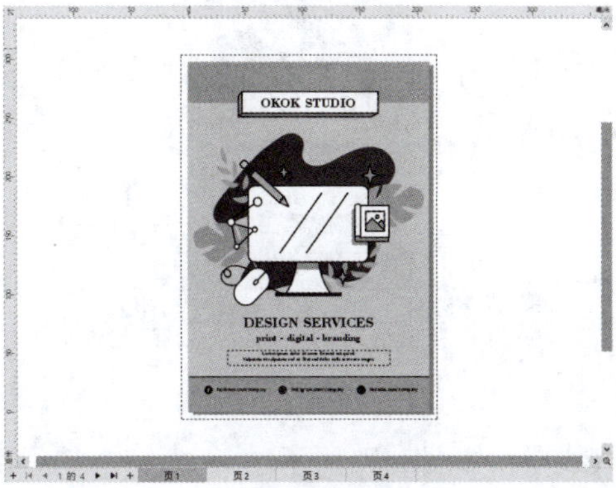

图3-63    图3-64

Step 04 在属性栏中单击"横向" □ 按钮,效果如图3-65所示。

Step 05 调整绘图页面和文档等高,然后将文档居中放置,如图3-66所示。

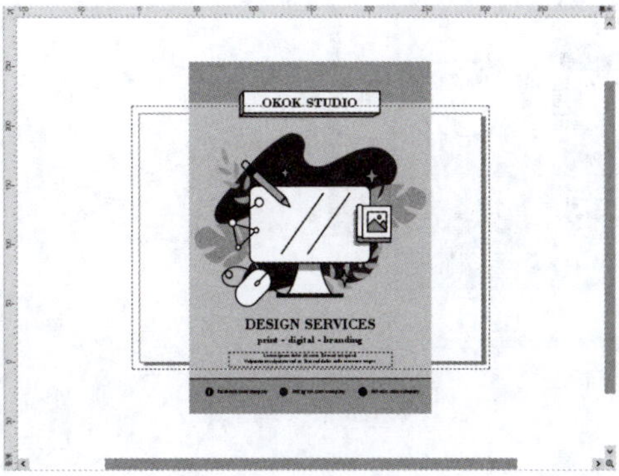

图3-65 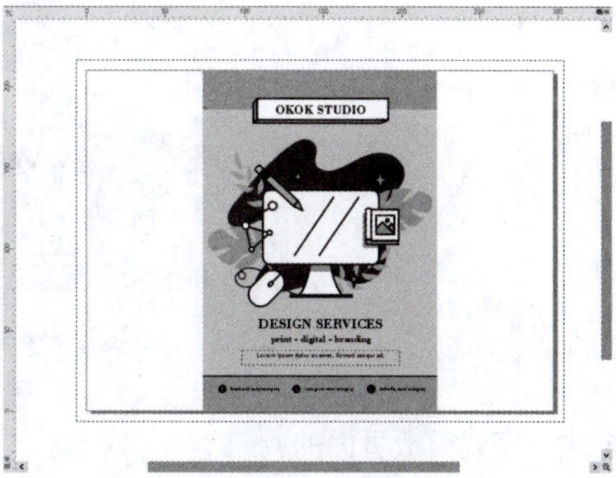   图3-66

Step 06 将鼠标指针放置在标尺相交的位置,向下拖动调整标尺原点,如图3-67所示。

Step 07 释放鼠标应用原点,如图3-68所示。

图3-67    图3-68

Step 08 选择绘图页面中的蓝色矩形部分,在属性栏中设置对象原点▦,将*x*坐标改为0,如图3-69所示。

Step 09 在属性栏中设置对象的宽度为297mm,如图3-70所示。

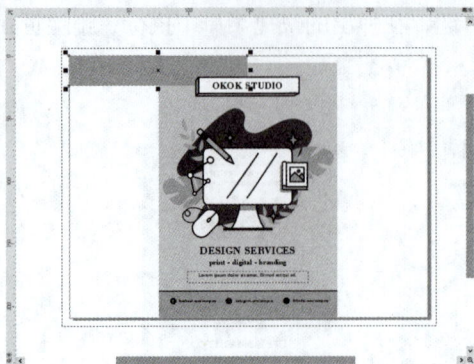

图3-69

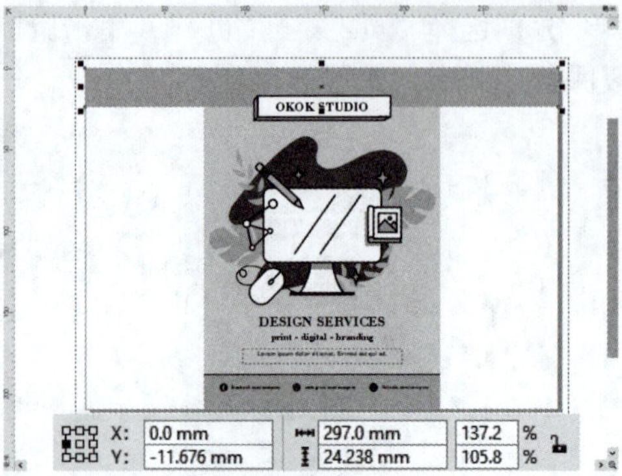

图3-70

Step 10 使用相同的方法调整剩下的背景部分与直线段，如图3-71所示。

Step 11 按Ctrl+Shift+S组合键保存文档。

图3-71

至此，完成模板页面的调整。

3.6 拓展练习

实操3-4 / 导出为PDF文件

📁 **实例资源** ▸ \第3章\导出为PDF文件\明信片.cdr、明信片.pdf

下面练习将CDR格式文件导出为PDF格式，CDR格式文件如图3-72（a）所示，PDF格式文件如图3-72（b）所示。

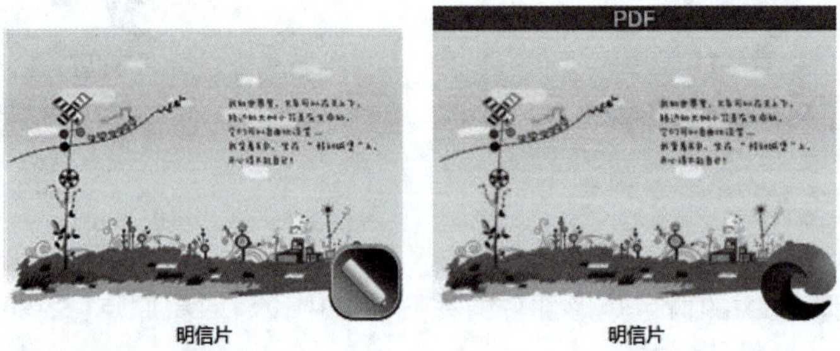

明信片
（a）

明信片
（b）

图3-72

技术要点：

- PDF的预设选择；
- PDF的导出范围、尺寸设置。

分步演示：

①打开素材文档；

②执行"文件>发布为PDF"命令，打开"发布为PDF"对话框；

③单击"设置"按钮，在"PDF设置"对话框中设置参数；

④查看PDF存储效果。

分步演示效果如图3-73所示。

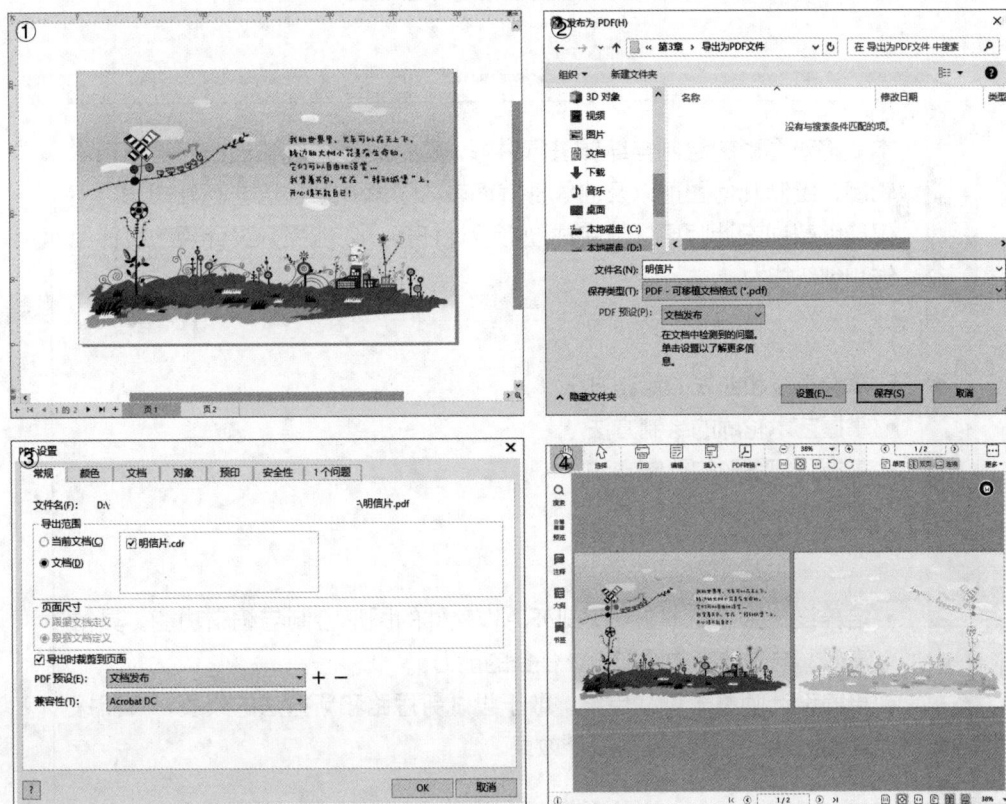

图3-73

第 4 章
图形的绘制与编辑

本章将对图形的绘制与编辑进行讲解，包括绘制直线和曲线、绘制艺术轮廓、绘制几何图形以及曲线形状编辑。了解并掌握这些基础知识，不仅能够帮助设计师更好地完成图形设计任务，还能提升设计师的设计思维和创新能力。

- 掌握直线和曲线的绘制方法
- 掌握艺术轮廓的绘制方法
- 掌握几何图形的绘制方法
- 掌握曲线形状的编辑方法

- 培养设计师熟练掌握CorelDRAW软件的图形绘制与编辑功能，具备高效、准确地完成图形设计任务的能力。
- 培养设计师勇于挑战传统、敢于尝试新思路和新方法的素质，不断探索和创造出独特的图形设计效果。

平行线条文字

绘制仙人掌

扁平化帆船

4.1 绘制直线和曲线

CorelDRAW提供了各种绘图工具，利用这些工具可以绘制曲线和直线，以及同时包含曲线段和直线段的线条。

4.1.1 手绘工具

使用手绘工具可以像使用铅笔在纸上画图一样绘制直线与曲线。选择手绘工具 ，或按F5键，将鼠标指针移动到工作区中，此时鼠标指针变为 形状，在绘图页面按住鼠标左键并拖动鼠标绘制出曲线，如图4-1所示。释放鼠标，CorelDRAW会自动将绘制过程中的不光滑曲线替换为光滑的曲线，如图4-2所示。

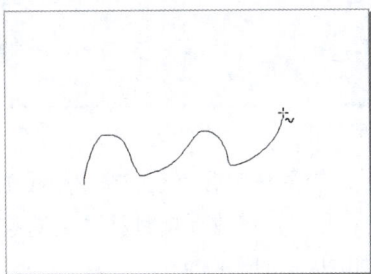

图4-1

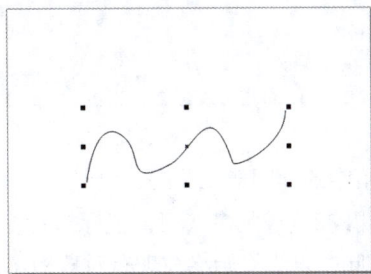

图4-2

使用手绘工具在起点处单击鼠标左键，鼠标指针变为 形状，将鼠标指针移动到下一个目标点单击鼠标左键，即可绘制直线，如图4-3所示。在绘制直线的过程中，当鼠标指针变为 形状时，单击并移动鼠标即可绘制出折线，如图4-4所示。按住Ctrl键可画与水平线角度呈15°倍数的直线。

图4-3

图4-4

> **知识链接**
>
> 在绘制曲线的过程中，按住Shift键反向绘制可进行擦除，如图4-5所示。释放鼠标即可应用擦除效果，如图4-6所示。

图4-5

图4-6

4.1.2 2点线工具

2点线工具可以快速地绘制出与曲线相切的直线和相互垂直的直线，长按手绘工具 ，在弹出的工具列表中选择2点线工具 ，在属性栏中会出现3种模式，单击相应的按钮即可进行切换，如图4-7所示。

图4-7

选择2点线工具 ✏️，鼠标指针变为 ⁺⁺形状，按住鼠标左键将鼠标指针移动到下一个目标点处释放鼠标，即可绘制出水平直线，如图4-8所示。单击属性栏中的"垂直2点线" ✍️按钮，鼠标指针变成 ⁺⁺形状，按住鼠标左键拖曳即可绘制出垂直直线，如图4-9所示。

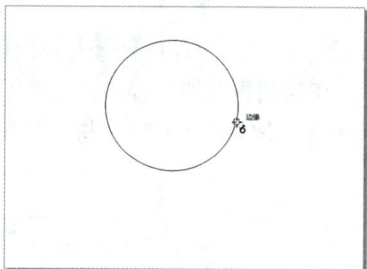

| 图4-8 | 图4-9 |

选择工具箱中的椭圆形工具 ◯，绘制一个圆形，如图4-10所示。选择2点线工具 ✏️，单击属性栏中的"相切的2点线" ◔按钮，鼠标指针变成 ⁺⁺形状，将鼠标指针移动到对象边缘按住鼠标左键拖动，绘制的2点线将始终与现有对象相切，如图4-11所示。

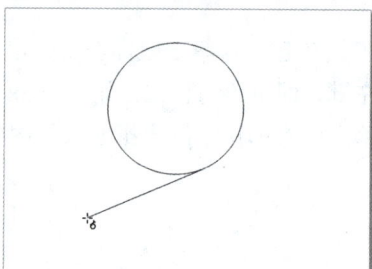

| 图4-10 | 图4-11 |

> 🔗 **知识链接**
>
> 单击"平行绘图" ⋮⋮按钮显示"平行绘图"属性栏，如图4-12所示。在该属性栏中设置参数后，可绘制一定数量与间隔的平行线条，如图4-13所示。
>
>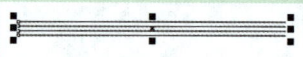
>
> | 图4-12 | 图4-13 |

4.1.3 贝塞尔工具

贝塞尔工具可以相对精确地绘制直线，同时还能对曲线上的节点进行拖动，实现一边绘制曲线一边调整曲线平滑度的操作。选择贝塞尔工具 ✏️，鼠标指针变为 ⁺⁺形状，在起始点和结束点单击即可绘制直线，如图4-14所示。若要绘制曲线，则需要在结束位置按住鼠标左键不放，移动鼠标调整曲线的弧度，从而绘制平滑曲线，如图4-15所示，停止绘制按空格键即可。使用工具箱中的形状工具可以调整节点，以更改直线或曲线的形状。

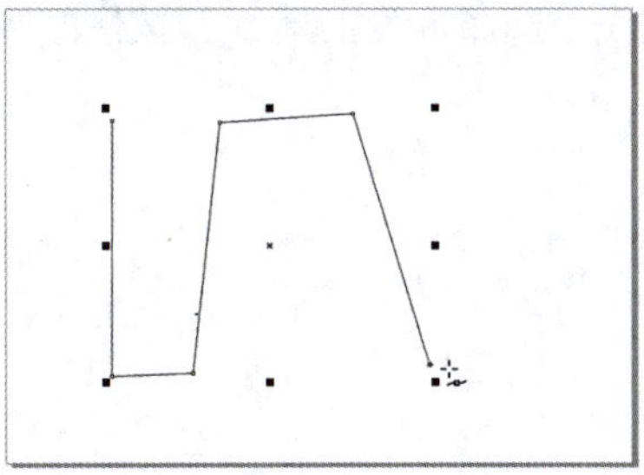

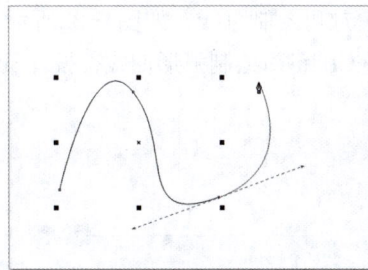

图4-14 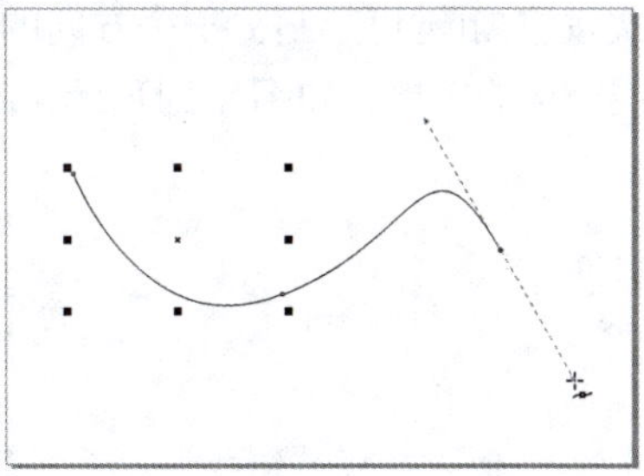　　　　　　　　　　　　　图4-15

4.1.4　钢笔工具

钢笔工具可以更加精准、灵活地绘制直线和曲线，在绘制时还可以预览正在绘制的线段。选择钢笔工具 ，当鼠标指针变为 形状时，在起始点和结束点单击即可绘制直线，如图4-16所示。若要绘制曲线，在第一个节点的位置单击鼠标左键，然后将控制手柄拖至要放置的下一个节点的位置，松开鼠标，拖动手柄即可创建所需的曲线，如图4-17所示，双击节点则完成绘制。

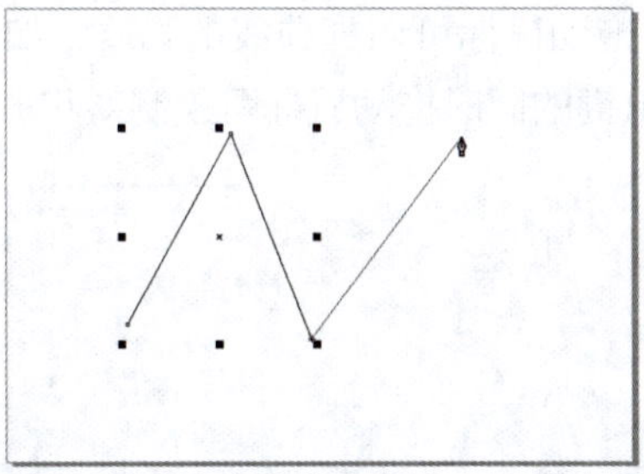

图4-16　　　　　　　　　　　　　图4-17

4.1.5　B样条工具

B样条工具可通过调整控制点的方式绘制平滑曲线，曲线的弧度受控制点的布局和移动方式影响。选择B样条工具 ，单击并移动鼠标绘制曲线，此时可看到线条外的蓝色控制框对曲线进行了相应的限制，如图4-18所示。双击鼠标左键或按Enter键结束绘制，蓝色控制框将自动隐藏。使用形状工具可更改路径形状，沿控制线双击可以添加控制点，如图4-19所示，在已有控制点处双击可删除控制点。

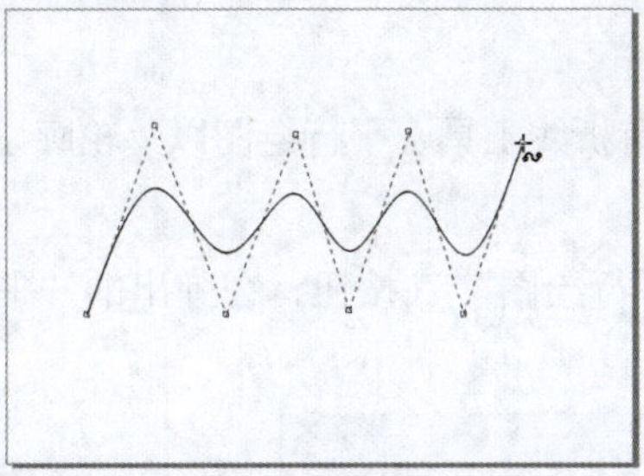

图4-18 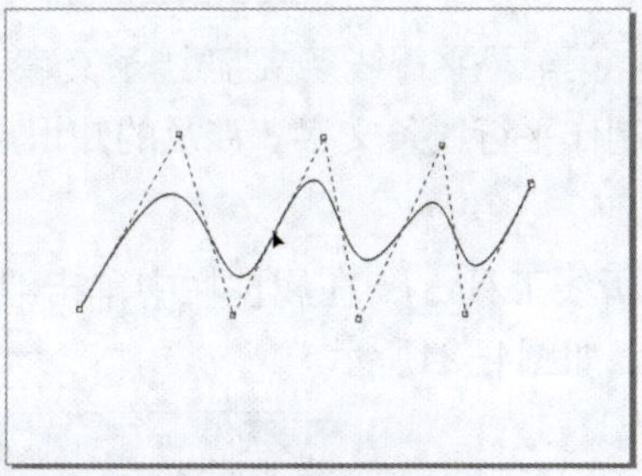　　　　　　　　　　　　　图4-19

4.1.6　折线工具

折线工具可以绘制折线、弧线以及曲线。选择折线工具 ，在起始点和结束点单击即可绘制折线。在绘制过程中，按住Alt键并移动鼠标可绘制弧线，如图4-20所示，松开Alt键可返回手绘模式，再次按住Alt键可绘制另一个方向的弧线。选择折线工具 🖊️，按住鼠标左键拖动可绘制出与手绘曲线一样的效果，如图4-21所示。

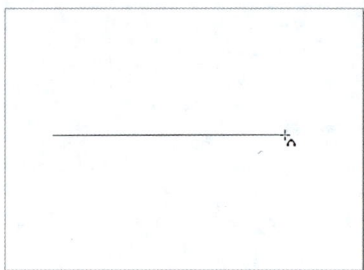

图4-20　　　　　　　　　图4-21

4.1.7　3点曲线工具

3点曲线工具通过指定曲线的宽度和高度来绘制简单曲线。使用此工具可以快速创建弧形而无须使用控制节点。选择3点曲线工具 🖊️，在开始绘制曲线的位置按住鼠标左键，然后将鼠标拖至结束的位置释放可绘制直线，如图4-22所示。拖动鼠标可调整曲线的弧度，如图4-23所示。拖动鼠标时按住Ctrl键可绘制弧形曲线，按住Shift键的同时拖动鼠标可绘制对称曲线。

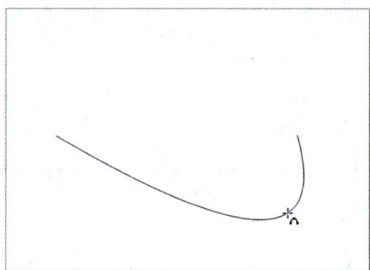

图4-22　　　　　　　　　图4-23

4.1.8　课堂实操：平行线条文字

实操 *4-1* 平行线条文字

微课视频

实例资源 ▶ \第4章\平行线条文字\线条文字.cdr

本案例将制作平行线条文字。涉及的知识点有折线工具、平行绘图以及轮廓设计。具体操作方法如下。

Step 01 选择折线工具 🖊️，在属性栏中单击"平行绘图" 🖊️ 按钮，在弹出的"平行绘图"属性栏中设置参数，如图4-24所示。

图4-24

Step 02 在绘图页面单击，按住Alt键拖动鼠标绘制半圆，如图4-25所示。

Step 03 向左下绘制直线，如图4-26所示。

图4-25

图4-26

Step 04 向下绘制直线，如图4-27所示。

Step 05 向右绘制直线，双击结束，如图4-28所示。

图4-27

图4-28

Step 06 按Ctrl+A组合键，在"属性"泊坞窗中设置轮廓宽度为0.75mm，效果如图4-29所示。

Step 07 单击"设置"... 按钮，在弹出的"编辑线条样式"对话框中设置线条样式，如图4-30所示。

图4-29

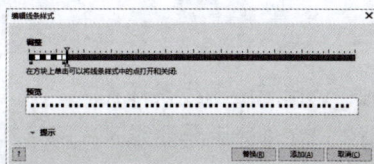

图4-30

Step 08 单击"对齐虚线" 按钮，效果如图4-31所示。

Step 09 更改轮廓色（#0061AD），效果如图4-32所示。

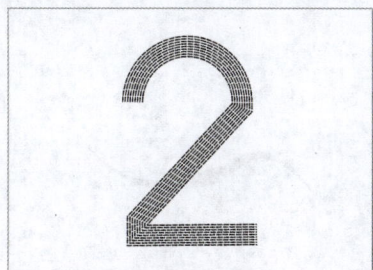

图4-31

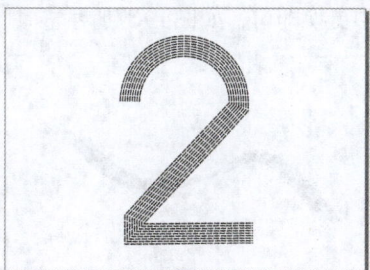

图4-32

至此，完成平行线条文字的制作。

4.2 绘制艺术轮廓

在CorelDRAW中，画笔工具、艺术笔工具、LiveSketch以及智能绘图工具都可以用于绘制艺术轮廓，每种工具都有其独特的特点和适用场景。

4.2.1 画笔工具

画笔工具提供了基本的线条绘制功能，可以根据需要调整线条的粗细、颜色和样式，为艺术轮廓的创作提供基础支持。选择画笔工具，在属性栏中选择画笔笔刷样式，如图4-33所示。图4-34所示为使用默认大小笔刷和使用30mm笔刷、75%透明度的效果对比。

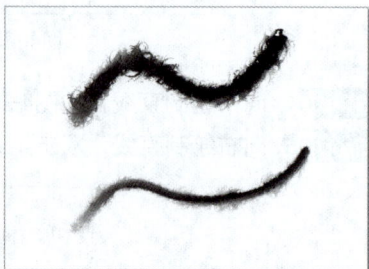

图4-33　　　　　　　　　　　　图4-34

4.2.2 艺术笔工具

艺术笔工具是一种具有固定或可变宽度及形状的画笔，可以绘制出具有不同线条或图案效果的图形。选择艺术笔工具，在该工具的属性栏中单击不同的选项按钮，即可切换至相应的绘制模式。

1. 预设

在预设模式中，可以沿曲线应用矢量形状。单击"预设" 按钮，在属性栏中可选择预设笔触，设置其平滑度及笔触宽度，如图4-35所示。

图4-35

- 预设笔触：选择笔触的线条样式。
- 手绘平滑：在创建手绘曲线时，调整其平滑度。
- 笔触宽度：输入数值以设置线条的宽度。
- 随对象一起缩放笔触：将变换应用到艺术笔触宽度。

在"预设笔触"下拉列表中选择一个预设画笔样式，当鼠标指针变为形状时，按住鼠标左键并拖动鼠标，释放鼠标应用预设画笔样式，如图4-36所示。若要更改画笔样式，在"预设笔触"下拉列表中更换即可，如图4-37所示。

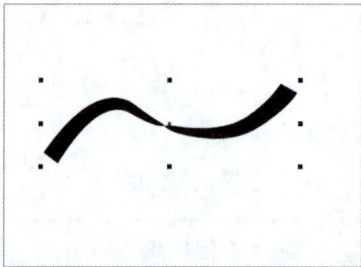

图4-36

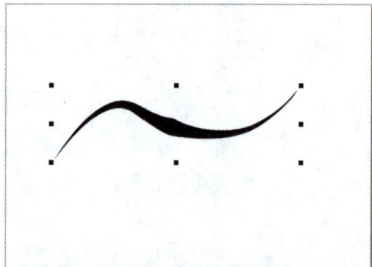

图4-37

2. 矢量画笔

在矢量画笔模式中，可以沿曲线应用矢量笔触。单击"矢量画笔" 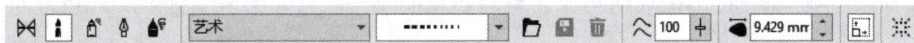 按钮，在属性栏中可选择预设笔刷类别，设置笔触宽度及平滑度，如图4-38所示。

图4-38

- 笔刷类别 艺术▼：在下拉列表中选择笔刷类别，如图4-39所示。选择不同的类别"笔刷笔触"下拉列表的内容也不同。
- 笔刷笔触 ······▼：选择要应用的笔刷笔触，如图4-40所示。
- 浏览 📂：单击该按钮可以载入其他自定义笔触。
- 保存艺术笔触 💾：将艺术笔触另存为自定义笔触。
- 删除 🗑：删除自定义笔触。

在属性栏中设置完参数后，在绘图页面中，当鼠标指针变为↘形状时，按住鼠标左键并拖动鼠标进行绘制，释放鼠标应用画笔样式，如图4-41所示。

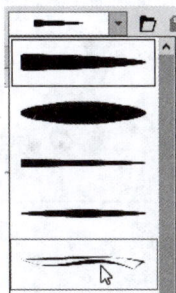

图4-39

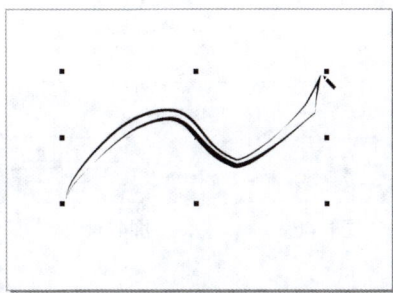

图4-40　　　　图4-41

3. 喷涂

在喷涂模式中，可以沿曲线喷涂对象。单击"喷涂" ▢ 按钮，在属性栏中可选择喷射图样，设置其大小、顺序、间距等参数，如图4-42所示。

图4-42

- 类别：在下拉列表中选择笔刷类别，如图4-43所示。
- 喷射图样：选择需要应用的喷射图样，如图4-44所示。
- 喷涂列表选项 ▣：通过添加、移除和重新排列喷射对象来编辑喷涂列表。单击该按钮即可打开"创建播放列表"对话框，如图4-45所示。

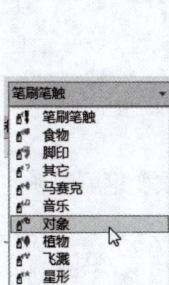

图4-43　　　　图4-44　　　　图4-45

- 喷涂对象大小![icon]：上框将喷射对象的大小统一调整为其原始大小的某一特定百分比。下框将每一个喷射对象的大小调整为前面对象大小的某一特定百分比。
- 递增按比例缩放![icon]：允许喷射对象在沿笔触移动的过程中放大或缩小。
- 喷涂顺序![顺序]：选择喷射对象沿笔触显示的顺序。有"随机""顺序""按方向"3种喷涂顺序。
- 每个色块中的图像数和图像间距![icon]：设置每个色块中的图像数量和调整图像间的距离。
- 旋转![icon]：单击该按钮即可打开喷射对象的旋转选项，如图4-46所示，在其中可设置喷射对象的旋转角度和旋转方式。
- 偏移![icon]：单击该按钮即可打开喷射对象的偏移选项，如图4-47所示，在其中可设置偏移距离和偏移方向。

在属性栏中设置完参数后，在绘图页面中，当鼠标指针变为![icon]形状时，按住鼠标左键并拖动鼠标进行绘制，释放鼠标应用喷涂效果，如图4-48所示。

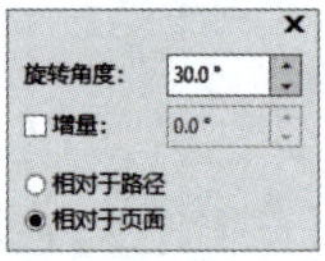

| 图4-46 | 图4-47 | 图4-48 |

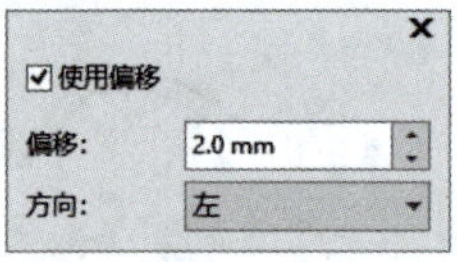

4. 书法

在书法模式中，可以沿曲线应用书法笔触。单击"书法"![icon]按钮，在属性栏中可设置书法笔触的平滑度、宽度以及角度，如图4-49所示。

图4-49

在属性栏中设置完参数后，在绘图页面中，当鼠标指针变为![icon]形状时，按住鼠标左键并拖动鼠标进行绘制，释放鼠标应用效果，如图4-50所示。更改角度为90°的效果如图4-51所示。

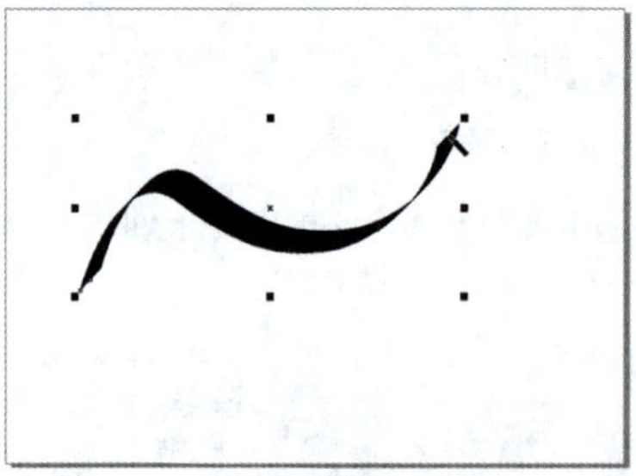

| 图4-50 | 图4-51 |

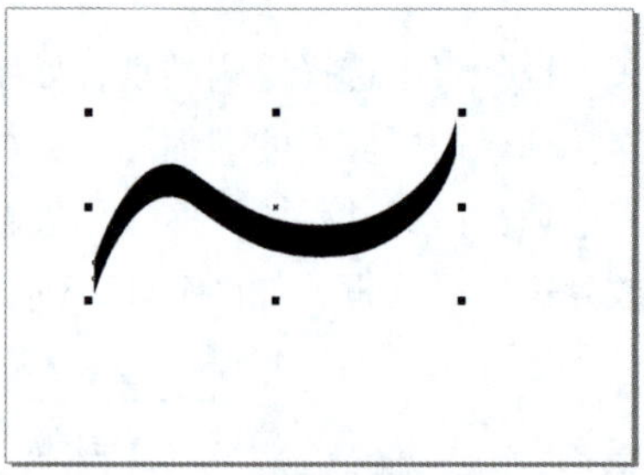

5. 表达式

在表达式模式中，可以使用笔触的压力、倾斜度和方位来改变笔刷笔触。单击"表达式"![icon]按钮，在属性栏中可设置笔触压力、平滑度以及倾斜度等参数，如图4-52所示。

图4-52

- 笔压🖊：调整笔触压力大小。
- 笔倾斜🖊：调整笔触倾斜度来改变笔尖的平滑度。单击启用，再次单击禁用。
- 倾斜角🖊：启用"笔倾斜"后，在该数值框中输入数值以设置笔尖的倾斜度，数值范围在15°~90°。
- 笔方位🖊：使用笔方位改变笔尖的方向。
- 方位角🖊：设置固定的方位角以确定笔尖旋转的角度。

在属性栏中设置完参数后，在绘图页面中，当鼠标指针变为↘形状时，按住鼠标左键并拖动鼠标进行绘制，释放鼠标应用效果，如图4-53所示。更改宽度为15mm的效果如图4-54所示。

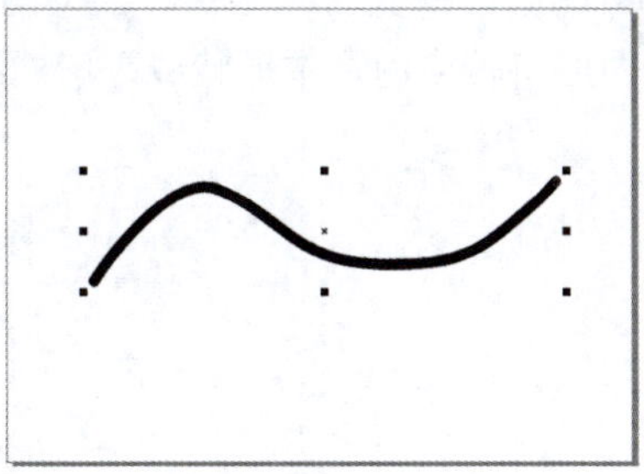

图4-53

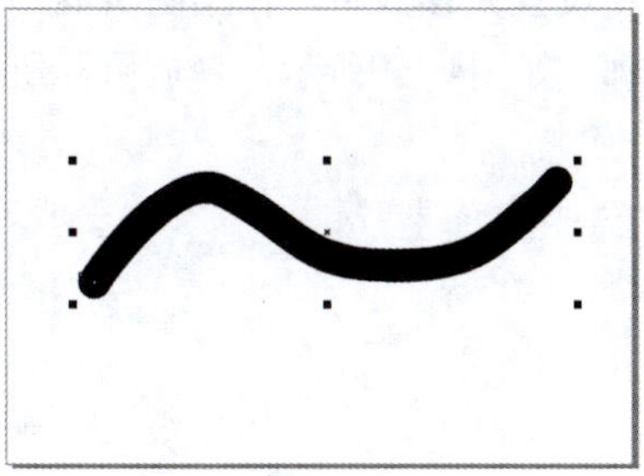

图4-54

4.2.3 LiveSketch工具

LiveSketch工具是一种快速捕捉创意和想法的工具，允许用户以更自由、更直观的方式绘制艺术轮廓，无须担心线条的精细度。该工具适用于初步构思和草图阶段，能够帮助设计师快速捕捉灵感并将其转化为视觉形式。选择LiveSketch工具🖊，在属性栏中可设置计时器、与曲线的距离以及平滑度等参数，如图4-55所示。

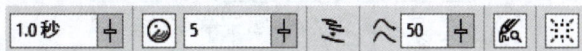

图4-55

- 计时器：设置调整笔触并生成曲线前的延迟。默认情况下延迟为1000毫秒（1秒）。最短延迟为0毫秒；最长延迟为5秒。
- 包括曲线🖊：单击该按钮启用，可以将现有的曲线添加至草图中。
- 与曲线的距离：设置何种距离的现有曲线会被作为新的输入笔触添加到草图中。
- 创建单条曲线🖊：通过在指定时间范围内绘制的笔触创建单条曲线。
- 预览模式：在绘制草图时可预览生成的曲线。

在属性栏中设置完参数后，在绘图页面中，当鼠标指针变为🖊形状时，按住鼠标左键并拖动鼠标进行绘制，如图4-56所示，释放鼠标应用效果。沿边缘涂抹可调整曲线，如图4-57所示。

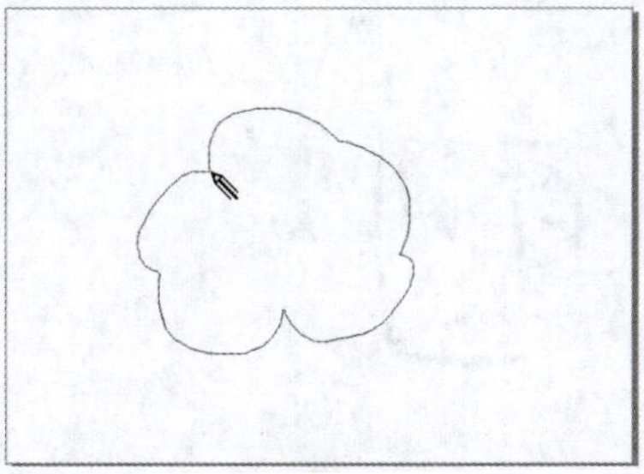

图4-56

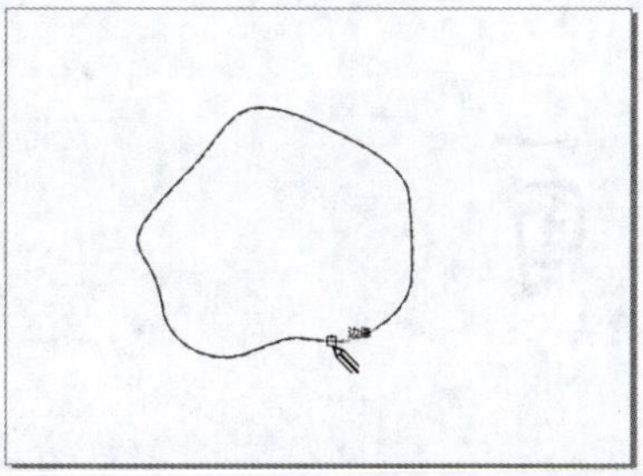

图4-57

4.2.4 智能绘图工具

智能绘图工具具有智能识别和转换的功能，可以自动将手绘的艺术线条转换成更精确的矢量图形。选择智能绘图工具，在属性栏中可设置形状识别等级、智能平滑等级、轮廓宽度以及线条样式，如图4-58所示。

图4-58

在属性栏中设置完参数后，在绘图页面中，当鼠标指针变为 ✐ 形状时，按住鼠标左键并拖动鼠标绘制轮廓，如图4-59所示。释放鼠标所绘图形将转换为基本形状或平滑曲线，如图4-60所示。

图4-59	图4-60

4.2.5 课堂实操：书法字体效果 AIGC

实操4-2 书法字体效果

微课视频

📦 **实例资源** ▶ \第4章\书法字体效果\艺术书法.cdr

本案例将制作书法字体效果。涉及的知识点为艺术笔工具的设置与应用。具体操作方法如下。

Step 01 选择艺术笔工具，在属性栏中单击"矢量画笔" 按钮，选择"书法"选项，在"笔

图4-61

刷笔触"下拉列表中选择目标笔刷，如图4-61所示。

Step 02 在绘图页面绘制"百"字，效果如图4-62所示。

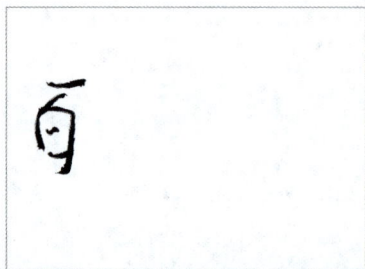

图4-62

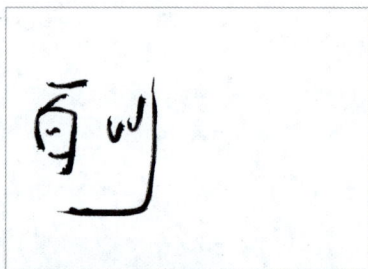

图4-63

Step 03 继续绘制"川"字，效果如图4-63所示。

Step 04 在绘图页面绘制"归"字，效果如图4-64所示。

Step 05 绘制"海"字，效果如图4-65所示。

图4-64

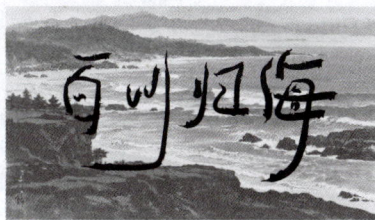

图4-65

Step 06 利用AIGC工具（如豆包），生成与主题相关的背景，如图4-66所示。

Step 07 将保存的图像导入至文档中，绘制等大的白色矩形，设置透明度为35%，将文字置于顶层后居中放大显示，效果如图4-67所示。

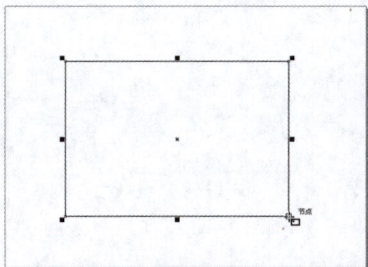

图4-66

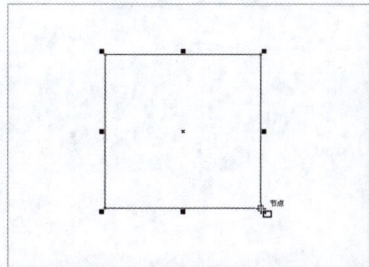

图4-67

至此，完成书法字体效果的制作。

4.3 绘制几何图形

在CorelDRAW中，可以使用矩形、椭圆形、多边形等基础工具绘制简单的几何形状，而3点矩形、星形、螺纹以及图纸等高级工具则可用于绘制更复杂的几何图形。

4.3.1 矩形工具组

矩形工具组包括矩形工具和3点矩形工具两种。使用这两种工具可以绘制出矩形、正方形、圆角矩形和倒棱角矩形。

1. 矩形工具

选择矩形工具□，拖动鼠标绘制任意大小的矩形，如图4-68所示。按住Shift+Ctrl组合键的同时拖动鼠标，绘制以起始点为中心的正方形，如图4-69所示。双击矩形工具，可以绘制覆盖绘图页面的矩形。

图4-68

图4-69

若要绘制四角带有角度的矩形，可以在属性栏中设置角的类型为圆角▢、扇形角▢或倒棱角▢。在将角变为圆角或扇形角时，圆角半径越大，所得到的圆角越圆、扇形角越深，如图4-70所示。倒棱角的值越大，倒棱边越长，如图4-71所示。

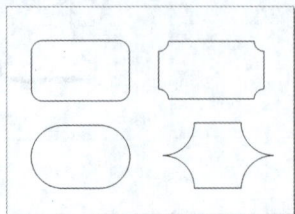

图4-70

图4-71

2. 3点矩形工具

3点矩形工具可以通过指定宽度和高度的方式绘制矩形。选择3点矩形工具▢，需要先定义矩形的基线，拖动鼠标绘制矩形某一边的长度，如图4-72所示，释放鼠标后，移动鼠标确定邻边的长度，单击即可生成矩形，如图4-73所示。

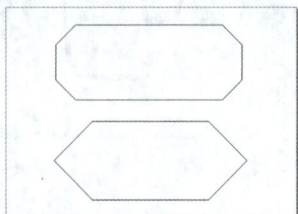

图4-72

图4-73

知识链接

拖动鼠标时按住Ctrl键，可以将基线角度限制为15°增量。

4.3.2 椭圆形工具组

椭圆形工具组包括椭圆形工具和3点椭圆形工具两种。使用这两种工具可以绘制出椭圆形、圆形、饼形和弧形。

1. 椭圆形工具

选择椭圆形工具○，拖动鼠标绘制任意大小的椭圆形，如图4-74所示，按住Shift键的同时拖动鼠标，绘制以起始点为中心的椭圆形。按住Ctrl+Shift组合键的同时拖动鼠标，绘制以起始点为圆心的圆形，如图4-75所示。

图4-74

图4-75

绘制圆形后，在属性栏中单击"饼形" 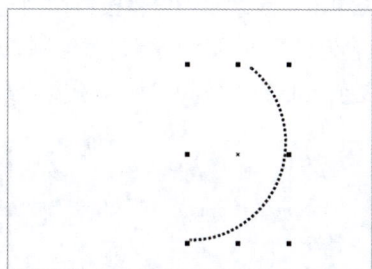 按钮，圆形变为饼形，在"起始和结束角度"数值框中可设置角度，如图4-76所示。单击"更改方向" 按钮，可切换至缺失部分的饼形，如图4-77所示。

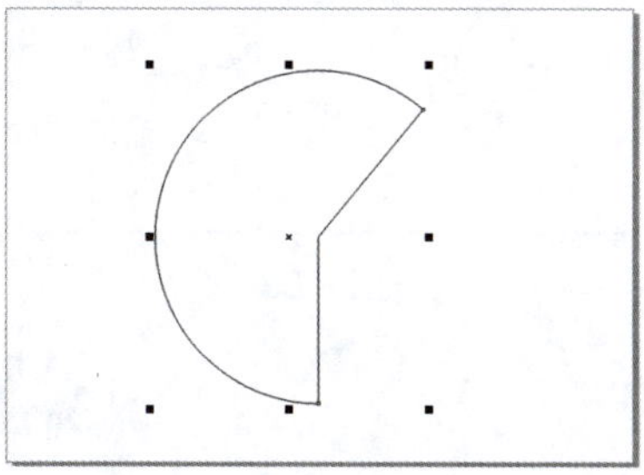

图4-76

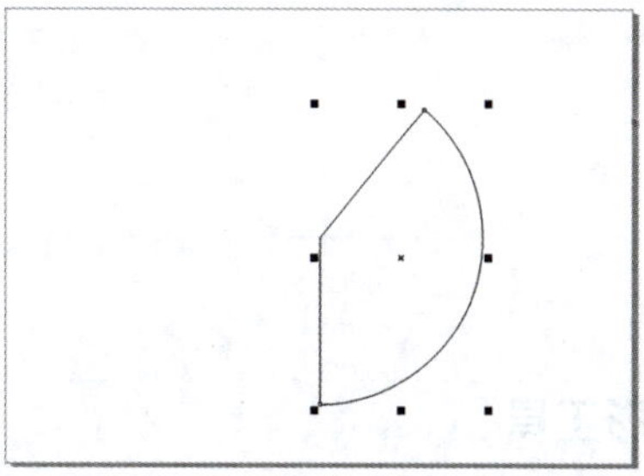

图4-77

单击"弧形" 按钮，将饼形切换至弧形，如图4-78所示。设置轮廓宽度（2.0mm）与线条样式后的效果如图4-79所示。

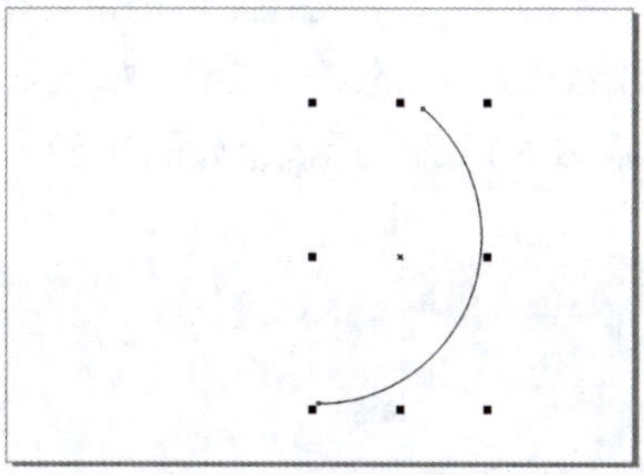

图4-78

图4-79

2. 3点椭圆形工具

3点椭圆形工具可以通过指定宽度和高度的方式绘制椭圆形。选择3点椭圆形工具 ，拖动鼠标以所需角度绘制椭圆形的中心线，如图4-80所示，中心线穿过椭圆形的中心并且决定了椭圆形的宽度或高度。释放鼠标后，通过拖动鼠标确定椭圆形的高度或宽度，单击即可生成椭圆形，如图4-81所示。

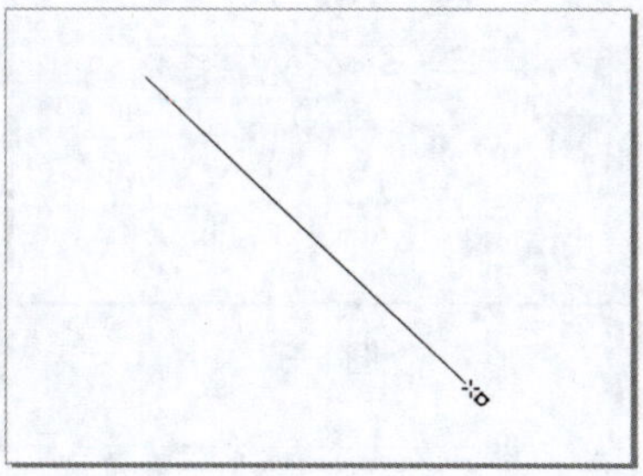

图4-80

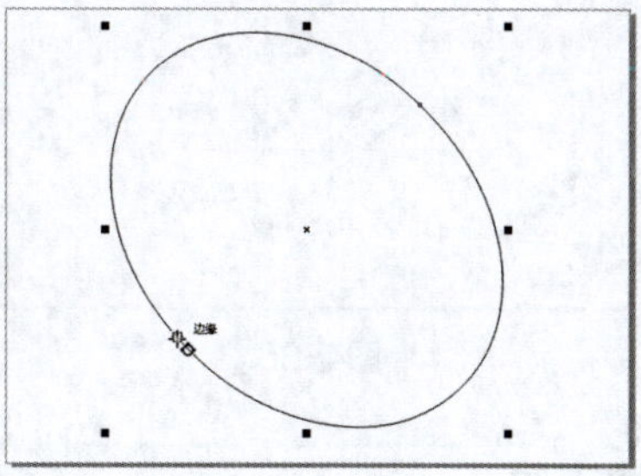

图4-81

4.3.3 多边形工具

多边形工具可以绘制3条及以上边数的多边形。选择多边形工具 ，按住Shift键并拖动鼠标，从中心绘制多边形。按住Ctrl键并拖动鼠标绘制对称多边形，如图4-82所示。在属性栏中的"点数或边数"数值框中可更改多边形边数，图4-83所示为八边形效果。

图4-82

图4-83

4.3.4 星形工具

星形工具可以绘制出完美星形和复杂星形。选择星形工具☆，在绘图窗口中拖动鼠标，直至星形达到所需大小。按住Ctrl键绘制等边对称的完美星形，如图4-84所示。在属性栏中可更改星形的点数和锐度，图4-85所示是锐度为50的星形效果。

在属性栏中单击"复杂星形"✿按钮切换至复杂星形模式。复杂星形是带有交叉的星形。按住Shift+Ctrl组合键的同时拖动鼠标，可绘制以起始点为中心的复杂星形，如图4-86所示。在属性栏中可更改复杂星形的点数和锐度，锐度为7，点数为18的星形效果如图4-87所示。

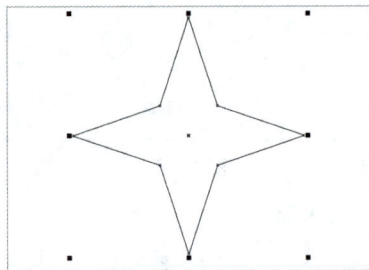

图4-84

图4-85

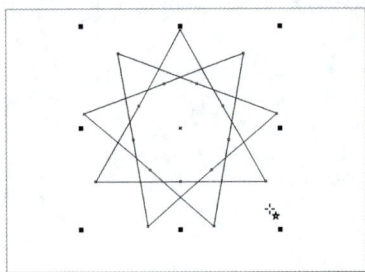

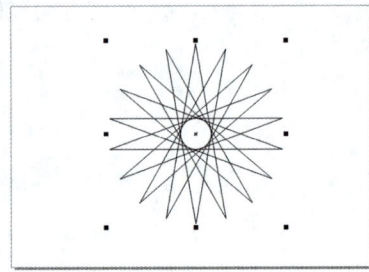

图4-86

图4-87

4.3.5 螺纹工具

螺纹工具可以绘制螺纹线。选择螺纹工具◎，在属性栏中设置螺纹圈数，选择螺纹类型，如图4-88所示。

图4-88

- 螺纹回圈◎：设置新的螺纹对象中要显示的完整圆形回圈的数量。

- 对称式螺纹 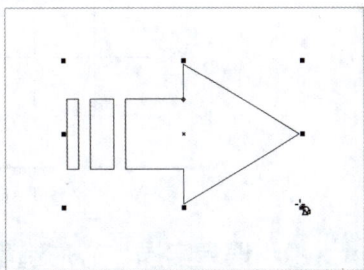：为新的螺纹对象设置均匀回圈间距，如图4-89所示。
- 对数螺纹 ◎：为新的螺纹对象设置螺旋聚集的回圈间距，如图4-90所示。
- 螺纹扩展参数 ⓘ：单击"对数螺纹" ◎按钮，激活该选项，可设置螺纹向外扩展的速率。

图4-89　　　　　　　　　　　图4-90

4.3.6　常见形状工具

常见形状工具可以快速绘制预设形状，例如基本形状、箭头形状、流程图形状、条幅形状以及标注形状。选择常见形状工具 ⬚，在图4-91所示的属性栏中单击"常用形状"按钮，从中选择一个形状即可进行绘制，效果如图4-92所示。

绘制的形状中有一个轮廓沟槽的菱形手柄，拖动轮廓沟槽可以对当前形状进行调整，如图4-93、图4-94所示。

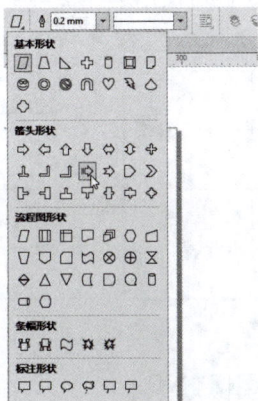

图4-91　　　　　　　　　　图4-92

🔗 **知识链接**

直角形、心形、闪电形状、爆炸形状和流程图形状均不包含轮廓沟槽。

图4-93　　　　　　　　　　图4-94

4.3.7　冲击效果工具

冲击效果工具可以创建具有冲击力和动感的图形效果。选择冲击效果工具 ▧，在属性栏中可以选择"辐射"或"平行"样式。辐射效果可用于形成透视或聚焦的视觉效果，如图4-95所示；平行效果可用于增添活力或表示动态，如图4-96所示。

图4-95

图4-96

4.3.8 图纸工具

图纸工具可以绘制网格并设置行数和列数。网格由矩形组合而成，这些矩形可以拆分。选择图纸工具▦，在属性栏的"列数和行数"▦数值框中设置参数，拖动鼠标绘制出网格，如图4-97所示。绘制网格后，按Ctrl+U组合键即可取消组合对象，此时网格中的每个格子成为一个独立的图形，可分别对其填充颜色，也可使用选择工具▶调整格子的位置，如图4-98所示。

图4-97

图4-98

4.3.9 课堂实操：心形造型图像效果

实操4-3 / 心形造型图像效果

微课视频

▤ **实例资源** ▶ \第4章\心形造型图像效果\背景.jpg

本案例将制作心形造型图像效果。涉及的知识点有图纸工具、取消群组、PowerClip等。具体操作方法如下。

Step 01 创建A4文档，选择图纸工具，在属性栏中设置7列6行，拖动鼠标进行绘制，如图4-99所示。

Step 02 按Ctrl+U组合键取消组合对象，使用选择工具选中部分方格并按Delete键删除，如图4-100所示。

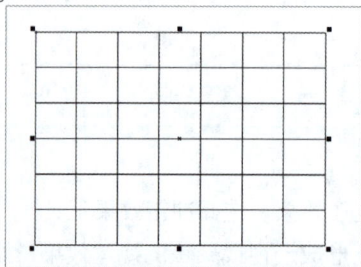

图4-99

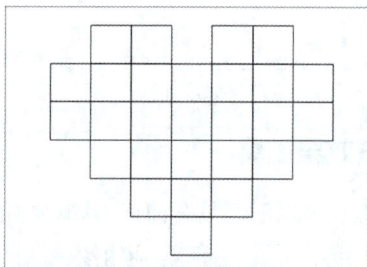

图4-100

Step 03 在属性栏中设置"微调距离"为3.0mm，框选第一排网格，按↑键一次即调整3.00mm，如图4-101所示。

Step 04 使用同样的方法调整全部网格的间距，如图4-102所示。

Step 05 按Ctrl+A组合键全选网格，在属性栏中单击"焊接"按钮，等比例缩小后水平、垂直居中对齐，如图4-103所示。

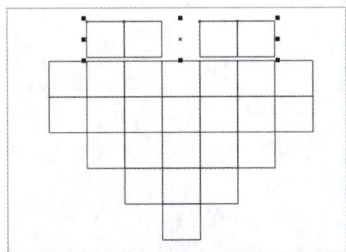
图4-101

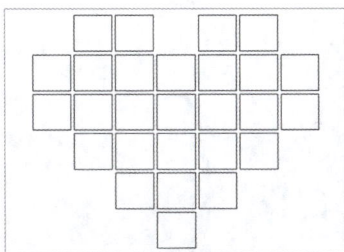
图4-102

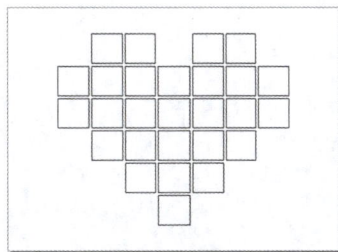
图4-103

Step 06 选中矩形，执行"对象>PowerClip>创建空PowerClip图文框"命令，如图4-104所示。

Step 07 执行"文件>导入"命令，选择素材，拖动鼠标调整素材尺寸，如图4-105所示。

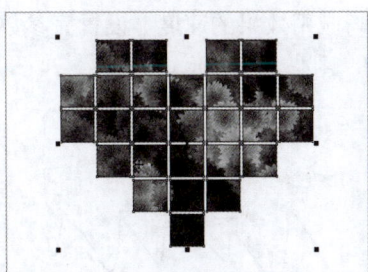
图4-104

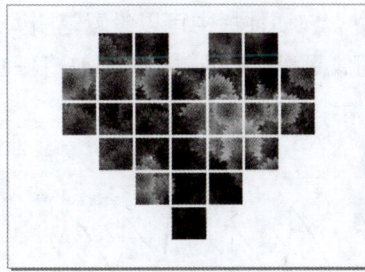
图4-105

Step 08 按住鼠标左键将素材拖至PowerClip图文框中，如图4-106所示。

Step 09 在属性栏中设置轮廓宽度为无，效果如图4-107所示。

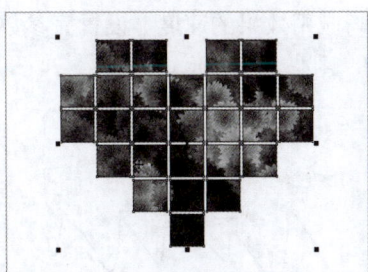
图4-106

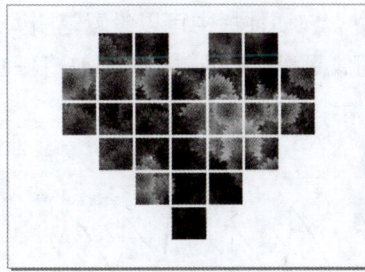
图4-107

至此，完成心形造型图像效果的制作。

4.4 曲线形状编辑

在CorelDRAW中，可以使用形状、平滑、涂抹、吸引和排斥、粗糙、裁剪、刻刀、橡皮擦等工具对曲线形状进行编辑。

4.4.1 形状工具

形状工具是用于控制节点的标准工具。可以选择单个、多个或对象的所有节点。选择多个节点时，可同时更改对象不同部分的形状。选择形状工具 ，在多边形上选择节点时，将显示蓝色控制手柄，如图4-108所示。通过移动控制手柄，可以调整多边形的形状，如图4-109所示。

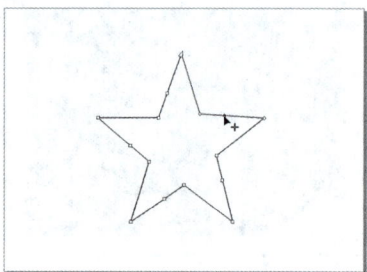

| 图4-108 | 图4-109 |

若要添加节点，在需要添加节点的位置双击即可，如图4-110所示。选择节点，按Delete键即可删除节点。选择目标节点，在属性栏中单击"转换为曲线" 按钮后可通过拖动节点调整曲线形状，如图4-111所示。

| 图4-110 | 图4-111 |

4.4.2 平滑工具

使用平滑工具沿对象轮廓拖动可去除凹凸的边缘并减少曲线对象的节点，使对象变得平滑。选择平滑工具 ，在属性栏中可以设置笔刷大小与应用效果的速度。设置完参数后，在对象的轮廓上涂抹即可，平滑前后的效果分别如图4-112、图4-113所示。

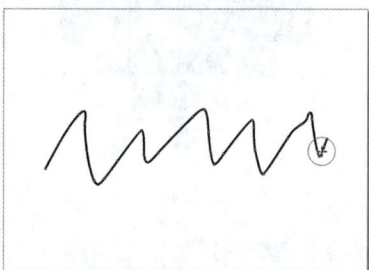

| 图4-112 | 图4-113 |

4.4.3 涂抹工具

使用涂抹工具可以沿对象轮廓拖动来改变其边缘。选择涂抹工具 ，在属性栏中可以设置笔刷大小、压力强度、平滑涂抹或尖状涂抹等。若要涂抹对象内部，可以单击对象内部的边缘处，然后向内拖动，图4-114所示为平滑涂抹内部对象效果。若要涂抹对象外部，则可单击对象外部的边缘处，然后向外拖动，图4-115所示为尖状涂抹外部对象效果。

图4-114   图4-115

🔗 知识链接

单击对象内部或外部的边缘处，然后按住鼠标左键可重塑边缘。在按住鼠标左键的同时进行拖动，可以取得更加显著的效果。

4.4.4 转动工具

转动工具通过沿对象轮廓拖动来添加转动效果。选择转动工具 ⚬，在属性栏中可以设置笔刷大小、应用转动效果的速度以及转动的方向等。在对象的边缘处按住鼠标左键即可产生转动效果，时间越长，转动效果越明显。逆时针转动效果如图4-116所示。顺时针转动效果如图4-117所示。

图4-116   图4-117

4.4.5 吸引和排斥工具

吸引和排斥工具可以通过吸引或推开节点来重塑对象。在属性栏中选择吸引工具 ▷，可以通过将节点吸引到鼠标指针处改变对象的形状，如图4-118所示。选择排斥工具 ▷，通过将节点推离鼠标指针处改变对象的形状，如图4-119所示。

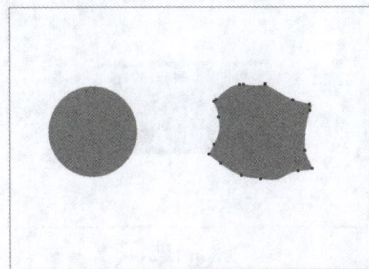

图4-118

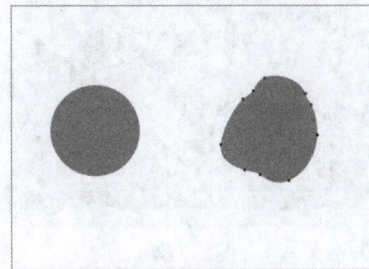

图4-119

4.4.6 弄脏工具（沾染工具）

弄脏工具可以通过沿对象轮廓拖动来改变对象的形状。选择弄脏工具 ⅓ 并选中对象，若要涂抹对象内部，可以从对象外部向内拖动鼠标，如图4-120所示。若要涂抹外部对象，可以从对象内部向外拖动鼠标，如图4-121所示。

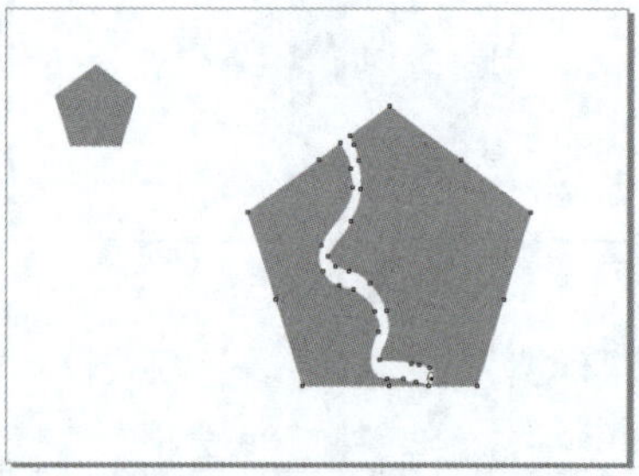

图4-120

图4-121

4.4.7 粗糙工具

粗糙工具可以将锯齿或尖突的效果应用于对象边缘，包括线条、曲线和文本。选择粗糙工具 ⅓，在属性栏中设置笔刷的大小、干燥、尖突频率等参数。设置完参数后，向要变粗糙的轮廓区域拖动鼠标使之变形，变形前后的效果如图4-122、图4-123所示。

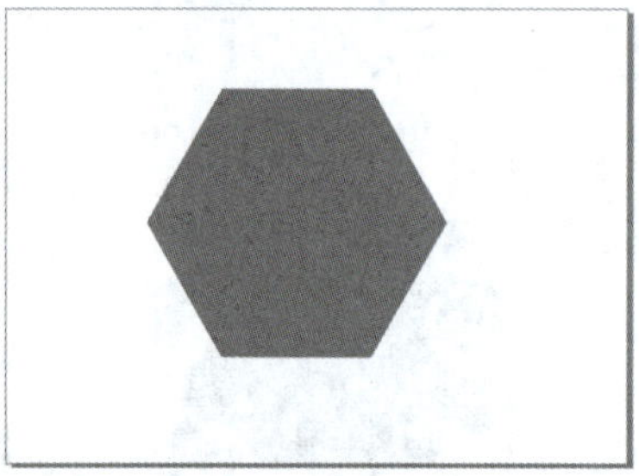

图4-122

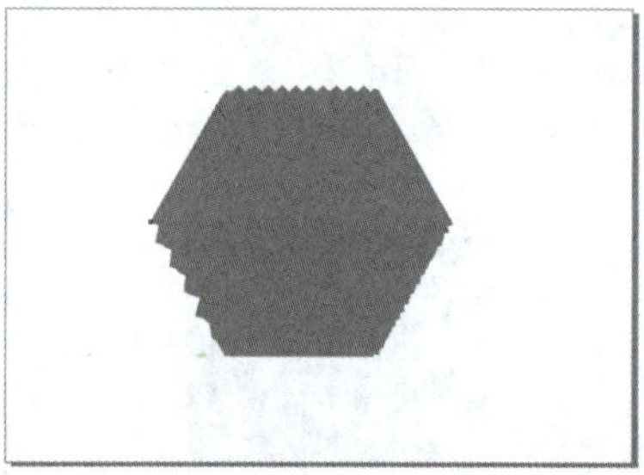

图4-123

4.4.8 裁剪工具

裁剪工具可以将图片中不需要的部分删除。选择裁剪工具 ⅓，当鼠标指针变为 ⅓ 形状时，在图像中拖动裁剪控制框，如图4-124所示。此时框选部分为保留区域，裁剪控制框外的部分将被删除。在裁剪控制框内双击或按Enter键确认裁剪，裁剪后的效果如图4-125所示。

图4-124

图4-125

知识链接

如果未在绘图页面中选择任何对象，则将裁剪绘图页面中的所有对象，如图4-126、图4-127所示。使用裁剪工具不能裁剪位于锁定图层、隐藏图层、网格图层、辅助图层以及PowerClip对象中的内容。

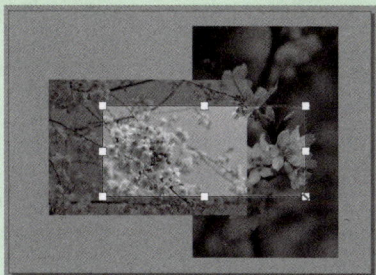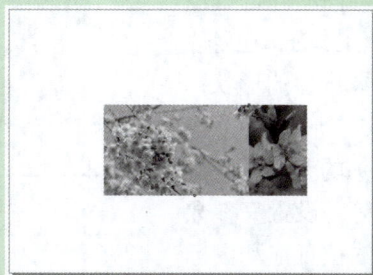

图4-126　　　　　　　　　　　　　　图4-127

4.4.9　刻刀工具

刻刀工具可以将矢量图形或位图图像拆分为多个独立对象。选择刻刀工具✎，在属性栏中可选择2点线模式、手绘模式、贝塞尔模式以及剪切式自动闭合等选项。

以2点线模式为例，当鼠标指针变为 ✛ 形状时，在对象的边缘位置单击并拖动鼠标至对象的另一个边缘位置，如图4-128所示，释放鼠标即可将对象分为两个部分。使用选择工具可移动部分对象，如图4-129所示。

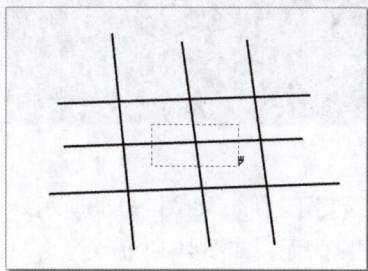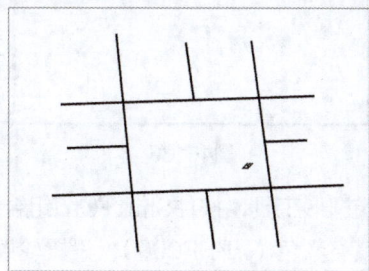

图4-128　　　　　　　　　　　　　　图4-129

4.4.10　虚拟段删除工具

虚拟段删除工具可以删除对象中重叠的部分，例如线条自身的结或线段中两个或更多对象重叠的结。选择虚拟段删除工具✎，在需要删除的线段处单击即可删除。若要删除多个线段，可以拖动鼠标创建选取框，如图4-130所示。释放鼠标即可删除选取框内的线段，如图4-131所示。

4.4.11　橡皮擦工具

使用橡皮擦工具可以快速对矢量图形或位图图像进行擦除。选择橡皮擦工具■，在属性栏中可以选择橡皮擦的形状，可以是圆形或方形；还可以调整橡皮擦擦头的大小、平滑度、旋转角度等。设置完参数后，在要擦除的位置拖动鼠标即可擦除。使用圆形橡皮擦擦除的效果如图4-132所示，使用方形橡皮擦擦除的效果如图4-133所示。

单击开始擦除的位置，再单击结束擦除的位置，可以以直线方式擦除对象，如图4-134、图4-135所示。

图4-132

图4-133

图4-134

图4-135

4.4.12　课堂实操：月光倒影图形 AIGC

实操4-4 月光倒影图形

微课视频

📁 **实例资源** ▶ \第4章\月光倒影图形\月光倒影.cdr

本案例将制作月光倒影图形，并利用AIGC工具生成案例的优化方案。涉及的知识点有矩形工具、椭圆形工具、刻刀工具以及涂抹工具的使用，以及AIGC工具应用。具体操作方法如下。

Step 01 双击矩形工具创建和文档等大的矩形，如图4-136所示。

Step 02 更改填充颜色（#566892），设置轮廓宽度为无，单击鼠标右键，在弹出的快捷菜单中执行"锁定"命令，如图4-137所示。

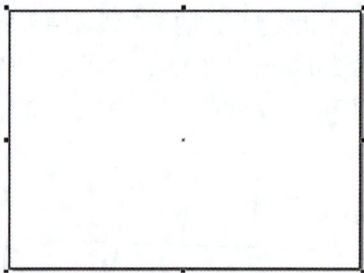

图4-136

图4-137

Step 03 选择椭圆形工具，按住Shift+Ctrl组合键绘制正圆形，如图4-138所示。

Step 04 更改填充颜色（#FFF000），设置轮廓宽度为无，如图4-139所示。

Step 05 选择刻刀工具，使用2点线模式沿直线拆分对象，如图4-140所示。拆分效果如图4-141所示。

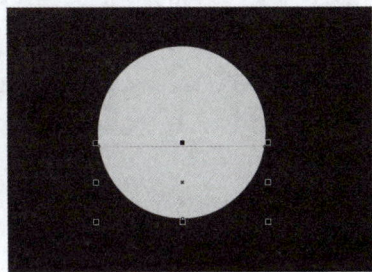

图4-138

图4-139

图4-140

图4-141

Step 06 选择涂抹工具，对拆分的下半部分进行涂抹，涂抹效果如图4-142所示。

Step 07 更改圆下半部分的颜色（#FFF582），如图4-143所示。

图4-142

图4-143

Step 08 解锁背景后调整其高度，如图4-144所示。

Step 09 按Ctrl+C组合键复制矩形，再按Ctrl+V组合键粘贴矩形，调整其位置和高度后更改填充颜色（#466592），并单击鼠标右键更改图层顺序，如图4-145所示。至此，完成月光倒影图形的制作。

图4-144

图4-145

Step 10 在AIGC工具中（如豆包），上传该图作为参考图，可生成优化方案。优化方案如下。

Q 让这幅图更加丰富的优化方案是什么？

A 要让这幅图更加丰富，可以从色彩、元素、细节等方面入手进行优化，以下是具体方法：
色彩优化
1. 渐变效果
• 对于太阳，可以添加从明黄色到橙黄色的渐变，模拟真实太阳的光影效果，让太阳看起来更立体。
• 海水部分，除了现有的深蓝色，可以在靠近太阳倒影的区域添加浅蓝色或蓝绿色的渐变，表现出阳光照射下海水颜色的变化。
• 天空也可以使用渐变，从上方的深蓝色逐渐过渡到接近太阳处的浅蓝色或淡黄色，增强天空的层次感。
2. 添加环境光色彩
在太阳周围添加一些淡淡的橙色或黄色光晕，模拟阳光的散射效果，让画面更具氛围感。
元素添加
1. 天空元素
• 绘制一些不同形状和大小的云朵，比如蓬松的积云或长长的卷云，分布在天空中，增加天空的丰富度。
• 可以添加几只飞翔的海鸟，如海鸥，让画面更有生机。
2. 海面元素
• 在海面上添加一些波浪，用不同深浅的蓝色表现出波浪的起伏和光影效果，使海面看起来更真实。
• 加入一些漂浮的海草或水母等海洋生物，增加画面的趣味性。
3. 前景或背景元素
• 在画面的前景处添加一些沙滩的元素，比如沙滩上的贝壳、海星等小物件，丰富画面的细节。
• 在远处的背景中添加一些隐约可见的岛屿轮廓，增加画面的空间感。
细节处理
• 太阳细节：在太阳表面添加一些细微的纹理，模拟太阳的表面活动，比如用不规则的线条或斑点表现太阳黑子等。
• 倒影细节：让太阳的倒影更自然，可以添加一些因波浪产生的扭曲效果，或者在倒影中加入一些天空颜色的反射，体现出水面反射的真实情况。
• 光影效果：为画面添加整体的光影效果，比如确定光源方向后，对海面、天空等元素进行阴影处理，让画面更具立体感。
质感表现
• 海面质感：通过不同的笔触和色彩深浅表现出海浪的质感，比如用较粗的笔触和深色表现海浪的暗部，用较细的笔触和浅色表现海浪的亮部。
• 天空质感：对于云朵，可以使用柔和的笔触表现出云朵的蓬松感，用较硬的笔触表现出天空的清澈感。
通过以上这些优化方法，可以让原本简洁的画面变得更加丰富、生动和真实。

微课视频

实操 4-5 / 绘制仙人掌

🗃 **实例资源** ▶ \第4章\绘制仙人掌\仙人掌.cdr

本章实战演练将绘制仙人掌，综合练习本章的知识点，帮助读者熟练掌握和巩固贝塞尔工具、折线工具的使用，以及轮廓、填充的设置。下面将进行操作思路的介绍。

Step 01 使用贝塞尔工具绘制仙人掌的轮廓，如图4-146所示。

Step 02 绘制仙人掌的中间部分，如图4-147所示。

Step 03 选中整个对象，双击状态栏中的"填充" ◇ 按钮，在弹出的"编辑填充"对话框中选择"均匀填充"选项卡，设置参数如图4-148所示。

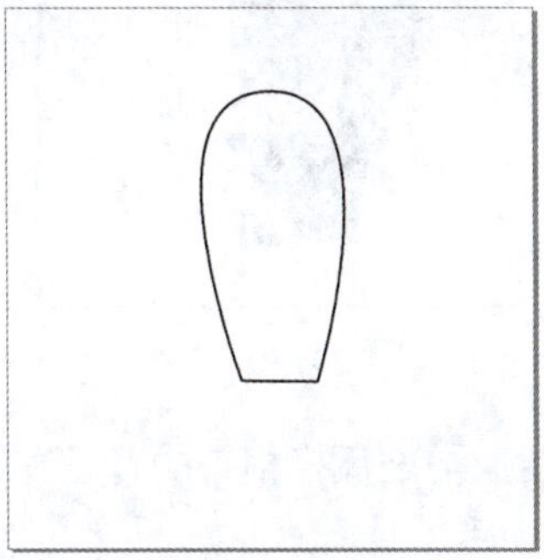

| 图4-146 | 图4-147 | 图4-148 |

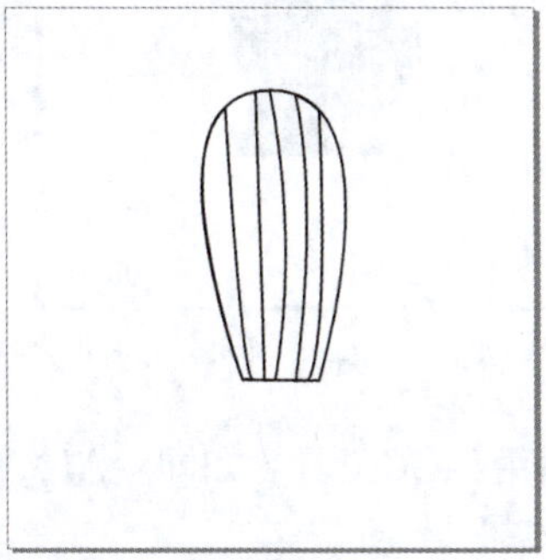

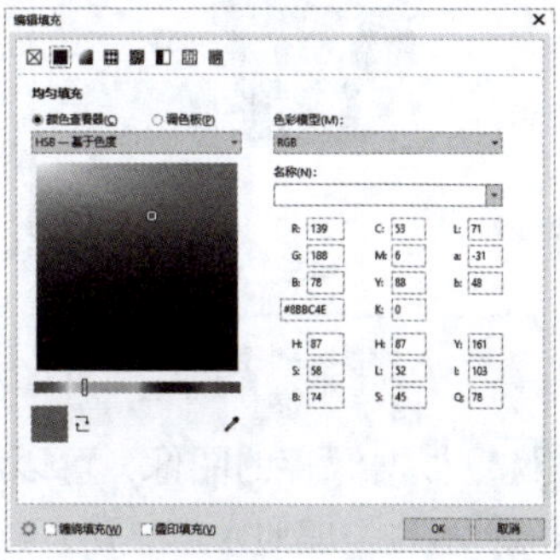

Step 04 单击"OK"按钮应用效果，如图4-149所示。

Step 05 选中中间部分路径，填充颜色（#5B922A），如图4-150所示。

Step 06 选中所有对象，在属性栏中设置轮廓宽度为无，如图4-151所示。

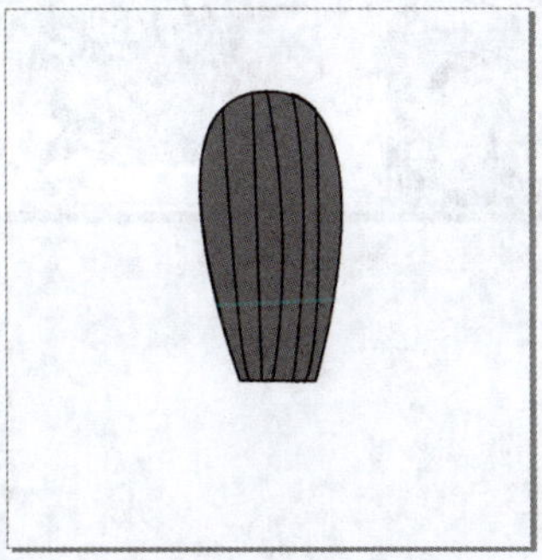

| 图4-149 | 图4-150 | 图4-151 |

Step 07 在左侧绘制小的仙人掌茎干并填充颜色（#BED573），如图4-152所示。

Step 08 绘制纹路并填充颜色（#3B6620），如图4-153所示。

Step 09 绘制仙人掌花朵部分并填充颜色（#E11D1C），设置轮廓宽度为无，如图4-154所示。

Step 10 使用折线工具绘制仙人的掌刺部分，填充颜色（#A55325），如图4-155所示。

Step 11 绘制花盆上半部分并填充颜色（#783D34），如图4-156所示。

Step 12 绘制花盆下半部分并填充颜色（#69332B），如图4-157所示。至此，仙人掌绘制完成。

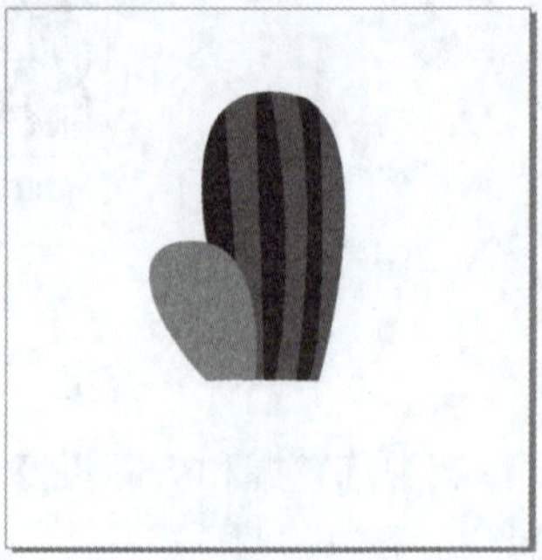

图4-152    图4-153    图4-154

图4-155    图4-156   图4-157

Step 13 根据保存的图像，可以利用AIGC工具（如即梦AI），生成与之风格相符的背景，如图4-158所示为添加仙人掌、花卉等效果。

图4-158

4.6 拓展练习

实操4-6　扁平化帆船

实例资源 ▶\第4章\扁平化帆船\帆船.cdr

下面将练习使用钢笔工具、椭圆形工具、矩形工具以及2点线工具绘制扁平化帆船，效果如图4-159所示。

图4-159

技术要点：

• 使用钢笔工具、2点线工具绘制曲线；
• 使用椭圆形工具、矩形工具绘制图形。

分步演示：

①使用钢笔工具和椭圆形工具绘制船身；

②使用钢笔工具绘制船帆并填充不同的颜色，轮廓色为无；

③使用矩形工具绘制主桅杆；

④使用2点线工具绘制斜撑杆。

分步演示效果如图4-160所示。

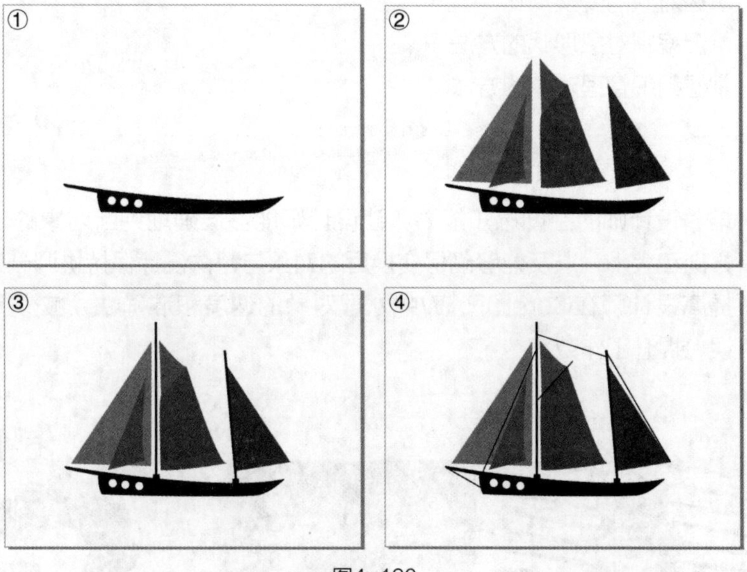

图4-160

对象的变换与管理

本章将对对象的变换与管理进行讲解，包括对象的基本操作、对象的变换操作、编辑对象形状以及组织管理对象。了解并掌握这些基础知识，不仅可以提高设计效率，同时还能确保项目的整洁和有序。

- 掌握对象的基本操作
- 掌握对象的变换操作
- 掌握编辑对象形状的方法
- 掌握组织管理对象的方法

- 培养设计师的空间感知能力，让设计师能够准确地判断对象的位置、方向和大小，以及能够确保变换后的对象与整体设计保持协调一致。
- 提高设计师在CorelDRAW中处理对象的速度和准确性，减少操作错误，提升工作效率。

黑黄线条背景

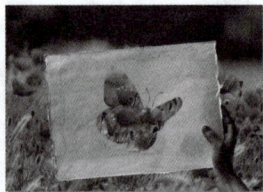

镂空图像效果

花式色相环

5.1 对象的基本操作

在使用CorelDRAW处理对象时，熟练掌握选择、移动、复制和管理对象等操作是非常重要的。下面对对象的选择、移动、复制、克隆等操作进行讲解。

5.1.1 选择与移动对象

选择对象是实现后续编辑的前提。单一对象的选择相对简单，只需单击图形即可完成选取。而对于多个对象的选择，则需要使用选择工具框选，或使用Shift键结合鼠标来实现灵活的多对象选取，如图5-1、图5-2所示。

图5-1   图5-2

选中对象后，可以通过拖动鼠标来移动对象的位置。在移动过程中，按住Ctrl键可以将移动方向约束在水平轴或垂直轴上。在属性栏中设置"微调距离"的值，选择对象，使用键盘上的方向键即可对对象执行相应的微调操作。

5.1.2 复制与再制对象

复制对象就是复制出一个与之前图案一模一样的图形对象。选中对象，按Ctrl+C组合键复制，按Ctrl+V组合键粘贴，即可在图形原本的位置上复制出一个与之完全相同的图形对象。按住鼠标左键不放，拖动对象，释放鼠标，显示出复制的对象。除此之外，还可以在选择图形对象后按住鼠标右键拖动图形，到达合适的位置后释放鼠标，在弹出的快捷菜单中执行"复制"命令进行复制，如图5-3、图5-4所示。

图5-3   图5-4

再制对象可以在绘图窗口中直接放置一个副本而不使用剪贴板。再制对象时，副本与原始对象之间在水平（x轴）和垂直（y轴）方向存在一定的距离（可在选中副本或原始对象时，观察属性栏上的"X"与"Y"参数的变化），此距离称为"再制偏移"，其参数可通过执行"布局>文档选项"命令，在"选项"对话框中设置，如图5-5所示。设置完参数后，选择对象，执行"编辑>生成副本"命令或按Ctrl+D组合键即可按设置的参数再制选定的对象，如图5-6所示。

如果需要创建更多相同的副本，可以继续按Ctrl+D组合键。每次再制的对象都会复制上一个创建的对象并移动到新的默认位置，如图5-7所示。

图5-5　　　　　　　　　　图5-6　　　　　　　　　　图5-7

5.1.3　克隆对象

克隆对象是一种能快速复制并保留原始对象属性（如填充、轮廓等）的方法。这一功能适用于需要精确复制对象，并保持它们的相对位置和属性不变的情况。

选中对象，执行"编辑>克隆"命令创建克隆对象，系统会自动将其叠放在原对象的上面，如图5-8所示，可以移动克隆的对象到任何其他位置。由于克隆对象是一个独立的对象，因此移动、缩放或旋转都不会影响原始对象，如图5-9所示。

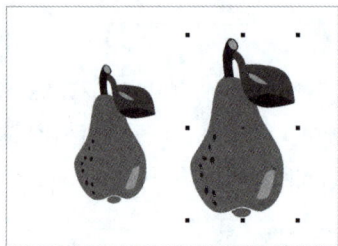

图5-8　　　　　　　　　　图5-9

通过还原为原始对象，可以移除对克隆对象所做的更改（位置移动除外）。选择克隆对象，单击鼠标右键，在弹出的快捷菜单中执行"还原为主对象"命令，在弹出的"还原为主对象"对话框中可对还原的属性进行设置，如图5-10所示。单击"OK"按钮应用设置，如图5-11所示。

图5-10　　　　　　图5-11

知识链接

可以多次克隆主对象，但不能对克隆出的对象进行克隆。删除主对象时，克隆的对象也会被删除。

5.1.4　"步长和重复"泊坞窗

若需精准地掌控复制对象的位置和数量，可以使用"步长和重复"泊坞窗来设置具体参数。执行"编辑>步长和重复"命令，或按Ctrl+Shift+D组合键，显示"步长和重复"泊坞窗。在水平设置和垂直设置区域中，可以选择无偏移、偏移以及对象之间的间距3种模式，如图5-12所示。选择"对象之间的间距"模式，指定对象副本之间的间距后，可以在"方向"下拉列表中指定副本的方向是在原始对象的水平左边还是右边、上边还是下边，如图5-13所示。

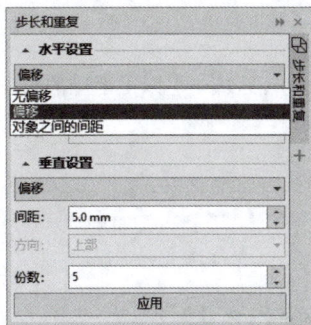
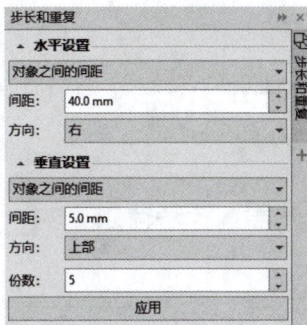

图5-12 　　　　　　　　　　　图5-13

选择对象，在"步长和重复"泊坞窗中设置参数后，单击"应用"按钮即可按设置参数复制对象，图5-14、图5-15所示分别为应用前后的效果。

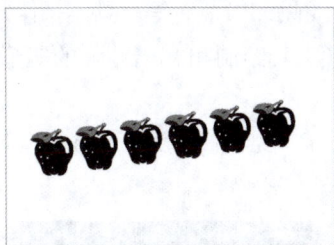

图5-14 　　　　　　　　　　　图5-15

5.1.5 撤销与重做

撤销和重做功能在纠正错误和恢复之前的操作上非常重要。按Ctrl+Z组合键，或执行"编辑>撤销移动"命令即可进行撤销，每次撤销都会回到上一步的操作状态。重做是撤销的逆过程，用于恢复之前撤销的操作，可以按Ctrl+R组合键或执行"编辑>重复移动"命令来实现，如图5-16所示。

图5-16

🔗 知识链接

撤销操作可以直接单击标准工具栏中的"撤销" 🗓 按钮，重做操作也可以在标准工具栏中单击"重做" 🗓 按钮。

如果需要撤销到更早的步骤，可以执行"窗口>泊坞窗>历史记录"命令，显示"历史记录"泊坞窗，如图5-17所示，单击需要撤销到的步骤，将撤销该操作下方列出的所有操作，如图5-18所示。

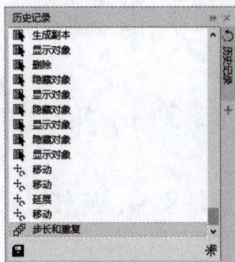
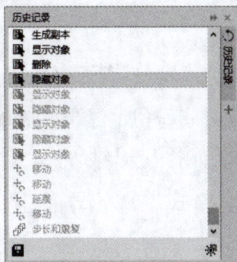

图5-17 　　　　　　　　　　　图5-18

知识链接

执行"工具>选项>CorelDRAW"命令，在"撤销级别"区域中可以指定撤销命令用于矢量对象时可以撤销的操作数。

5.1.6 课堂实操：黑黄线条背景

实操5-1 黑黄线条背景

📦 **实例资源** ▶ \第5章\黑黄线条背景\猩猩.png

本案例将制作黑黄线条背景。涉及的知识点有矩形工具、填色、步长和重复、PowerClip图文框、交互式变换（见5.2.1节）等。具体操作方法如下。

Step 01 双击矩形工具绘制和文档等大的矩形并填充颜色（#332C2B），设置轮廓色为无，如图5-19所示。

Step 02 使用矩形工具绘制高度为15mm的矩形，填充颜色（#FFF000），设置轮廓色为无，如图5-20所示。

图5-19	图5-20

Step 03 在"步长和重复"泊坞窗中设置参数，如图5-21所示。

Step 04 单击"应用"按钮，效果如图5-22所示。

Step 05 选择底部的黑色矩形，单击鼠标右键，在弹出的快捷菜单中执行"框类型>创建空PowerClip图文框"命令，如图5-23所示。

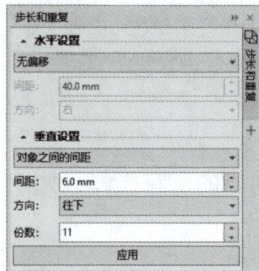

图5-21	图5-22	图5-23

Step 06 在"对象"泊坞窗中选择所有黄色的矩形，按Ctrl+G组合键组合。选择对象群组，置入PowerClip图文框内，效果如图5-24所示。

Step 07 双击群组进入聚焦模式，单击群组显示旋转手柄，旋转对象，左右拉伸调整长度，如图5-25所示。

Step 08 单击"完成" ✓完成 按钮，效果如图5-26所示。

执行"文件>导入"命令导入素材，拖动鼠标调整素材大小，如图5-27所示。

图5-24

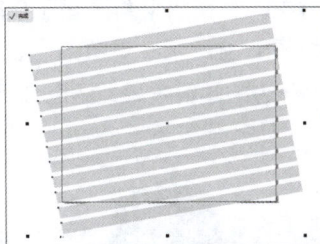

图5-25

图5-26

图5-27

至此，完成黑黄线条背景的制作。

5.2 对象的变换操作

在CorelDRAW中，变换对象是指更改对象的位置、大小、旋转角度或倾斜角等属性。这些变换可以通过多种方式实现，下面将进行具体的介绍。

5.2.1 交互式变换

选择工具不仅可以选择对象，还可以进行交互式变换。选中对象后，选择选择工具，显示其属性栏，如图5-28所示。

| X: 137.656 mm | 95.058 mm | 96.4 % | 360.0 |
| Y: 105.615 mm | 104.441 mm | 96.4 % | |

图5-28

- 对象原点⊞：定位或缩放对象时，设置要使用的参考点。默认情况下，对象的参考点位于对象的中心⊞。
- 对象位置⁑：通过设置x和y轴坐标确定对象在页面中的位置。
- 对象大小：设置对象的高度和宽度。
- 缩放因子：设置一个百分比缩放对象。
- 锁定比率🔒：在缩放对象时保持原来的宽高比。
- 旋转角度↻：指定对象的旋转角度。
- 水平/垂直镜像◖◗：使对象左右或上下翻转。水平镜像前后的效果如图5-29、图5-30所示。

图5-29

图5-30

使用选择工具可以直接移动、复制对象，同时可以通过拖动对象四周的方形手柄来调整对象大小。若再次单击对象，则在四个角上显示旋转手柄，沿顺时针方向或逆时针方向拖动旋转手柄，可旋转对象，如图5-31所示。对象的上、下、左、右控制点为倾斜控制点，按住鼠标左键并拖动，对象将产生一定的倾斜效果，图5-32所示为左右倾斜变换。

图5-31　　　　　　　　　　图5-32

5.2.2　自由变换工具

自由变换工具提供了更多样化的变换选项，可以直接对对象进行自由变换。选择自由变换工具，在属性栏中可以选择自由变换模式，如图5-33所示。

| | | | X: 101.508 mm | 53.989 mm | 49.8 % | | 0.0 | | 74.514 mm | 0.0 | | | | | | |
| Y: 121.762 mm | 47.198 mm | 49.8 % | | | | 121.762 mm | 0.0 | | | | |

图5-33

- 自由旋转 ↻：单击该按钮，在对象的任意位置单击确认旋转中心点，拖动鼠标，此时显示出灰色线框图形和旋转柄，如图5-34所示。当旋转到合适的位置后释放鼠标即可，如图5-35所示。

图5-34　　　　　　　　　　图5-35

- 自由角度反射 ⚐：单击该按钮，选择对象，确定反射轴的位置，按住鼠标左键拖动反射轴做圆周运动即可反射对象，如图5-36、图5-37所示。

图5-36　　　　　　　　　　图5-37

- 自由缩放 ▦：单击该按钮，选择对象，确定缩放中心点的位置，按住鼠标左键拖动即可改变对象尺寸，如图5-38、图5-39所示。
- 自由倾斜 ▱：单击该按钮，选择对象并确定倾斜轴，拖动倾斜轴即可倾斜对象，如图5-40、图5-41所示。

图5-38

图5-39

图5-40

图5-41

- 应用到再制 ：单击该按钮，对对象执行旋转等操作的同时会自动生成一个新的图形，原对象则保持不动。设置对象参考点 ，单击"自由角度反射" 按钮，拖动反射轴，如图5-42所示，释放鼠标应用效果，如图5-43所示。

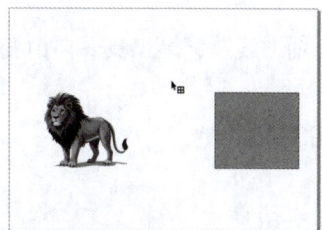

图5-42

图5-43

5.2.3 "变换"泊坞窗

"变换"泊坞窗可用于确定变换对象，并将变换应用于对象的副本（该副本是自动创建的）。执行"窗口>泊坞窗>变换"命令，或按Alt+F7组合键，打开"变换"泊坞窗，如图5-44所示。在该泊坞窗中可以设置选中对象的位置、旋转角度、缩放、镜像、大小、倾斜角度，以及生成的副本数。图5-45所示为在原始对象基础上水平移动90mm并生成2个副本的效果。

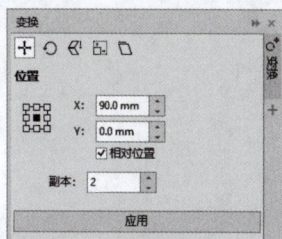

图5-44

图5-45

5.2.4 "坐标"泊坞窗

使用"坐标"泊坞窗可以精确地控制和调整图形对象的位置、尺寸、旋转角度等。执行"窗口>泊坞窗>坐标"命令，打开"坐标"泊坞窗。在该泊坞窗中可以设置指定对象的位置、尺寸和旋转角度等，单击"创建对象"按钮生成对象，如图5-46所示。更改数值将激活底部的"替换对象"按钮，如图5-47所示。在修改过程中，可在绘

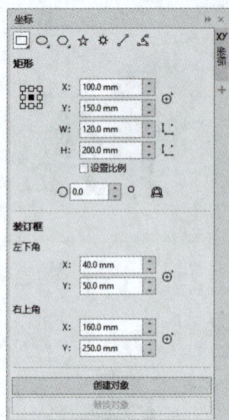

图5-46

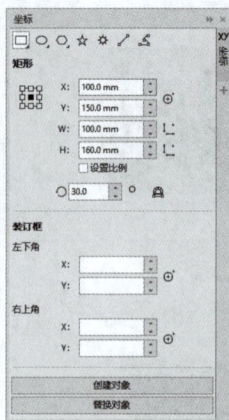

图5-47

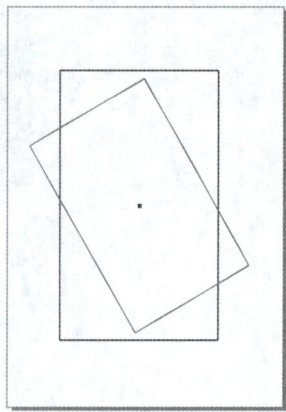

图5-48

图页面实时预览修改后的样式，图5-48所示的蓝色矩形框为修改后的效果。

5.2.5 课堂实操：创意几何图形

微课视频

实操5-2 创意几何图形

📁 实例资源 ▶ \第5章\创意几何图形\图形.cdr

本案例将制作创意几何图形。涉及的知识点有辅助线、钢笔工具、自由变换工具、旋转、变换、移动等。具体操作方法如下。

Step 01 创建任意位置的水平和垂直辅助线，如图5-49所示。

Step 02 选择钢笔工具绘制图形，如图5-50所示。

Step 03 选择自由变换工具，自由缩放60%，如图5-51所示。

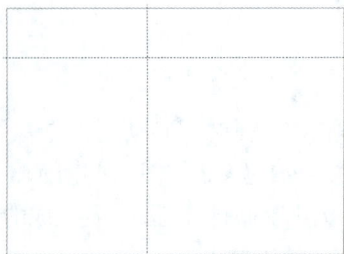

图5-49

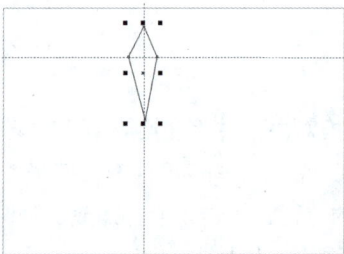

图5-50

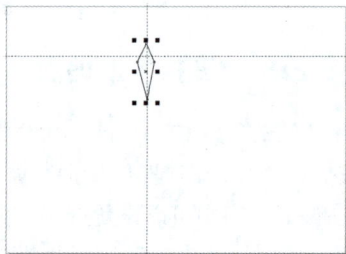

图5-51

Step 04 逆时针旋转15°，效果如图5-52所示。

Step 05 选择选择工具，再次单击图形，调整旋转中心点，如图5-53所示。

Step 06 在"变换"泊坞窗中设置旋转角度与副本数，如图5-54所示。

Step 07 单击"应用"按钮，效果如图5-55所示。

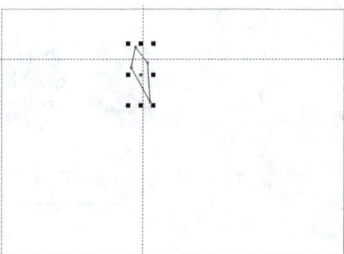

图5-52

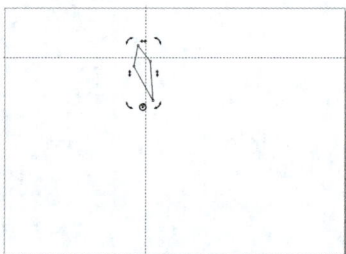

图5-53

Step 08 分别填充不同程度的灰色，如图5-56所示。

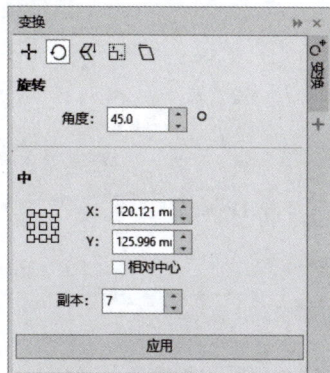

图5-54

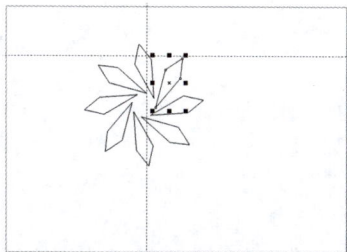

图5-55

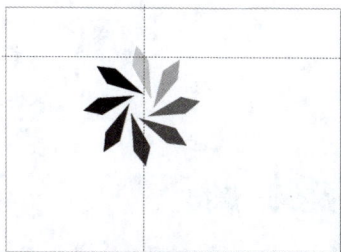

图5-56

Step 09 选中辅助线后单击鼠标右键，执行"隐藏"命令，隐藏辅助线，效果如图5-57所示。

Step 10 使用相同的方法可以绘制不同的图形。移动复制其中的一个四边形，调整旋转角度为0°，更改旋转中心，如图5-58所示。

图5-57

图5-58

Step 11 在"变换"泊坞窗中单击"应用"按钮，效果如图5-59所示。

Step 12 根据自己的喜好更改该图形的填充颜色，效果如图5-60所示。

图5-59

图5-60

至此，创意几何图形的绘制完成。

5.3 编辑对象形状

"形状"泊坞窗提供了一系列操作来编辑和修改图形对象的形状。执行"窗口>泊坞窗>形状"命令，在"形状"泊坞窗中可以选择多种操作，如焊接、修剪、相交、简化和边界等，如图5-61所示。选中两个及两个以上对象时，在属性栏中会激活快捷方式按钮组，如图5-62所示，单击按钮即可应用。

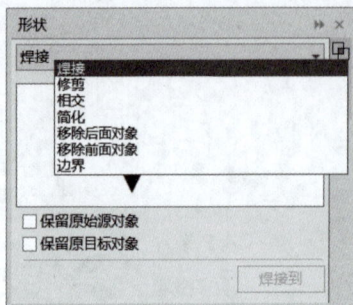

图5-61

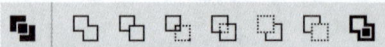

图5-62

5.3.1 焊接

　　焊接可以将选中的对象合并成一个单独的带有单一填充和轮廓的对象。选中两个对象，在"形状"泊坞窗中选择"焊接"选项，单击"焊接到"按钮，将变为"焊接" ⌐形状的鼠标指针移到其中一个对象上，如图5-63所示，单击即可进行焊接，如图5-64所示。最后呈现的效果颜色默认显示鼠标所单击对象的颜色。

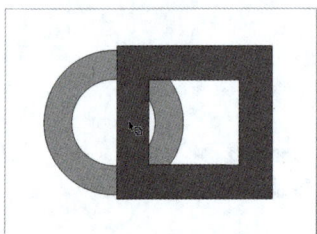

图5-63

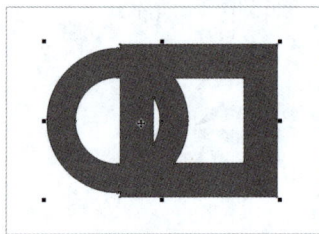

图5-64

5.3.2 修剪

　　修剪是使用一个对象的形状去修剪另一个对象的形状，在修剪过程中仅删除两个对象重叠的部分，不改变对象的填充和轮廓属性。选中两个对象，在"形状"泊坞窗中选择"修剪"选项，单击"修剪"按钮，将变为形状的鼠标指针移动到对象上，单击即可完成修剪。鼠标指针放在不同的图形上会有不同的效果，如图5-65、图5-66所示。

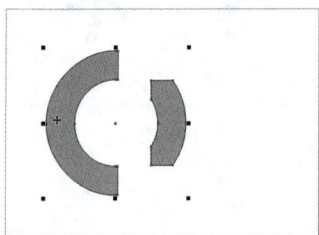

图5-65

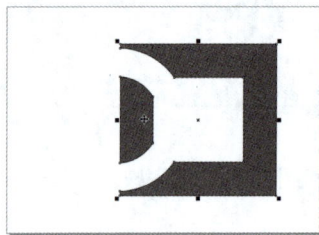

图5-66

5.3.3 相交

　　相交可以将两个或更多选中对象的重叠区域创建成一个单独的对象图形。选中两个对象，在"形状"泊坞窗中选择"相交"选项，勾选"保留原始源对象"复选框，如图5-67所示。单击"相交对象"按钮，将变为形状的鼠标指针移动到矩形上，单击即可完成相交，如图5-68所示。

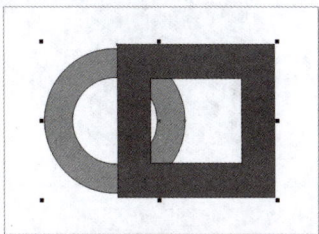

图5-67　　　　　　　　　　　　　图5-68

5.3.4　简化

简化可以移除两个对象重叠的部分，保留非重叠的部分。选中两个对象，在"形状"泊坞窗中选择"简化"选项，单击"应用"按钮，如图5-69所示。使用选择工具移动图形，可看到简化后的图形效果，如图5-70所示。

图5-69　　　　　　　　　　　　　图5-70

5.3.5　移除后面/前面对象

移除后面对象将移除选定对象后面的对象。选中两个对象，在"形状"泊坞窗中选择"移除后面对象"选项，单击"应用"按钮，此时将删除选定对象后面的所有对象，包括与选定对象重叠的部分，只保留最上层对象中未重叠的部分，如图5-71所示。移除前面对象与其相反，将删除选定对象前面的所有对象，包括与选定对象重叠的部分，只保留最下层对象中未重叠的部分，如图5-72所示。

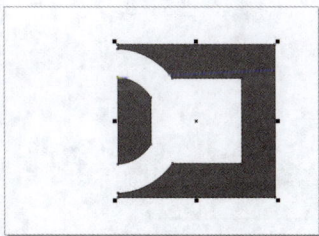
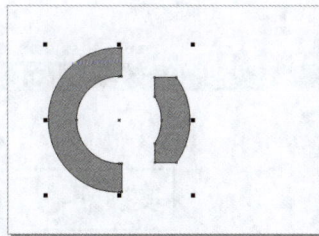

图5-71　　　　　　　　　　　　　图5-72

5.3.6　边界

边界可以快速将图形对象转换为闭合的形状路径。选中两个对象，将轮廓宽度设置为无，在"形状"泊坞窗中选择"边界"选项，单击"应用"按钮，即可将图形对象转换为形状路径，如图5-73所示。若勾选"保留原始源对象"复选框，将在保留原对象的同时应用边界效果，如图5-74所示。

图5-73

图5-74

5.3.7　合并与拆分

合并可以将两个或更多对象合并为有共同属性的单个对象。选择两个对象，如图5-75所示，单击属性栏中的"合并" ▣ 按钮，或按Ctrl+L组合键合并对象，如图5-76所示。

图5-75

图5-76

拆分可以将合并的图形拆分为多个独立的个体。在属性栏中单击"拆分" ▣ 按钮，或按Ctrl+K组合键，图形将被分为一个个单独的个体，如图5-77、图5-78所示。

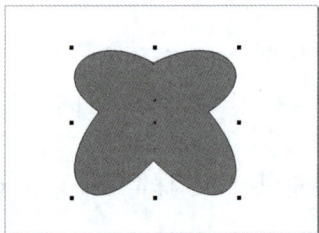

图5-77

图5-78

5.3.8　课堂实操：镂空图像效果 AIGC

实操5-3 / 镂空图像效果

微课视频

📁 **实例资源** ▶ \第5章\镂空图像效果\素材

本案例将制作镂空图像效果。涉及的知识点有矩形工具、PowerClip图文框、描摹位图、移除前面对象等。具体操作方法如下。

Step 01 双击矩形工具创建和文档等大的矩形，单击鼠标右键，执行"框类型>创建空PowerClip图文框"命令，如图5-79所示。

Step 02 执行"文件>导入"命令，导入素材，如图5-80所示。

Step 03 将素材置入PowerClip图文框内，如图5-81所示。

Step 04 执行"文件>导入"命令，导入素材后调整缩放和旋转角度，如图5-82所示。

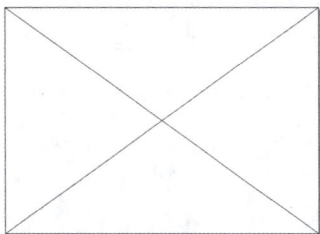
图5-79

图5-80

图5-81

图5-82

Step 05 继续导入素材，调整缩放和旋转角度，如图5-83所示。

Step 06 在属性栏中单击"描摹位图"按钮，删除原图层保留曲线图层，如图5-84所示。

Step 07 选中"曲线"和"纸.png"图层，单击属性栏中的"移除前面对象" 按钮，如图5-85所示。

Step 08 双击背景图进入聚焦模式，调整显示后退出聚焦模式，整体效果如图5-86所示。至此，镂空图像效果制作完成。

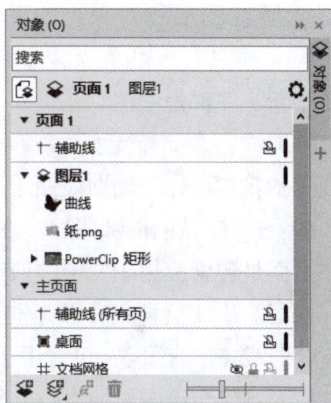
图5-83

图5-84

图5-85

图5-86

Step 09 根据保存的图像，可以利用AIGC工具（如即梦AI），转绘水彩效果，如图5-87所示。

图5-87

5.4 组织管理对象

"对象"泊坞窗、锁定与解除锁定、组合与取消组合、调整对象顺序、对齐与分布等功能可以帮助设计师有效地组织和操控图形对象。

5.4.1 "对象"泊坞窗

"对象"泊坞窗提供了一个可视的界面，可以看到文档中所有对象的层次结构。执行"窗口>泊坞窗>对象"命令，打开"对象"泊坞窗。"对象"泊坞窗的上方是设置显示文档的组件。单击"查看页面、图层和对象" 按钮，显示所有页面、图层和对象，如图5-88所示。单击"查看图层和对象" 按钮，显示所有图层和对象，如图5-89所示。

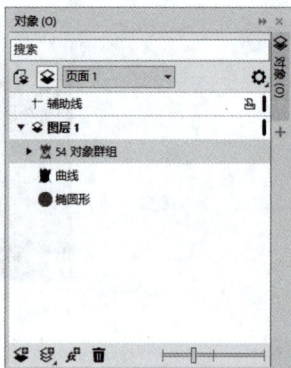

图5-88   图5-89

每个新文件都是使用默认页面（页面1）和主页面创建的。默认页面包括以下图层。

- 辅助线：存储特定页面（局部）的辅助线。在辅助线图层上放置的所有对象只显示为轮廓，而这些轮廓可作为辅助线使用。
- 图层1：默认的局部图层。在页面上绘制对象时，对象将添加到该图层中。

主页面是包含应用于文档中所有页面的信息的虚拟页面。可以将一个或多个图层添加到主页面，以保留页眉、页脚或静态背景等内容。默认情况下，主页面包含以下图层。

- 辅助线（所有页）：包含用于文档中所有页面的辅助线。
- 桌面：包含绘图页面边框外部的对象。
- 文档网格：包含用于文档中所有页面的文档网格，文档网格始终为底部图层。

5.4.2 锁定与解除锁定

锁定对象可以防止不小心移动或修改对象。在"对象"泊坞窗中，通过单击对象旁边的锁定图标，可以轻松锁定对象，如图5-90所示，再次单击即可解锁，如图5-91所示。

除了在"对象"泊坞窗中锁定/解锁对象，还可以在绘图页面中选中需要锁定的对象，当四周出现黑色的控制点时单击鼠标右键，在弹出的快捷菜单中执行"锁定"命令。此时被锁定对象周围的控制点变成锁图标，如图5-92所示。选中锁定的对象，单击鼠标右键，在弹出的快捷菜单中执行"解锁"命令，被锁定的对象将解除锁定状态，如图5-93所示。

图5-90   图5-91

图5-92

图5-93

5.4.3 组合与取消组合

组合是指将多个对象组合成一个整体,此时可以对群组内的所有对象同时应用相同的格式、属性以及其他更改。在"对象"泊坞窗中选中两个及两个以上目标对象,单击鼠标右键,在弹出的快捷菜单中执行"组合"命令或按Ctrl+G组合键即可将多个对象组成群组。单击展开▶按钮可查看群组内容,如图5-94所示。

如果想要取消组合,选中需要取消组合的对象,单击鼠标右键,在弹出的快捷菜单中执行"取消群组"命令或按Ctrl+U组合键即可,如图5-95所示。若群组内含有多个分组,单击鼠标右键,在弹出的快捷菜单中执行"全部取消组合"命令便可将群组内所有的组拆分为单个对象,如图5-96所示。

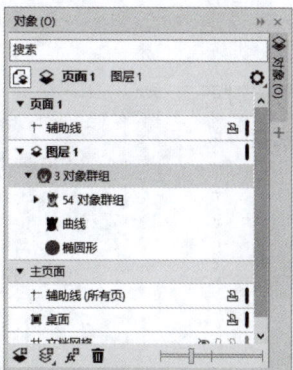

图5-94

图5-95

图5-96

🔗 知识链接

若要对组内的对象进行编辑,可以开启聚焦模式。双击对象进入聚焦模式时,选中的对象会暂时显示到堆栈顺序的前面。在绘图窗口的左上角会出现一个浮动栏,显示聚焦对象在设计层次结构中的位置,如图5-97所示。按Shift+Esc组合键可退出聚焦模式。

图5-97

5.4.4 调整对象顺序

当文档中存在多个对象时,对象的上下顺序会影响画面的最终呈现效果。若要调整对象顺序,执行"对象 >顺序"命令,在弹出的子菜单中执行相应的命令即可,如图5-98所示。

- 到页面前面：将选定对象移到页面上所有其他对象的前面。

- 到页面背面：将选定对象移到页面上所有其他对象的后面。

- 到图层前面：将选定对象移到活动图层上所有其他对象的前面。

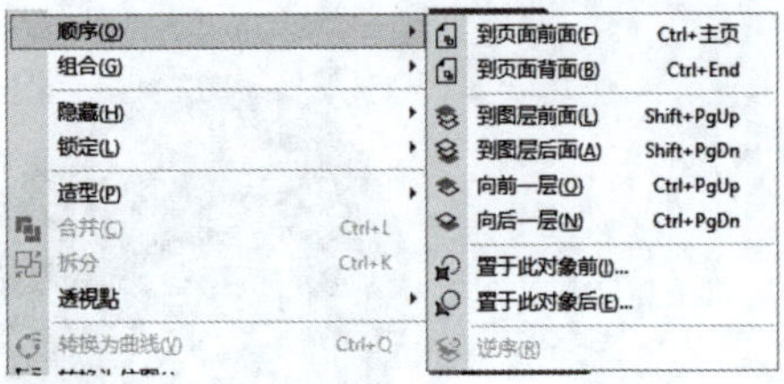

图5-98

- 到图层后面：将选定对象移到活动图层上所有其他对象的后面。

- 向前一层：将选定对象向前移动一个位置。如果选定对象位于活动图层中所有对象的前面，则将移到图层的上方。

- 向后一层：将选定对象向后移动一个位置。如果选定对象位于所选图层中所有对象的后面，则将移到图层的下方。

- 置于此对象前：将选定对象移到单击的对象前面。

- 置于此对象后：将选定对象移到单击的对象后面。

- 逆序：反转选中的所有对象的顺序。

5.4.5 对齐与分布

对齐与分布可以将两个及两个以上对象均匀地排列。选择多个图形对象，执行"窗口>泊坞窗>对齐和分布>对齐和分布"命令，在弹出的"对齐与分布"泊坞窗中可以快速选择和应用各种对齐和分布命令，以精确地管理图形元素。

1. 对齐对象

对齐功能可以将对象按照特定的参照线或对象进行对齐。在"对齐与分布"泊坞窗的"对齐"区域中单击相应按钮来实现对象边缘或中心对齐，如图5-99所示。

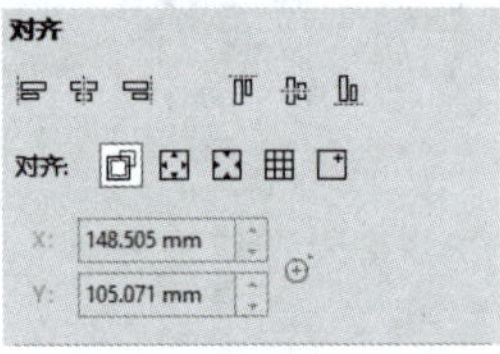

图5-99

- 左对齐：与对象左边缘对齐。
- 水平居中对齐：使对象沿垂直轴居中对齐。
- 右对齐：与对象右边缘对齐。
- 顶端对齐：与对象上边缘对齐。
- 垂直居中对齐：使对象沿水平轴居中对齐。
- 底端对齐：与对象下边缘对齐。

在"对齐"区域中可选择参考点。

- 选定对象：使对象与选择的对象对齐。
- 页面边缘：使对象与页边对齐。
- 页面中心：使对象与页面中心对齐。
- 网格：使对象与最接近的网格线对齐。
- 指定点：单击该按钮，可输入 X 和 Y 值，使对象与指定点对齐。也可以通过单击"指定点"按钮然后单击文档窗口来交互地指定点进行设置。

2. 分布对象

分布功能用于控制对象之间的间距，确保它们按照特定的方式均匀分布。在"对齐与分布"泊坞窗的"分布"区域中单击相应按钮来分布排列对象，如图5-100所示。

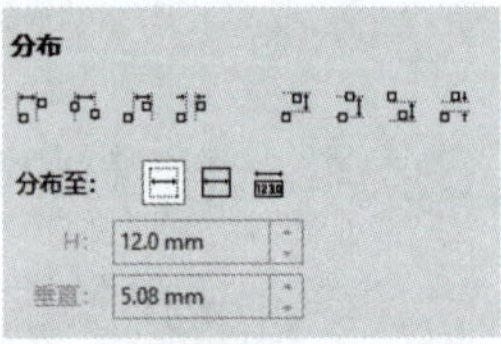

图5-100

- 左分散排列 ⊡：平均设定对象左边缘之间的间距。
- 水平分散排列中心 ⊡：沿水平轴平均设定对象中心点之间的间距。
- 右分散排列 ⊡：平均设定对象右边缘之间的间距。
- 水平分散排列间距 ⊡：沿水平轴将对象之间的间隔设为相同距离。
- 顶部分散排列 ⊡：平均设定对象上边缘之间的间距。
- 垂直分散排列中心 ⊡：沿垂直轴平均设定对象中心点之间的间距。
- 底部分散排列 ⊡：平均设定对象下边缘之间的间距。
- 垂直分散排列间距 ⊡：沿垂直轴将对象之间的间隔设为相同距离。

在"分布至"区域中，可单击以下按钮分布排列对象。
- 选择对象 ⊟：将对象分布到周围的边框区域。
- 页面边缘 ⊟：将对象分布到整个绘图页面上。
- 对象间距 ▦：可以指定距离分散排列对象。

🔗 **知识链接**

选中对象后，可以执行"对象>对齐与分布"命令，然后执行前6个对齐命令中的任何1个，如图5-101所示，快速地将对象与其他对象对齐而无须使用"对齐与分布"泊坞窗。也可以直接按对应的快捷键实现。

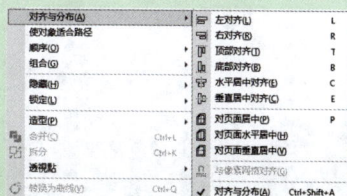

图5-101

5.4.6 课堂实操：卡通彩虹插画 AIGC

实操5-4 卡通彩虹插画

微课视频

📁 **实例资源** ▶ \第5章\卡通彩虹插画\彩虹.cdr

本案例将绘制卡通彩虹插画。涉及的知识点有矩形、椭圆形的绘制与填充，对齐与分布、裁剪工具的使用以及交互式变换。具体操作方法如下。

Step 01 双击矩形工具创建和文档等大的矩形并填充颜色（#23CFFA），设置轮廓色为无，如图5-102所示。锁定该对象。

Step 02 选择椭圆形工具绘制椭圆形并填充红色（#FF0000），如图5-103所示。

图5-102   图5-103

Step 03 按住鼠标右键不放，拖动复制对象。在属性栏中单击"锁定比率" 🔒 按钮，设置缩放为95%，更改填充颜色（#FF6600），如图5-104所示。

Step 04 使用相同的方法复制椭圆形，调整缩放比率（以5%递减），更改填充颜色，如图5-105所示。

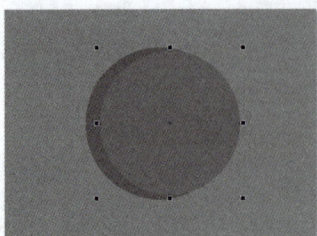 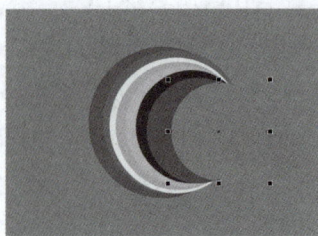

图5-104　　　　　　　　　　图5-105

Step 05 选择全部椭圆形，在"对齐与分布"泊坞窗中分别单击"水平居中对齐" 按钮和"垂直居中对齐" 按钮，如图5-106、图5-107所示。

Step 06 选择裁剪工具，拖动鼠标绘制裁剪框，如图5-108所示。

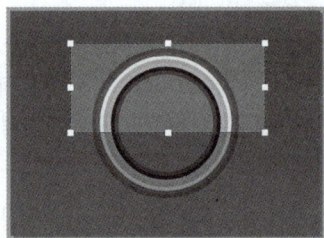

图5-106　　　　　　　图5-107　　　　　　　图5-108

Step 07 单击"裁剪" ✓裁剪 按钮应用效果，如图5-109所示。

Step 08 选择椭圆形工具绘制多个椭圆形，选中全部椭圆形，在属性栏中单击"焊接" 按钮，如图5-110所示。

Step 09 复制并移动对象，全选后按Ctrl+G组合键创建对象群组，与绘图页面垂直、水平居中对齐，如图5-111所示。至此，卡通彩虹插画绘制完成。

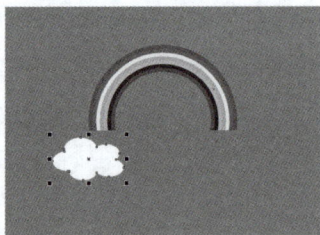

图5-109　　　　　　　图5-110　　　　　　　图5-111

Step 10 根据保存的图像，可以利用AIGC工具（如即梦AI），生成3D立体效果，如图5-112所示。

图5-112

至此，卡通彩虹插画绘制完成。

微课视频

5.5 实战演练：花式色相环

实操5-5 / 花式色相环

实例资源 ▶ \第5章\花式色相环\色相环.cdr

本章实战演练将制作花式色相环，综合练习本章的知识点，帮助读者熟练掌握和巩固辅助线、椭圆形工具、变换对象、组合对象以及编辑对象形状等。下面将进行操作思路的介绍。

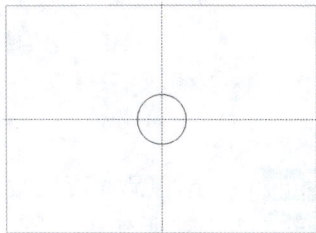

Step 01 创建垂直居中和水平居中的辅助线，如图5-113所示。

Step 02 选择椭圆形工具绘制宽高各为46mm的正圆形，如图5-114所示。

图5-113　　　　　　图5-114

Step 03 向上移动复制正圆形，并再次单击调整中心点，如图5-115所示。

Step 04 在"变换"泊坞窗中设置旋转角度与副本数，如图5-116所示。

Step 05 单击"应用"按钮，效果如图5-117所示。

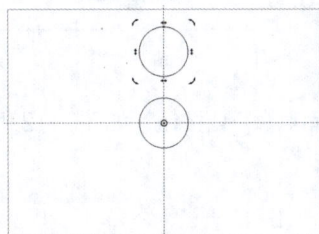
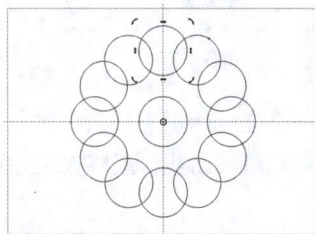

图5-115　　　　　　图5-116　　　　　　图5-117

Step 06 选择2点线工具，连接圆相交的点与辅助线的交点绘制直线段，如图5-118所示。

Step 07 选择虚拟段删除工具删除线段，效果如图5-119所示。

Step 08 选择智能填充工具，在属性栏中设置填充颜色（#E9504C），设置轮廓色为无，如图5-120所示。

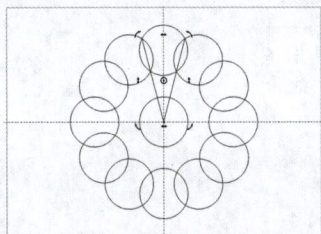
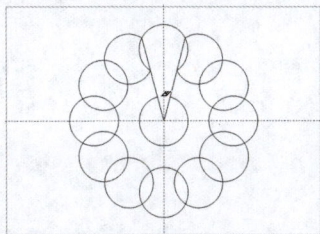
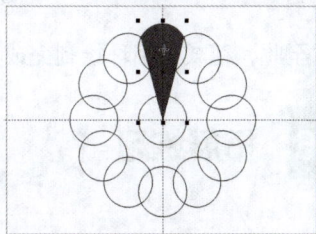

图5-118　　　　　　图5-119　　　　　　图5-120

Step 09 在"对象"泊坞窗中选择除填色曲线之外的所有图层，按Ctrl+G组合键组合并隐藏，如图5-121所示。

Step 10 双击填色曲线，调整中心点，如图5-122所示。

Step 11 在"变换"泊坞窗中单击"应用"按钮，效果如图5-123所示。

图5-121

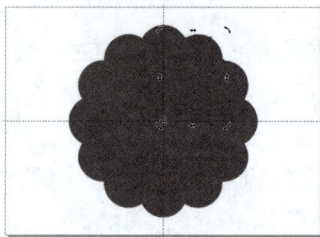
图5-122　　　　　图5-123

Step 12 分别更改填充颜色，如图5-124所示。

Step 13 选中所有图形对象，按Ctrl+G组合键组合，如图5-125所示。

Step 14 按住Shift+Ctrl组合键绘制宽高各为50mm的正圆形，如图5-126所示。

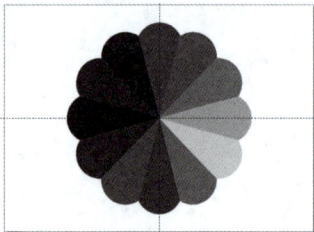
图5-124　　　　　图5-125

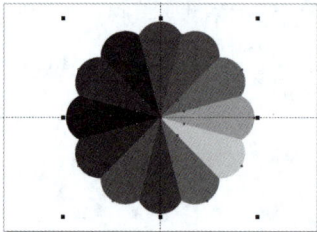
图5-126

Step 15 按住Shift键选择两个对象，在属性栏中单击"移除前面对象" ⬚ 按钮，如图5-127所示。

Step 16 隐藏辅助线，最终效果如图5-128所示。

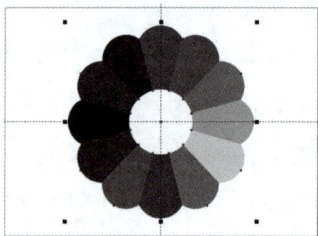
图5-127　　　　　图5-128

至此，花式色相环绘制完成。

5.6 拓展练习

实操5-6 艺术花环

📁 **实例资源** ▶ \第5章\艺术花环\艺术花环.cdr

下面将练习使用矩形工具、自由变换工具以及应用到再制来绘制艺术花环，效果如图5-129所示。

技术要点：

- 选择椭圆形工具绘制椭圆形；
- 使用自由变换工具中的自由旋转和应用到再制制作花环。

分步演示：

①使用椭圆形工具绘制椭圆形；

②选择自由变换工具，在属性栏中单击"自由旋转"和"应用到再制"按钮，按住鼠标左键在中心的位置旋转；

③释放鼠标应用变换；

④连续按Ctrl+D组合键再制对象，更改轮廓颜色。

分步演示效果如图5-130所示。

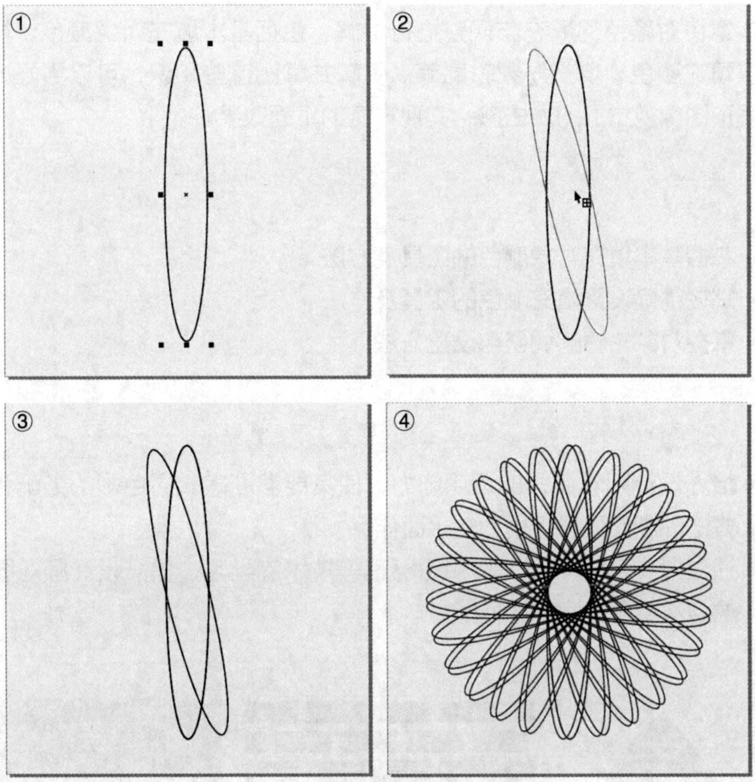

图5-129

图5-130

第6章
颜色的填充与调整

内容导读

本章将对颜色的填充与调整进行讲解,包括基本填充对象颜色、精确设置填充颜色、填充对象轮廓等。了解并掌握这些知识,可以更好地赋予图形图像视觉上的冲击感,实现丰富的平面效果。

学习目标

- 掌握基本填充对象颜色的工具及方法
- 掌握精确设置填充颜色的工具及方法
- 掌握对象轮廓的调整与设置方法

素养目标

- 培养设计师对色彩的运用能力,使其能够准确掌握色彩的搭配和过渡方法,制作更具吸引力的平面作品。
- 通过对交互式填充工具和轮廓笔等技术的学习,提升设计师对图形图像层次感和轮廓的把握能力。

案例展示

卡通西瓜造型   墙砖贴纸效果   动感海报背景效果

6.1 基本填充对象颜色

颜色是图形对象最具冲击力的视觉元素之一，可以影响图形对象的视觉效果。本节将介绍填充对象颜色的基本操作，如"调色板"泊坞窗、"颜色"泊坞窗的使用等。

6.1.1 调色板

调色板是CorelDRAW中最基础的填充颜色的工具，默认调色板位于窗口最右侧，包含多种常用颜色，如图6-1所示。执行"窗口>调色板"命令，在图6-2所示的子菜单中可以对调色板进行相应的设置。其中文档调色板是创建新绘图时自动生成的一个空调色板，它可以将当前文档使用过的颜色记录并保存起来，以供将来使用。

选中对象，单击调色板中的颜色，将为对象填充颜色，如图6-3所示。鼠标右键单击调色板中的颜色，将更改图像轮廓色，如图6-4所示。

图6-1　　　　　　　　　　图6-2

图6-3　　　　　　　　　　图6-4

> **知识链接**
>
> 长按调色板中的颜色，将显示弹出式颜色挑选器，如图6-5所示，从中可以选择更多颜色方案。
>
>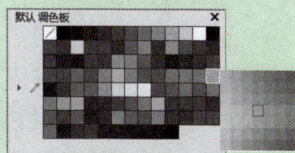
>
> 图6-5

6.1.2 "颜色"泊坞窗

执行"窗口>泊坞窗>颜色"命令，打开"颜色"泊坞窗，如图6-6所示。用户可以在其中设置颜色，更改对象的填充或轮廓色。

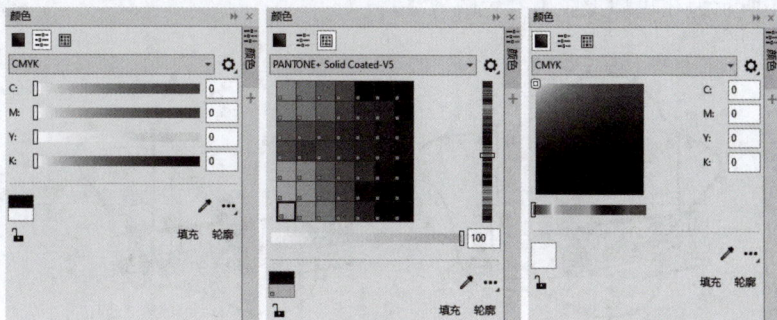

图6-6

"颜色"泊坞窗中部分常用选项的作用如下。

- 显示颜色查看器■：单击该按钮，将使用颜色查看器选择颜色。
- 显示颜色滑块≣：单击该按钮，将使用选定颜色模式中的颜色滑块选择颜色。
- 显示调色板▦：单击该按钮，将从一组印刷色或专色调色板中选择颜色。
- 色彩模型 CMYK ▼：默认为CMYK色彩模型，用户可以单击该下拉按钮选择RGB、HSB、Lab等不同的色彩模型。
- 参考颜色和新颜色▬：显示参考颜色和新选定的颜色，其中顶端颜色为参考颜色，底部颜色为新选定的颜色。
- 将新颜色应用于所选对象🔓：单击该按钮，将其变为🔒状态时，拖动颜色滑块将自动为选中的对象填充颜色或设置轮廓色。
- 颜色滴管🖋：单击该按钮，鼠标指针将变为🖋形状，此时可对屏幕上任意对象中的颜色进行取样。
- 填充 填充：单击该按钮，可使用"颜色"泊坞窗中的当前颜色填充选中对象。
- 轮廓 轮廓：单击该按钮，可使用"颜色"泊坞窗中的当前颜色更改选中对象的轮廓色。

6.1.3 颜色滴管工具

颜色滴管工具🖋可以识别并吸取颜色。选择颜色滴管工具，在属性栏中可设置其属性，如图6-7所示。

图6-7

其中部分常用选项的作用如下。

- 选择颜色🖋：该按钮默认为选择状态，可从文档窗口取样颜色。
- 1×1🖋：单击该按钮，表示对单像素的颜色进行取样。
- 2×2🖋：单击该按钮，表示对2×2像素区域中的平均颜色值进行取样。
- 5×5🖋：单击该按钮，表示对5×5像素区域中的平均颜色值进行取样。
- 从桌面选择：单击该按钮，取样将不局限于应用程序，用户可对屏幕中的所有颜色进行取样。
- 应用颜色◇：单击该按钮，可将所选颜色应用到对象上。取样颜色后将自动选中该按钮进行应用。
- 添加到调色板：单击该按钮，可将取样颜色添加至文档调色板中。

选择颜色滴管工具，在颜色上单击取样，如图6-8所示。然后在对象内部或轮廓上单击，应用颜色，图6-9所示为在轮廓上应用颜色的效果。

图6-8    图6-9

🔗 知识链接

按住Shift键可切换至颜色滴管工具重新选择颜色。

6.1.4 属性滴管工具

属性滴管工具 🖋 与颜色滴管工具都被收录在滴管工具组中，与颜色滴管工具不同的是，该工具可以对对象的属性、变换、效果等进行取样，并将其应用至目标对象。图6-10所示为属性滴管工具的属性栏，在其中可以勾选要取样的对象属性、变换及效果，如图6-11所示。

效果
☐ 透视點
☐ 封套
☐ 混合
☐ 立体化
☐ 轮廓图
☐ 透镜
☐ PowerClip
☐ 阴影
☐ 變形
☐ 位图效果

属性	变换
☑ 轮廓	☐ 大小
☑ 填充	☐ 旋转
☑ 文本	☐ 位置

🖋 属性 ▾ 变换 ▾ 效果 ▾ ◈ +

图6-10 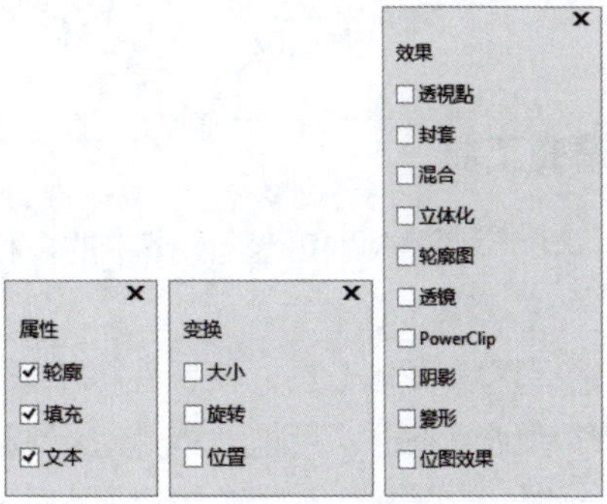   图6-11

选择属性滴管工具，在属性栏中勾选要取样的内容，在图形对象上单击进行取样，如图6-12所示。将鼠标指针移到另一个图形对象上单击，该对象将根据取样的属性进行变化，如图6-13所示。

图6-12 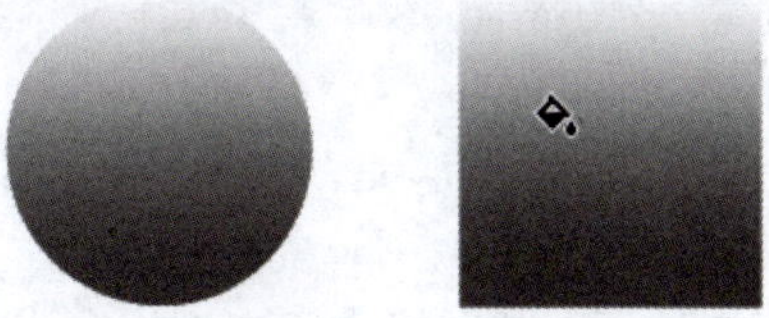   图6-13

6.1.5 智能填充工具

智能填充工具 🖌 可以在边缘重叠区域创建对象，并将填充应用到那些对象上。选择智能填充工具，其属性栏如图6-14所示。

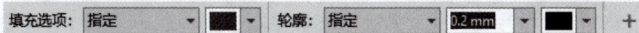

填充选项: 指定 ▾ ■ ▾ 轮廓: 指定 ▾ 0.2 mm ▾ ■ ▾ +

图6-14

其中常用选项的作用如下。

- 填充选项：将默认或自定义填充属性应用到新对象，在该下拉列表中有"使用默认值""指定""无填充"3个选项。
- 填充色：在该下拉列表中可选择预定的颜色，也可自定义颜色进行填充。
- 轮廓选项：将默认或自定义轮廓设置应用到新对象，在该下拉列表中有"使用默认值""指定""无轮廓"3个选项。
- 轮廓宽度：在该下拉列表中可设置填充对象的轮廓宽度。
- 轮廓色：在该下拉列表中可设置填充对象的轮廓色。

选择智能填充工具，在属性栏中设置参数后，移动鼠标指针至要填充的区域，单击鼠标左键进行填充，如图6-15所示。选择被填充的图形并将其移动，可发现被填充的图形是独立存在的，不影响原图，如图6-16所示。

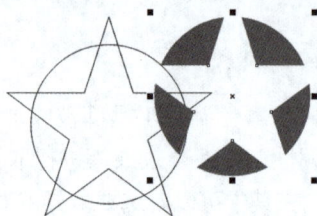

图6-15　　　　　　　　　　　　图6-16

6.1.6　网状填充工具

网状填充工具 <u>田</u> 可以通过调和网状网格中的多种颜色或阴影来填充对象，以创建复杂多变的填充效果。

选择对象，选择网状填充工具，在属性栏中设置网格数量，绘图区中将显示相应的网状结构。将鼠标指针移动到节点上，可拖动节点进行调整，如图6-17所示。选中节点，单击调色板中的颜色，节点上将显示所选颜色，节点周围呈现过渡颜色效果，如图6-18所示。

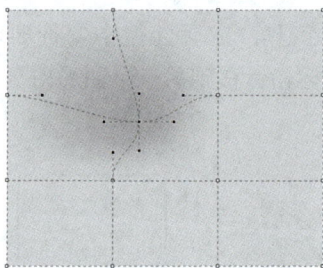

图6-17　　　　　　　　　　　　图6-18

移动鼠标指针至网状网格中双击，将在当前位置添加节点，如图6-19所示。双击节点或选中节点后按Delete键可删除节点，如图6-20所示。

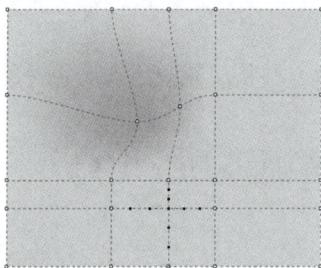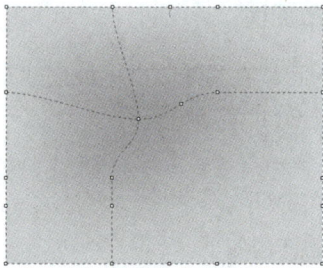

图6-19　　　　　　　　　　　　图6-20

6.1.7　课堂实操：卡通西瓜造型 AIGC

实操6-1 卡通西瓜造型

微课视频

实例资源 ▶ \第6章\卡通西瓜造型\填色素材.cdr、填色.cdr

本案例将练习制作卡通西瓜造型。涉及的知识点包括调色板、智能填充工具等的应用。具体操作方法介绍如下。

Step 01 导入本章素材文件，如图6-21所示。

Step 02 选中眼睛，单击调色板中的黑色，为眼睛填充黑色，如图6-22所示。

Step 03 使用相同的方法为眼睛高光部分填充白色，为嘴巴和西瓜子部分填充黑色，为舌头部分填充洋红色，并去除轮廓，如图6-23所示。

图6-21　　　　　　　　图6-22　　　　　　　　图6-23

Step 04 选择最外侧的轮廓，在属性栏中设置其轮廓宽度为12px，单击调色板中的霓虹粉色设置填充色，效果如图6-24所示。

Step 05 选择智能填充工具，在属性栏中设置颜色为白色、轮廓宽度为无，移动鼠标指针至合适位置单击填充颜色，如图6-25所示。

Step 06 设置填充颜色为浅绿色（#86D195），在白色下方单击填充颜色，如图6-26所示。

图6-24　　　　　　　　图6-25　　　　　　　　图6-26

Step 07 设置填充颜色为深绿色（#007448），在浅绿色下方单击填充颜色，如图6-27所示。

Step 08 选中下方的3根曲线，执行"对象>隐藏>隐藏"命令将其隐藏，放大效果如图6-28所示。

Step 09 选中最外侧轮廓，按Ctrl+C组合键复制，按Ctrl+V组合键粘贴，去除填充色，效果如图6-29所示。至此，卡通西瓜造型制作完成。

图6-27　　　　　　　　图6-28　　　　　　　　图6-29

Step 10 借助AIGC工具（如即梦AI），还可以生成更多的方案，参考效果如图6-30所示。

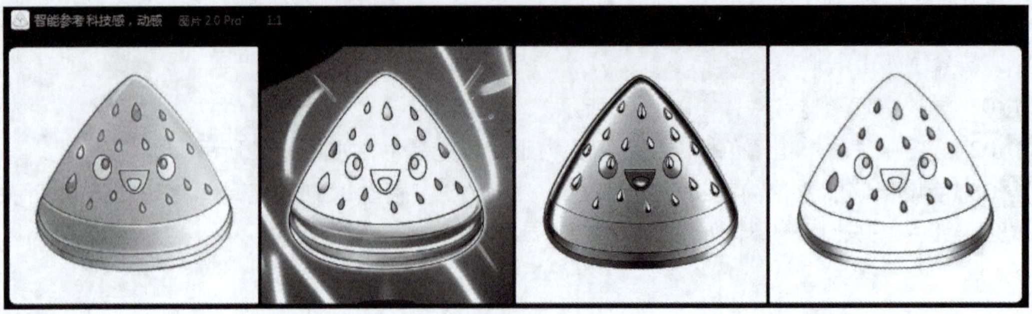

图6-30

6.2 精确设置填充颜色

选择交互式填充工具 ◇ 时,属性栏中将显示不同类型的填充方式,如图6-31所示。通过这些填充方式,用户可以精确设置填充颜色及填充效果。下面将对此进行介绍。

图6-31

6.2.1 均匀填充

均匀填充可以为封闭对象填充纯色。选中要填充的图形,在属性栏中单击"均匀填充" ■ 按钮,显示均匀填充的属性,如图6-32所示。在其中设置填充色,选中对象的填充色将发生变化,如图6-33所示。

单击属性栏中的"编辑填充" 🖋 按钮,打开"编辑填充"对话框,如图6-34所示。在其中可以设置颜色、色彩模型、名称等参数,调整填充效果。

图6-32   图6-33   图6-34

🔗 **知识链接**

选择对象,在"属性"泊坞窗的"填充" ◇ 选项卡中,用户同样可以选择填充类型以创建不同的填充效果。

6.2.2 渐变填充

渐变填充是两种或两种以上颜色过渡的效果。CorelDRAW提供了线性渐变填充、椭圆形渐变填充、圆锥形渐变填充以及矩形渐变填充4种不同类型的渐变填充效果,如图6-35所示。

图6-35

属性栏中部分常用选项的作用介绍如下。

- 线性渐变填充█：单击该按钮，为选中对象应用沿线性路径渐进改变颜色的填充。
- 椭圆形渐变填充█：单击该按钮，为选中对象应用在同心椭圆形中由中心向外逐渐更改颜色的填充。
- 圆锥形渐变填充█：单击该按钮，为选中对象应用沿圆锥形状渐进改变颜色的填充。
- 矩形渐变填充█：单击该按钮，为选中对象应用在同心矩形中由中心向外逐渐更改颜色的填充。
- 节点颜色███▾：用于设置选定节点的颜色。
- 节点透明度 0% ➕：用于设置选定节点的透明度，数值越大越透明。
- 节点位置 100% ➕：用于指定中间节点相对于第一个和最后一个节点的位置。在渐变线上双击将添加节点。
- 反转填充 ↻：反转渐变填充的效果。
- 排列 █：单击该按钮，镜像或重复渐变填充。
- 平滑 █：单击该按钮，在渐变填充节点间创建更加平滑的颜色过渡。
- 加速→ 0.0 ➕：指定渐变填充从一个颜色调和到另一个颜色的速度，数值越小过渡越生硬。图6-36、图6-37所示分别为取值-99.0和20.0时的效果。

图6-36

图6-37

- 自由缩放和倾斜 ⤡：单击该按钮，允许填充不按比例倾斜或延展显示。
- 编辑填充 ⤢：单击该按钮，打开图6-38所示的"编辑填充"对话框，在其中可以设置渐变的类型、排列、流动、变换等参数。单击"另存为新" ➕ 按钮，将打开"创建自定义渐变填充"对话框，新建渐变填充效果，如图6-39所示。

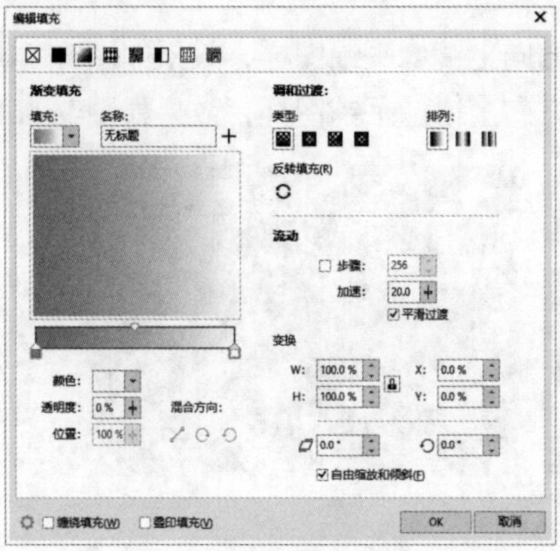

图6-38

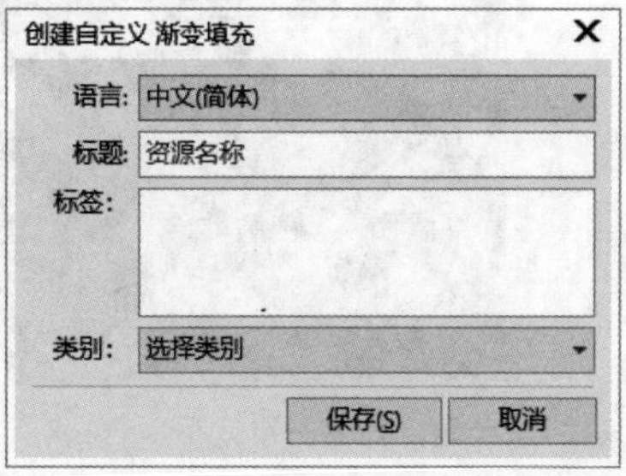

图6-39

6.2.3 图样填充

图样填充是将CorelDRAW软件自带的图样进行反复排列，运用到填充对象中。软件提供了3种图样填充类型：向量图样填充▦、位图图样填充▨及双色图样填充▮。下面将对这3种填充类型进行介绍。

1. 向量图样填充

向量图样填充是将大量重复的图样以拼贴的方式填充至图形对象中。选中对象，在交互式填充工具的属性栏中单击"向量图样填充"▦按钮，如图6-40所示，将为对象填充默认的向量图样，如图6-41所示。

图6-40

图6-41

属性栏中部分常用选项的作用介绍如下。

• 填充挑选器 ▣▾：单击该按钮，在弹出的填充挑选器中可以选择预设的其他图样，如图6-42所示。效果如图6-43所示。

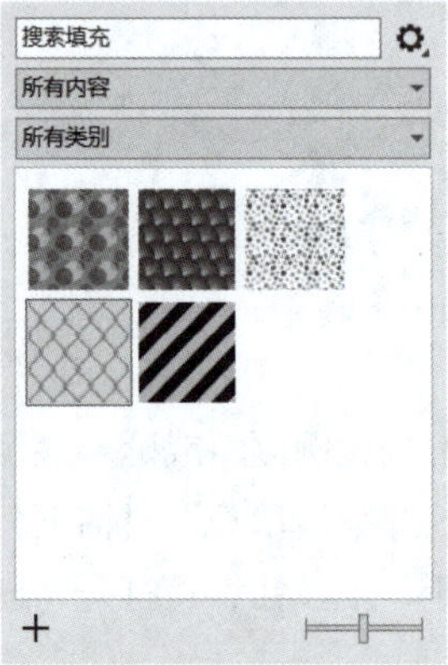

图6-42

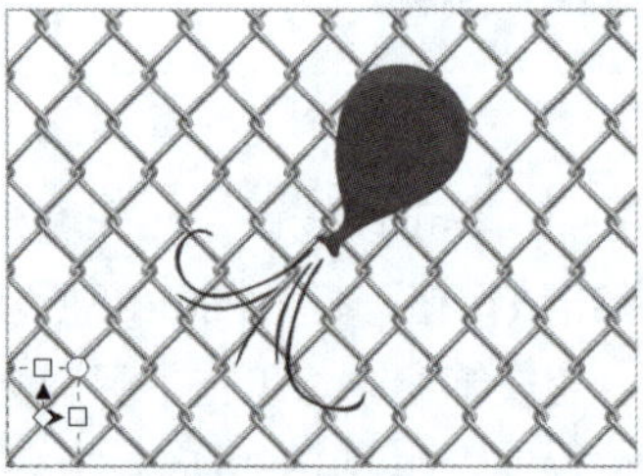

图6-43

• 水平镜像平铺 ▨：单击该按钮，在水平方向上镜像平铺图样，效果如图6-44所示。
• 垂直镜像平铺 ▤：单击该按钮，在垂直方向上镜像平铺图样，效果如图6-45所示。

图6-44

图6-45

知识链接

在文档窗口中拖动向量图样的控制框，可以影响它的填充效果，如图6-46、图6-47所示。

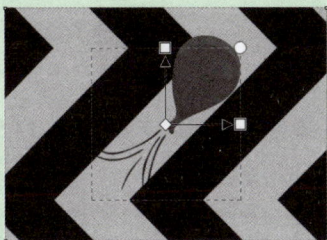 

图6-46　　　　　　　　　　　　　图6-47

2. 位图图样填充

位图图样填充可以将位图对象作为图样填充在矢量图形中。选中对象，在交互式填充工具的属性栏中单击"位图图样填充" 按钮，如图6-48所示，将为对象填充位图图样。

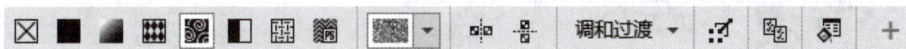

图6-48

单击属性栏中的"填充挑选器" 按钮，在弹出的填充挑选器中可以选择预设的其他位图，如图6-49所示。效果如图6-50所示。

若想添加新的填充位图，可以单击"编辑填充"按钮，打开"编辑填充"对话框，从中选择新的位图来源后，将其另存为新的自定义填充，如图6-51、图6-52所示。

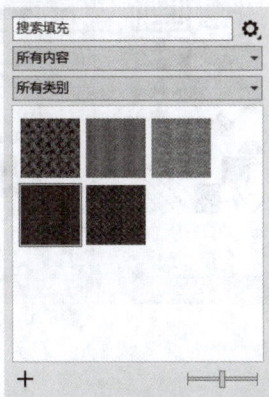 

图6-49　　　　　　　　　　　　　图6-50

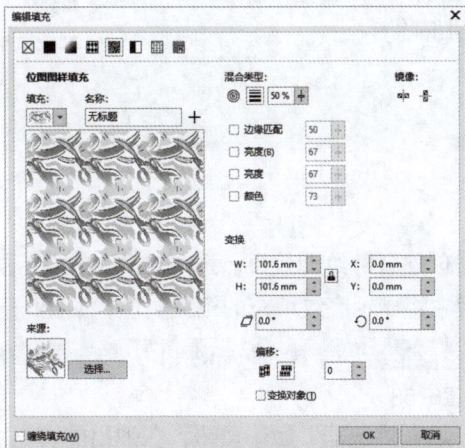 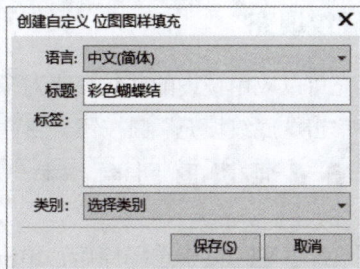

图6-51　　　　　　　　　　　　　图6-52

3. 双色图样填充

双色图样填充可以在预设下拉列表中选择一种黑白双色图样，然后分别设置前景颜色和背景颜色改变图样效果，如图6-53、图6-54所示。

图6-53

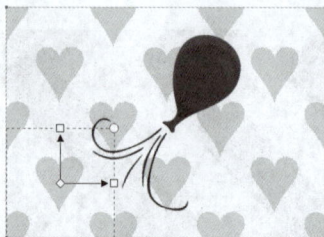

图6-54

选择双色图样填充时，单击属性栏中的"第一种填充色或图样" 按钮，在下拉列表中可以选择双色图样，如图6-55所示。单击其中的"更多"按钮，将打开"双色图案编辑器"对话框，在其中可以自行绘制双色图案，如图6-56所示。完成后单击"OK"按钮将填充自定义的双色图样。

图6-55

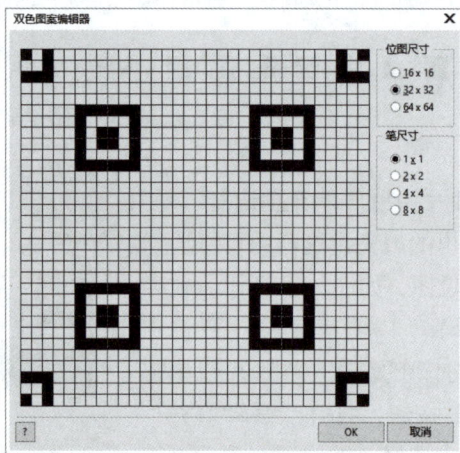

图6-56

🔗 **知识链接**

执行"对象>创建>图样填充"命令，打开"创建图案"对话框，如图6-57所示。从中选择类型后框选对象区域将创建指定类型的图样。

图6-57

6.2.4 底纹填充

底纹填充可以应用预设的底纹填充对象，创建各种纹理效果。选中对象，在交互式填充工具的属性栏中单击"底纹填充" 按钮，属性栏中将显示底纹填充的相关属性，如图6-58所示。

图6-58

在"底纹库" 中选择库后，单击"填充挑选器" 按钮，在弹出的填充挑选器中可以选择预设的其他底纹，如图6-59所示。效果如图6-60所示。

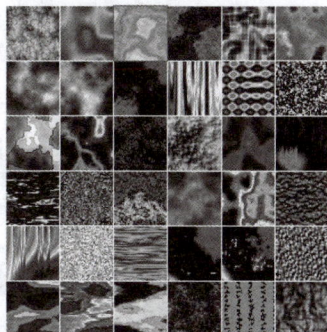

图6-59

图6-60

单击属性栏中的"重新生成底纹" □ 按钮，将在原底纹基础上生成不同的效果，如图6-61、图6-62所示。

图6-61

图6-62

6.2.5 PostScript填充

PostScript填充是一种由PostScript语言计算出来的花纹填充，这种填充纹路细腻、花样复杂，占用空间却不大，适用于较大面积的花纹设计。

选中对象，在交互式填充工具的属性栏中单击"PostScript填充" ▨ 按钮，属性栏中将显示PostScript填充的相关属性，如图6-63所示。

图6-63

选择PostScript填充底纹对选中对象进行填充，图6-64、图6-65所示为填充不同底纹的效果。

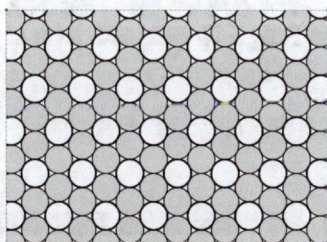

图6-64

图6-65

6.2.6 课堂实操：墙砖贴纸效果 AIGC

实操6-2 墙砖贴纸效果

微课视频

📁 实例资源 ▶ \第6章\墙砖贴纸效果\墙砖.cdr

本案例将制作墙砖贴纸效果。涉及的知识点包括图形的绘制、底纹的填充等。具体操作方法如下。

Step 01 启动CorelDRAW，执行"文件>新建"命令，新建A4文档，并使用矩形工具绘制A4大小的矩形，如图6-66所示。

Step 02 选择交互式填充工具，在属性栏中单击"双色图样填充"▤按钮，效果如图6-67所示。

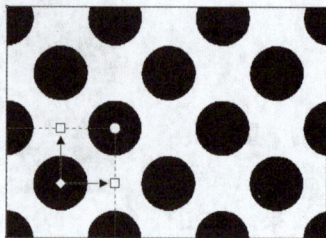

图6-66   图6-67

Step 03 单击"第一种填充色或图样"下拉按钮，选择图样，如图6-68、图6-69所示。

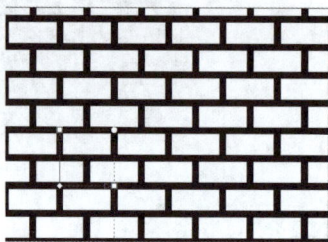

图6-68   图6-69

Step 04 在属性栏的"背景颜色"下拉列表中设置背景颜色，如图6-70所示。

Step 05 在属性栏的"前景颜色"下拉列表中设置前景颜色为白色，效果如图6-71所示。

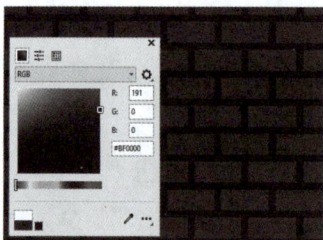

图6-70   图6-71

Step 06 调整控制框以调整图样的大小和位置，如图6-72所示。效果如图6-73所示。至此，墙砖贴纸效果的制作完成。

图6-72   图6-73

Step 07 通过AIGC工具（如即梦AI），可以增加墙砖贴纸效果的粗糙感和真实感，参考效果如图6-74所示。

图6-74

6.3 填充对象轮廓

图形的轮廓与填充具有相似的地位，都影响着图形的显示效果。CorelDRAW默认使用0.2mm的黑色线条为轮廓，用户可以对轮廓效果进行调整，以获得满意的图形。下面将对此进行介绍。

6.3.1 轮廓笔

轮廓笔工具主要用于设置轮廓属性，如线条宽度、角形状和箭头类型等。单击轮廓笔工具组中的轮廓笔工具或按F12键，将打开"轮廓笔"对话框，如图6-75所示，在其中可以设置轮廓的属性。

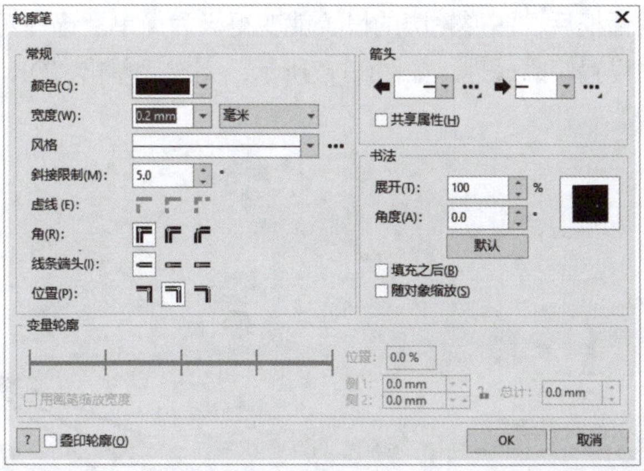

图6-75

"轮廓笔"对话框中部分常用选项的作用介绍如下。

* 颜色：默认情况下，轮廓颜色为黑色。单击该下拉按钮，在弹出的颜色面板中可以选择轮廓的颜色。

* 宽度：用于设置轮廓的默认宽度及单位。

* 风格：用于设置线条的样式，包括实线、虚线、点线等。单击该选项右侧的"设置" ••• 按钮，将打开"编辑线条样式"对话框，在其中可以创建或编辑自定义线条样式，如图6-76所示。

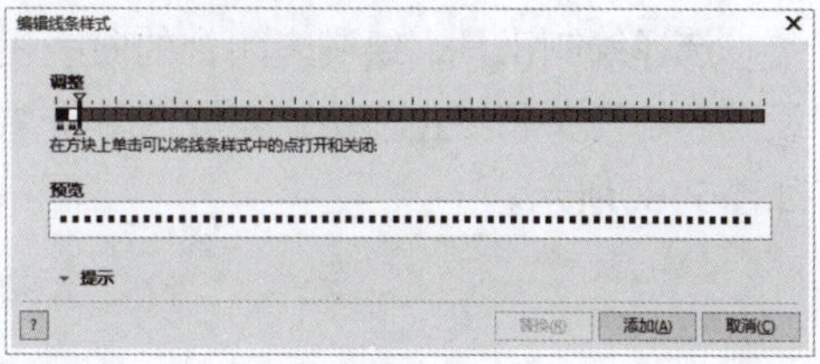

图6-76

* 斜接限制：用于设置以锐角相交的两条线从点化（斜接）结合点向方格化（斜切）结合点切换的值。

* 虚线：用于设置虚线在线条终点及边角处的样式，包括"默认虚线""对齐虚线""固定虚线"3种选项。

- 角：用于设置图形对象轮廓拐角处的样式，有"斜接角""圆角""斜切角"3种选项。
- 线条端头：用于设置图形对象轮廓端头处的样式，有"方形端头""圆形端头""延伸方形端头"3种选项。
- 位置：用于设置轮廓路径的相对位置，有"外部轮廓""居中的轮廓""内部轮廓"3种选项。
- 箭头：单击其下拉按钮，在弹出的下拉列表中可以设置线条起始端和终止端的箭头样式。
- 书法：在"展开"和"角度"数值框中可设置轮廓笔尖的宽度和倾斜角度。
- 填充之后：勾选该复选框后，轮廓在当前对象的填充后面显示。
- 随对象缩放：勾选该复选框后，轮廓厚度会随着对象大小的改变而改变。
- 变量轮廓：当选中对象为可变轮廓时该选项才会激活。用户可以从中设置节点的位置、行两侧的轮廓宽度等。

知识链接

双击状态栏中的轮廓笔工具同样可以打开"轮廓笔"对话框进行设置。要注意的是，在未选择对象的情况下，"轮廓笔"对话框中将设置默认的轮廓属性；若选择了对象，"轮廓笔"对话框中将设置当前对象的轮廓属性。

6.3.2 设置轮廓颜色和样式

学习"轮廓笔"对话框后，图形轮廓的设置就变得极为简单。选择对象，按F12键打开"轮廓笔"对话框，在其中设置轮廓属性，如图6-77所示，完成后单击"OK"按钮。图6-78所示为调整前后的对比效果。

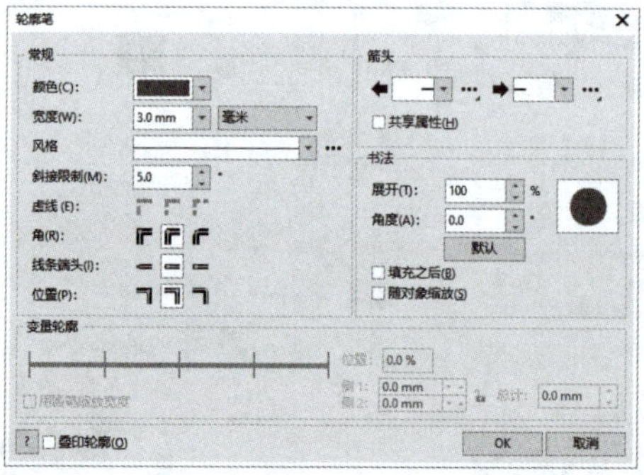

图6-77    图6-78

轮廓不仅针对图形对象而存在，同时也针对绘制的曲线线条。在绘制有指向性的曲线线条时，有时需要对其添加合适的箭头样式。

选择绘制工具，绘制未闭合的曲线线段，如图6-79所示。按F12键打开"轮廓笔"对话框，设置起始箭头和终止箭头，完成后单击"OK"按钮，此时曲线线条变为了带有箭头样式的线条，如图6-80所示。

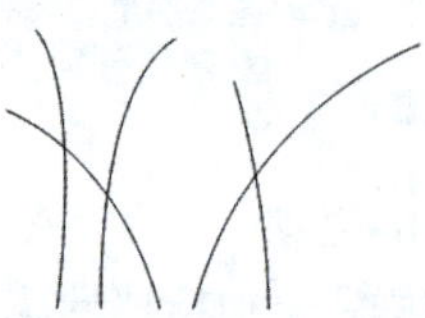

图6-79 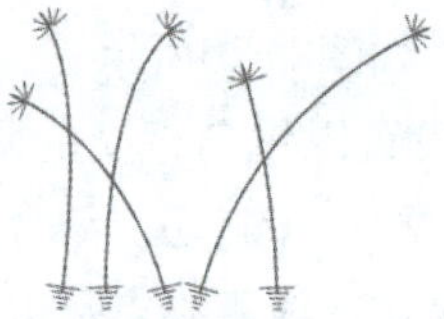   图6-80

除了通过"轮廓笔"对话框设置轮廓色外，CorelDRAW还提供了专门的轮廓颜色工具。在轮廓笔工具组中选择轮廓颜色工具，或按Shift+F12组合键打开"选择颜色"对话框，如图6-81所示，在其中可设置轮廓色，如图6-82所示。

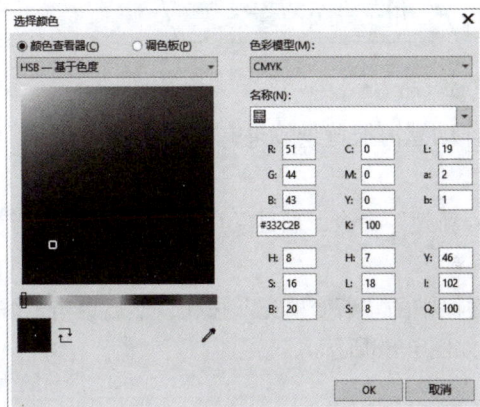

图6-81 图6-82

6.3.3 变量轮廓工具

变量轮廓工具可将可变宽度的轮廓应用于对象。选择轮廓或线条，单击变量轮廓工具，在轮廓或线条上将出现一条红色虚线，如图6-83所示。移动鼠标指针至红色虚线上，按住鼠标左键拖动可调整轮廓或线条宽度，如图6-84所示。

图6-83 图6-84

选中调整轮廓宽度后的对象，按F12键打开"轮廓笔"对话框，调整"变量轮廓"参数，将改变变量效果，如图6-85、图6-86所示。

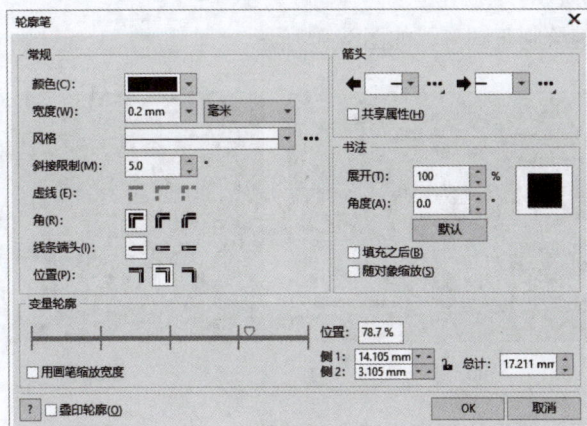

图6-85

图6-86

微课视频

实操6-3 动感海报背景效果

实例资源 ▶ \第6章\动感海报背景效果\渐变.cdr

本案例将综合应用本章所学知识制作动感海报背景效果，以达到举一反三、学以致用的目的。下面将对具体操作思路进行介绍。

Step 01 启动CorelDRAW，执行"文件>新建"命令，新建A4文档，并双击矩形工具绘制A4大小的矩形，如图6-87所示。

Step 02 选择交互式填充工具，单击属性栏中的"渐变填充"按钮，然后单击"编辑填充" 按钮打开"编辑填充"对话框，设置参数，如图6-88所示。

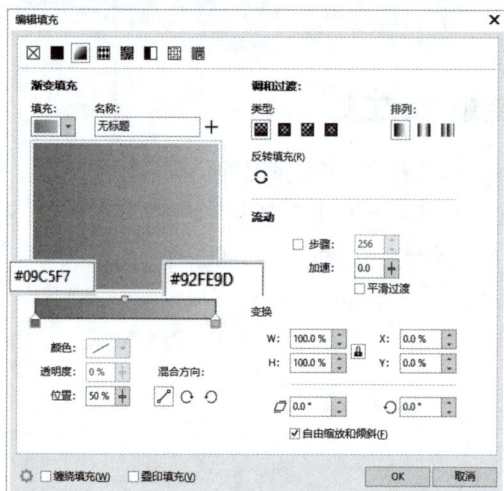

图6-87   图6-88

Step 03 单击"OK"按钮，在"属性"泊坞窗中设置轮廓宽度为无，效果如图6-89所示。

Step 04 创建居中辅助线，如图6-90所示。

Step 05 选择椭圆形工具，按住Ctrl键绘制正圆形，如图6-91所示。

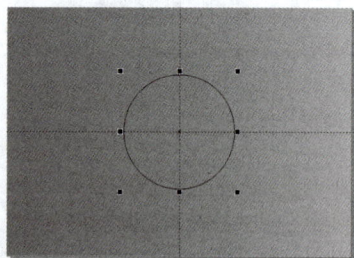

图6-89   图6-90   图6-91

Step 06 在工具箱中选择属性滴管工具，吸取矩形渐变填充正圆形，如图6-92所示。

Step 07 选中正圆形，在属性栏中设置旋转角度为90°，如图6-93所示。

Step 08 选择椭圆形工具，绘制两个正圆形，重叠形成同心圆，如图6-94所示。

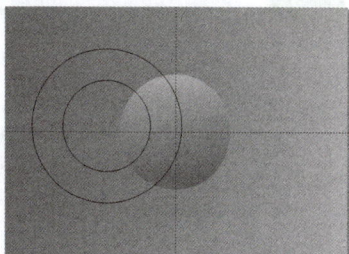

图6-92   图6-93   图6-94

Step 09 选中两个同心圆，在属性栏中单击"合并" 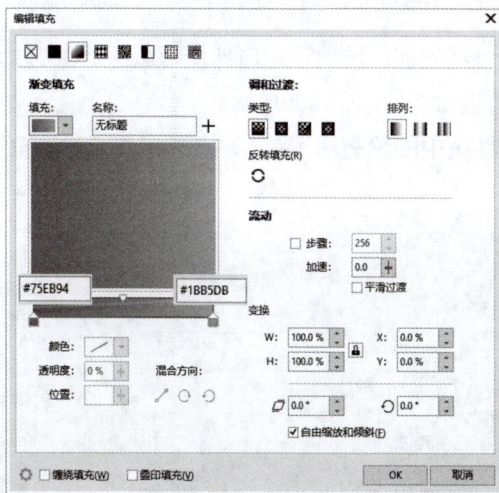按钮，形成圆环，如图6-95所示。

Step 09 选中两个同心圆，在属性栏中单击"合并" 按钮，形成圆环，如图6-95所示。

Step 10 在属性栏中设置轮廓宽度为无，如图6-96所示。

图6-95   图6-96

Step 11 选择交互式填充工具，单击属性栏中的"渐变填充"按钮，然后单击"编辑填充" 按钮打开"编辑填充"对话框，设置参数，如图6-97所示。

Step 12 单击"OK"按钮，效果如图6-98所示。

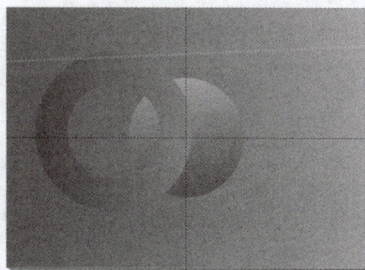

图6-97   图6-98

Step 13 旋转180°并复制圆环，分别放至左下角和右上角，如图6-99所示。

Step 14 选中左下角圆环，在工具箱中选择透明度工具，在属性栏中单击"渐变透明度"按钮，在"合并模式"下拉列表中选择"颜色加深"选项，调整控制框，效果如图6-100所示。

Step 15 选中右上角圆环，使用同样的方法调整，模式不需要改变，默认为"常规"，效果如图6-101所示。

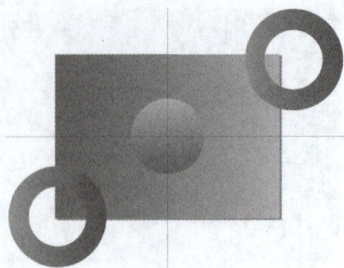

图6-99
图6-100
图6-101

Step 16 选择椭圆形工具，绘制正圆形，按Ctrl+C组合键复制，按Ctrl+V组合键粘贴，连续两次，如图6-102所示。

Step 17 在"对象"泊坞窗中选择最上面的"椭圆形"图层，在属性栏中单击"弧形" ⌒ 按钮和"更改方向" ⟳ 按钮创建弧形，如图6-103所示。

Step 18 在"对象"泊坞窗中选择中间的"椭圆形"图层，在属性栏中单击"弧形" ⌒ 按钮，设置旋转角度为120°后单击"更改方向" ⟳ 按钮，如图6-104所示。

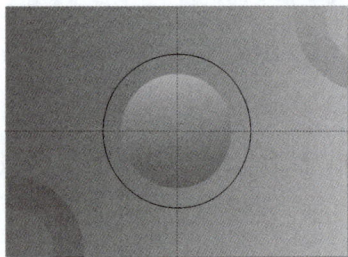
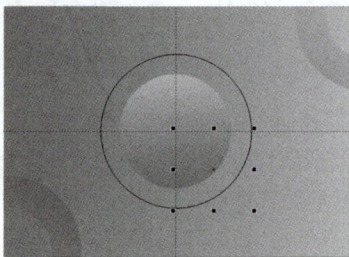
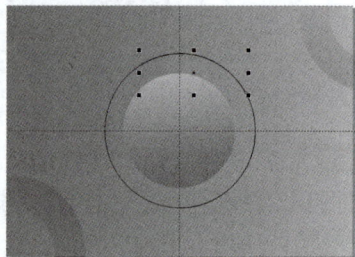

图6-102
图6-103
图6-104

Step 19 在"对象"泊坞窗中选择最下面的"椭圆形"图层，在属性栏中单击"弧形" ⌒ 按钮，设置旋转角度为240°后单击"更改方向" ⟳ 按钮，如图6-105所示。

Step 20 按住Shift键选中3条圆弧，双击工具箱中的轮廓笔工具 ✎ ，在弹出的"轮廓笔"对话框中设置参数，如图6-106所示。

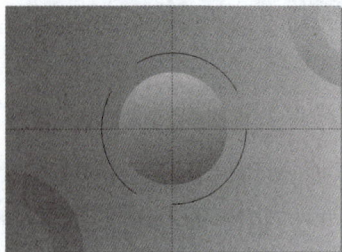
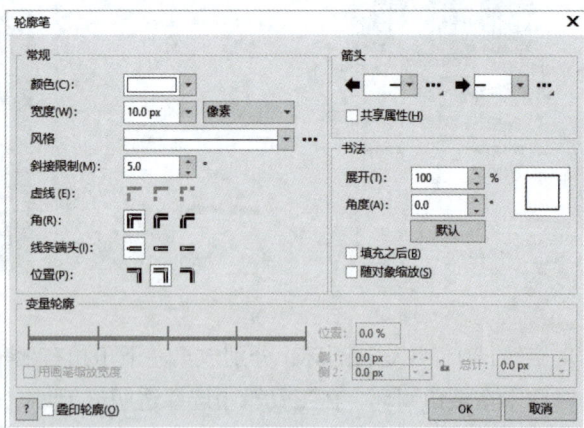

图6-105
图6-106

Step 21 单击"OK"按钮，按Ctrl+G组合键组合对象，效果如图6-107所示。

Step 22 按住Shift键并拖动鼠标等比例缩小，如图6-108所示。

Step 23 按Ctrl+C组合键复制，按Ctrl+V组合键粘贴，按住Shift键并拖动鼠标等比例放大，如图6-109所示。

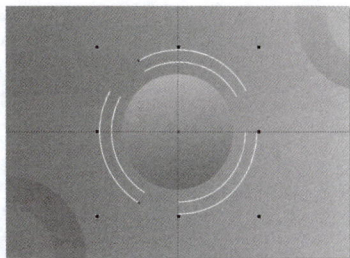

图6-107　　　　　　　　　　图6-108　　　　　　　　　　图6-109

Step 24 删除辅助线，选中两个圆弧组，在属性栏中设置"旋转角度"为180°并更改轮廓宽度为5px，如图6-110所示。

Step 25 绘制3个轮廓宽度为10px、轮廓颜色为白色的正圆形；绘制2个填充颜色为白色的正圆形，如图6-111所示。

Step 26 选中中间的渐变正圆形，选择透明度工具，在属性栏中设置参数，如图6-112所示。至此，动感海报背景效果的制作完成。

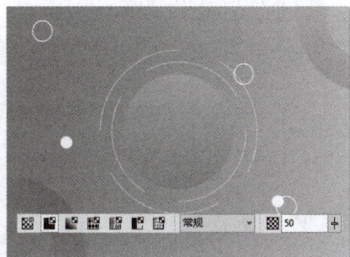

图6-110　　　　　　　　　　图6-111　　　　　　　　　　图6-112

Step 27 通过AIGC工具（如即梦AI），提供更多的颜色方案，如图6-113所示。

图6-113

6.5 拓展练习

实操6-4 制作弥散背景

实例资源 ▶ \第6章\制作弥散背景\弥散.cdr

下面将练习使用网状填充工具制作弥散背景，效果如图6-114所示。

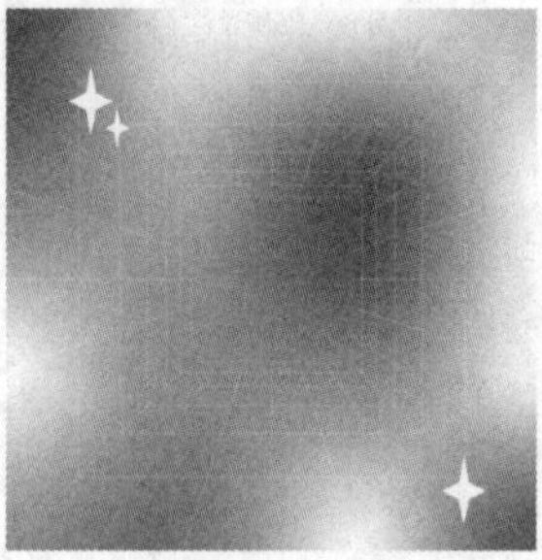

图6-114

技术要点：

• 网状填充工具的应用；

• 调色板的应用。

分步演示：

①使用矩形工具绘制矩形，使用网状填充工具进行填充；

②为矩形添加杂色；

③绘制图形，并调整透视；

④绘制星形装饰。

分步演示效果如图6-115所示。

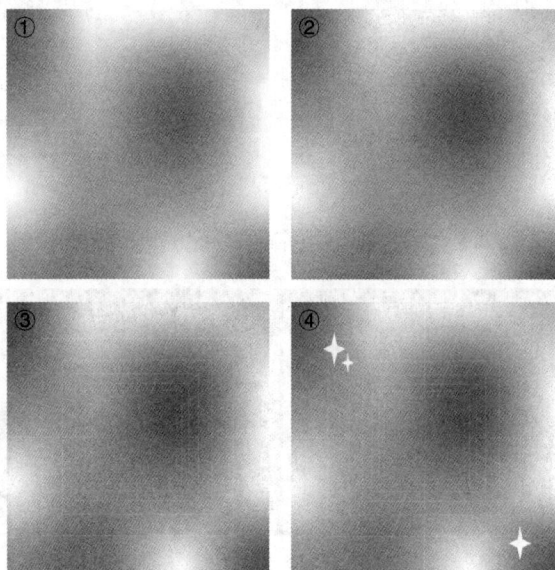

图6-115

第 7 章
文本与表格的应用

内容导读

本章将对文本与表格的应用进行讲解，包括文本文字的输入、文本格式的编辑、表格的创建与编辑等。了解并掌握这些知识，可以帮助设计师更好地传递设计作品的思想与理念，实现设计与实用的深度共鸣。

学习目标

- 掌握美术字和段落文本的创建方法
- 掌握文本格式的编辑操作
- 掌握表格的创建与编辑操作

素养目标

- 培养设计师对文本的运用能力，使其能够准确应用不同类型和格式的文本，制作出主题鲜明的平面作品。
- 通过对文本工具和表格工具的讲解，提升设计师对平面结构的理解，使其能够创作出更具特色的平面作品。

案例展示

读书日插图

Q 版图形设计

小清新明信片

文字是视觉设计中极为重要的元素，可以起到传递信息、传播思想的作用。本节将对文本文字的输入进行介绍。

7.1.1 输入文本

文本工具**字**是创建文本的主要工具，通过它可以创建和编辑美术字和段落文本。其中美术字适合添加单个字或较短的文本行，段落文本适合用来创建格式要求较多的大篇幅文本。单击工具箱中的文本工具，在属性栏中可以设置其属性参数，如图7-1所示。

图7-1

其中部分常用选项的作用介绍如下。

● 水平镜像 和垂直镜像 ：单击这两个按钮，可将文字进行水平或垂直方向上的镜像翻转。

● 字体列表：单击该下拉按钮，可选择系统自带的文字字体。

● 字体大小：单击该下拉按钮，可选择CorelDRAW软件提供的默认字号，也可以直接在数值框中输入相应的数值以调整文字的大小。

● 字体效果：从左至右依次为"粗体" B 按钮、"斜体" I 按钮和"下划线" U 按钮，单击按钮可应用对应的样式，再次单击则取消应用该样式。

● 文本对齐 ：用于设置水平对齐文本的方式，包括"左""中""右""两端对齐"等选项，选择选项即可调整文本对齐的方式。

● 项目符号列表 ：选择段落文本后才能激活该按钮。单击该按钮将为当前所选文本添加项目符号，再次单击可取消应用。

● 首字下沉 ：与"项目符号列表"按钮相同，只有在选择段落文本的情况下才能激活该按钮。单击该按钮将显示首字下沉的效果，再次单击可取消应用。

● 编辑文本 ：单击该按钮将打开"编辑文本"对话框，在其中不仅可以输入文字，还可以设置文字的字体、大小、效果等属性。

● 文本 ：单击该按钮将打开"文本"泊坞窗，在其中可设置文字的字体、大小、填充类型等属性。

● 文本方向按钮组 ：单击"将文本更改为水平方向"按钮，可将当前文字或输入的文字调整为横向文本；单击"将文本更改为垂直方向"按钮，可将当前文字或输入的文字调整为纵向文本。

设置文本属性后，在页面中单击，此时可看到文本插入点显示在单击处，如图7-2所示。输入文字即可创建美术字，如图7-3所示。

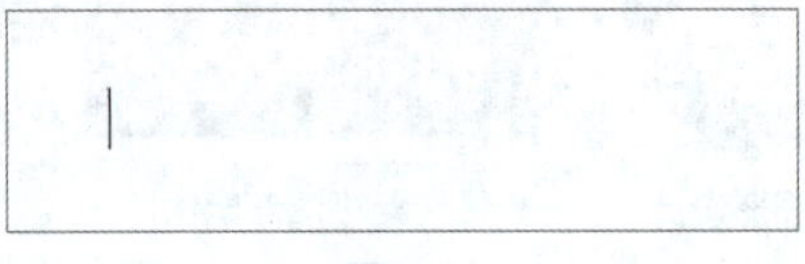

图7-2

CorelDRAW

图7-3

🔗 **知识链接**

美术字可以应用多种效果，如阴影、轮廓等。在输入美术字时，用户可以通过按Enter键换行。

7.1.2 输入段落文本

段落文本又称"块文本"，是将文本置于一个段落框内，以便同时对这些文本的位置进行调整，适合在文字较多的情况下对文本进行编辑。

选中文本工具，在页面中按住鼠标左键并拖动绘制一个文本框，此时文本插入点默认显示在文本框开始的位置，如图7-4所示。在属性栏中设置文本的属性参数后输入文字，如图7-5所示。

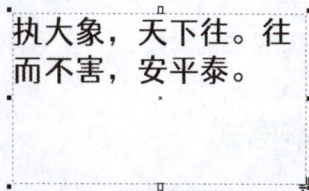

执大象，天下往。往而不害，安平泰。

图7-4　　　　　　　　　　　图7-5

知识链接

美术字和段落文本可以相互转换，选中文本对象后执行"文本>转换为美术字"命令或"文本>转换为段落文本"命令即可。也可以按Ctrl+F8组合键快速操作。

7.1.3 课堂实操：读书日插图

实操7-1 读书日插图

微课视频

📦 **实例资源** ▶ \第7章\读书日插图\背景.jpg、制作配图文字.cdr

本案例将制作读书日插图。涉及的知识点包括素材的导入、文本工具的应用等。具体操作方法介绍如下。

Step 01 启动CorelDRAW软件，执行"文件>新建"命令，打开"创建新文档"对话框设置参数，如图7-6所示。完成后单击"OK"按钮新建文档。

Step 02 执行"文件>导入"命令导入本章素材文件，调整至合适的尺寸和位置，如图7-7所示。执行"对象>锁定>锁定"命令将其锁定。

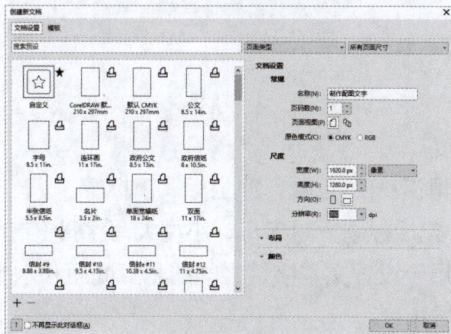 

图7-6　　　　　　　　　　　图7-7

Step 03 选中文本工具，在页面中单击输入文字，在属性栏设置字体、字号等参数，效果如图7-8所示。

Step 04 按Enter键换行，继续输入文字，如图7-9所示。

图7-8   图7-9

至此，完成读书日插图的设计。

<h1>7.2 编辑文本格式</h1>

创建文本后，用户可以通过"属性""文本"等泊坞窗系统地设置选中文本的字体、字号、对齐方式等，以获得满足某些视觉效果的文本。下面将对此进行介绍。

<h3>7.2.1 设置字符样式</h3>

选中文本，执行"窗口>泊坞窗>属性"命令，打开"属性"泊坞窗，选择"字符" A 选项卡，如图7-10所示。在其中可以设置字符的字体、字号、填充、背景等样式。"文本"泊坞窗中的字符属性参数与其一致，如图7-11所示。用户任选一个泊坞窗进行设置即可。

其中部分常用选项的作用如下。

• 字距调整范围Ａｖ：用于调整选定文本范围内单个字符之间的距离。

• 下划线U.：用于为文本添加下划线，在该下拉列表中可选择下划线的样式。

• 填充类型Ａ：用于设置文本的填充类型。

• 背景填充类型▥：用于设置字符背景的填充类型。

图7-10   图7-11

• 轮廓宽度Ａ：用于设置字符的轮廓宽度。

• 位置Ｘ²：用于更改选定字符相对于周围字符的位置，如上标、下标等。

• 大写字母ａｂ：用于更改字母为大写，包括标题大写字母、小型大写字母（自动）等选项。

• 字符垂直偏移Ｙ'和字符水平偏移Ｘ'：用于设置文本字符之间的垂直间距和水平间距。

• 字符角度ｄｂ：用于设置文本字符的旋转角度。

• 字符删除线ａｂ：用于为文本字符添加删除线，用户可以在该下拉列表中选择删除线的样式。

• 字符上划线ＡＢ：用于为文本字符添加上划线，用户可以在该下拉列表中选择上划线的样式。

选中文本，在"属性"泊坞窗中设置填充类型及其颜色、背景填充类型及其颜色，调整前后的对比效果如图7-12、图7-13所示。

寒来暑往，秋收冬藏　　寒来暑往，秋收冬藏

图7-12　　　　　　　　　　　　图7-13

7.2.2 设置段落样式

在"属性"泊坞窗或"文本"泊坞窗中选择"段落" ▤ 选项卡，可对选中文本的段落属性进行设置，如图7-14、图7-15所示。

其中部分常用选项的作用如下。

- 行间距 ▤：用于调整文本行之间的距离，适用于美术字和段落文本。在其右侧的"垂直间距单位"下拉列表中，可以设置文本间距的度量单位。

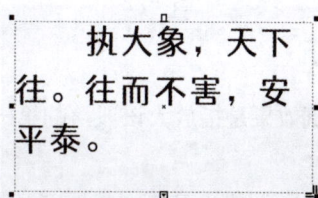
图7-14　　　　　　　　　图7-15

- 左行缩进 ▤：用于设置除首行外的段落文本相对于文本框左侧的缩进距离。
- 首行缩进 ▤：用于设置段落文本的首行相对于文本框左侧的缩进距离。
- 右行缩进 ▤：用于设置段落文本相对于文本框右侧的缩进距离。
- 段前间距 ▤ 和段后间距 ▤：用于设置段落上方和下方插入的间距值。
- 字符间距 ab：用于调整字符之间的距离，数值越大距离越大，适用于美术字和段落文本。
- 语言间距 ▥：用于调整文档中多语言文本之间的距离，适用于美术字和段落文本。
- 文字间距 ▨：用于设置英文单词之间的距离，适用于美术字和段落文本。

选中段落文本，在"文本"泊坞窗中设置行间距、首行缩进和字符间距，调整前后的对比效果如图7-16、图7-17所示。

执大象，天下往。往而不害，安平泰。　　执大象，天下往。往而不害，安平泰。

图7-16　　　　　　　　　图7-17

7.2.3 使文本适合路径

CorelDRAW支持将文本沿特定的路径进行排列，以获得独特的文本排版效果。

在页面中绘制路径，选中文本工具，在路径上单击并输入文本，此时文本沿路径排列，如图7-18所示。在编辑过程中，若遇到路径的长度和输入的文本长度不能完全匹配的情况，可对路径及文本进行编辑，让沿路径排列的文字也随之发生变化，如图7-19所示。

知识链接

选中选择工具，移动鼠标指针至文本第一个文字左下角的控制点上，按住鼠标左键拖动可更改文本起始位置。选中文本拖动可更改文本与路径之间的距离。用户也可以通过属性栏中的选项进行设置。

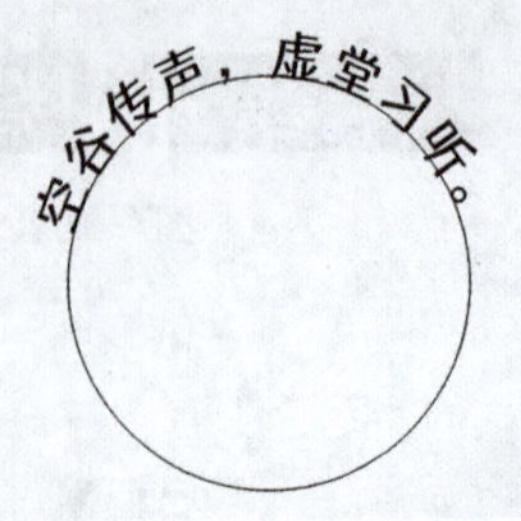

图7-18 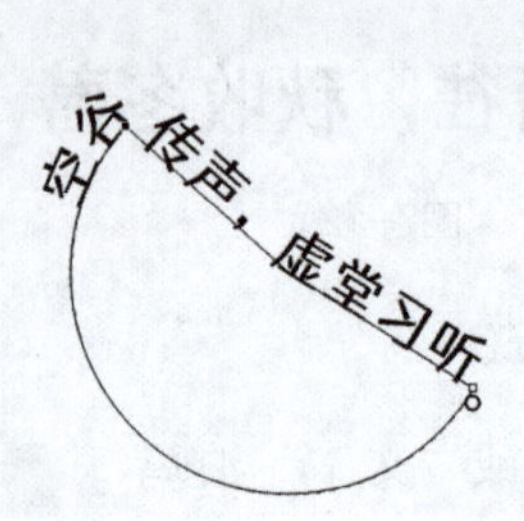 图7-19

用户可以使现有的文本适合路径。需要注意的是，文本框中的段落文本只能适合开放路径。选中文本对象，如图7-20所示。执行"文本>使文本适合路径"命令，此时鼠标指针变为形状，在路径上单击鼠标左键，如图7-21所示。

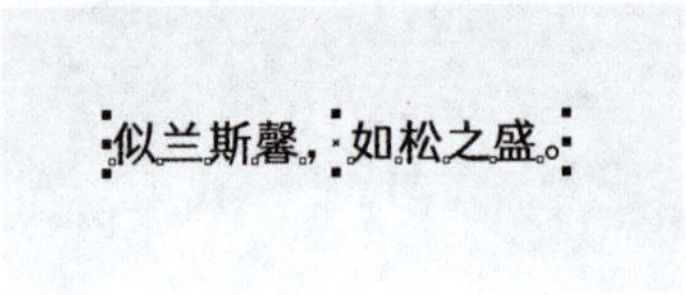

图7-20 图7-21

用户可以将文本与路径分离，这样文本将保留它所适合的路径的形状，以便单独修改文本和路径属性。CorelDRAW将适合路径的文本看作一个对象，选中对象后，执行"对象>拆分在路径上的文本"命令或按Ctrl+K组合键即可拆分文本与路径，如图7-22所示。

若想将文本还原为其原始外观，可以执行"文本>校正文本"命令，效果如图7-23所示。

图7-22 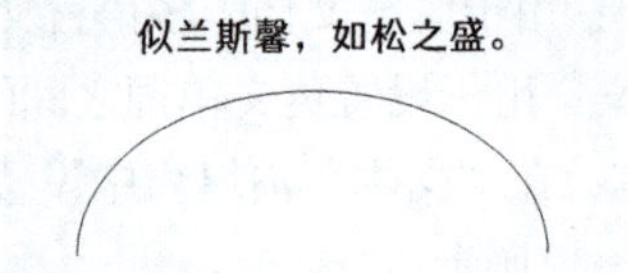 图7-23

7.2.4 首字下沉

文字的首字下沉效果是指放大该段落的第一个文字，使其占用较多的空间，起到突出显示的作用。

选中需要首字下沉的段落文本，执行"文本>首字下沉"命令，打开"首字下沉"对话框，如图7-24所示。在其中设置首字下沉的外观参数后单击"OK"按钮即可，效果如图7-25所示。

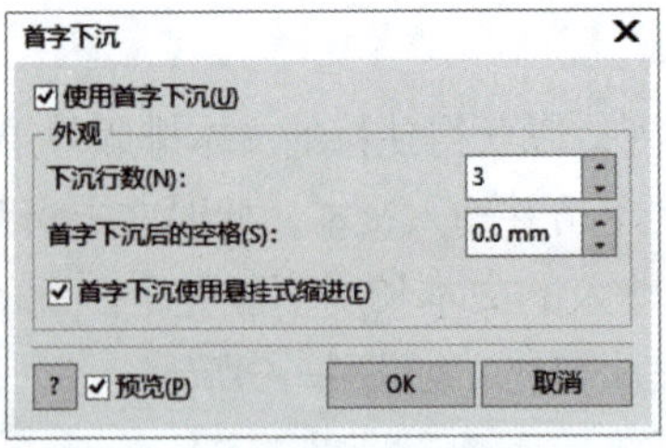

图7-24 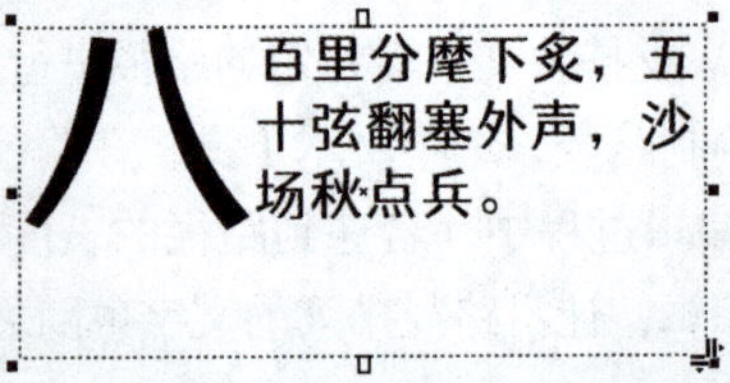 图7-25

知识链接

单击属性栏中的"首字下沉"按钮将按照默认的设置实现首字下沉效果。

7.2.5　制作多栏文字

对于段落文本，可以在文本框中添加栏，使其在文本框中多栏分布。多栏分布适合文本密集的对象，例如杂志和报纸。

选中段落文本框，在"属性"泊坞窗中选择"图文框"□选项卡，如图7-26所示。设置"栏数"▤为2，效果如图7-27所示。

图7-26　　　　　　　　　　　　图7-27

其中部分常用选项的作用如下。

- 栏数▤：用于设置要添加到文本框中的栏的数量。
- 与基线网格对齐 A：单击该按钮，可以将文本框内的文本与文档的基线网格对齐。
- 栏宽相等▤：调整文本框中栏的宽度以使栏宽相等。
- 垂直对齐▤：选择垂直对齐文本的方式，包括顶端垂直对齐、居中垂直对齐、底部垂直对齐等。
- 栏···：单击该按钮，将打开"栏设置"对话框，如图7-28所示。在其中可以设置栏数、栏宽度、栏间宽度等参数。

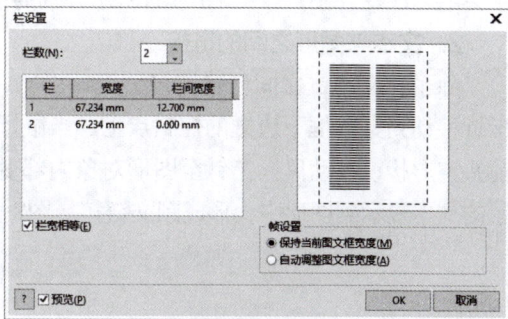

图7-28

选中设置了分栏的段落文本，然后选择文本工具，将显示分栏效果；移动鼠标指针至栏边，按住鼠标左键拖动可调整栏宽和栏间宽度，如图7-29、图7-30所示。

图7-29　　　　　　　　　　　　图7-30

7.2.6　将文本转换为曲线

将文本转换为曲线可以改变文字的形态，制作特殊的文字效果；也可以防止转存时因缺少字体而造成的字体改变或乱码的问题。

选中要转换为曲线的文本，执行"对象>转换为曲线"命令，也可以在文本上单击鼠标右键，在弹出的快捷菜单中执行"转换为曲线"命令，将文本转换为曲线。

使用形状工具 选中转换为曲线的文本对象，此时在文字上出现多个节点，单击并拖动节点或对节点进行添加和删除操作可调整文字的形状。图7-31、图7-32所示分别为输入的文本和转换为曲线后进行了调整的文本。

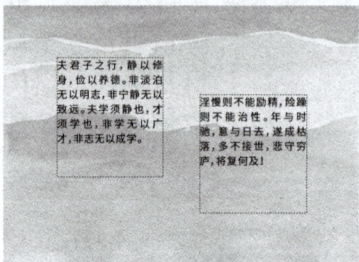
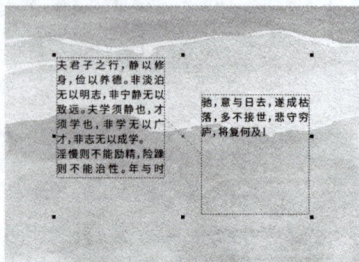

图7-31　　　　　　　　　　图7-32

7.2.7　链接文本

链接文本可以将两个文本框链接起来，其中的内容处于相通状态。下面将对此进行介绍。

1. 段落文本之间的链接

通过"链接"命令可以实现文本之间的链接。选中两个文本框，执行"文本>段落文本框>链接"命令，链接两个文本框。链接文本之后，调整两个文本框的大小，两个文本框内文字的显

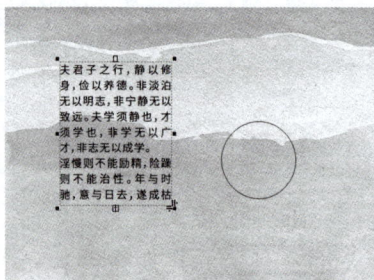
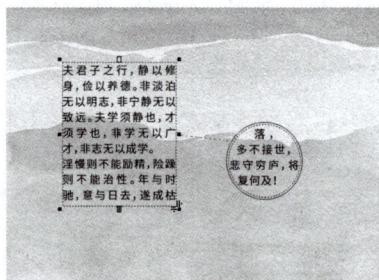

图7-33　　　　　　　　　　图7-34

示会随之改变。图7-33、图7-34所示分别为链接文本框前后的效果。

2. 文本与图形之间的链接

除了在文本框之间创建链接，CorelDRAW还支持在文本和图形对象之间建立链接。将鼠标指针移动到文本框下边框的控制点上，当鼠标指针变为双箭头形状时单击，此时鼠标指针变为斜箭头 形状；移动鼠标指针至图形对象内部变为黑色箭头 形状时再次单击，可将文本框中未显示的文本显示到图形中，形成图文链接。图7-35、图7-36所示分别为创建图文链接前后的效果。

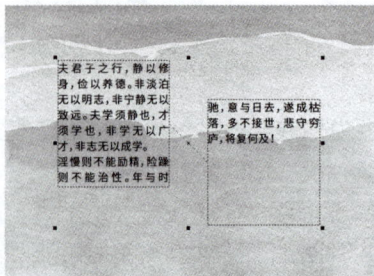
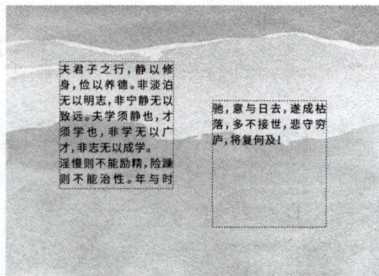

图7-35　　　　　　　　　　图7-36

3. 断开链接

选中创建了链接的文本框，执行"文本>段落文本框>断开链接"命令，断开文本框之间的链接。断开链接后，文本框中的内容不会发生变化，但不再相通。图7-37、图7-38所示分别为断开链接文本框前后的效果。

图7-37　　　　　　　　　　图7-38

实操7-2 / Q版图形设计

微课视频

📦 **实例资源 ▶** \第7章\Q版图形设计\图形设计.cdr

本案例将设计一款Q版图形，涉及的知识点包括文本的输入与设置、将文本转换为曲线等。具体操作方法如下。

Step 01 启动CorelDRAW软件，执行"文件>新建"命令，在弹出的"创建新文档"对话框中设置参数，如图7-39所示。完成后单击"OK"按钮新建文档。

Step 02 使用文本工具在页面中单击并输入文字，在属性栏中设置字体、字号等参数，效果如图7-40所示。

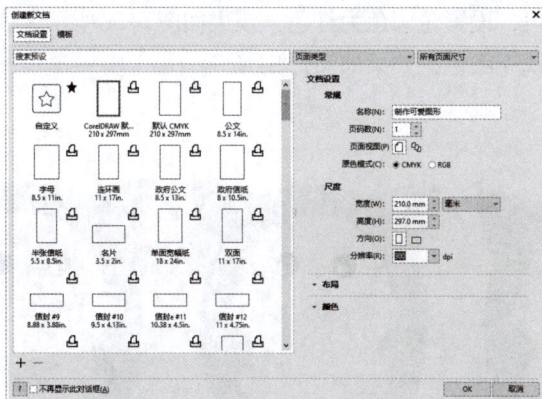

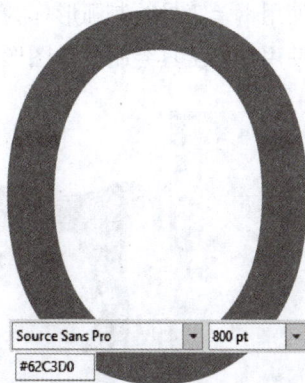

图7-39   图7-40

Step 03 选中输入的文字，单击鼠标右键，在弹出的快捷菜单中执行"转换为曲线"命令，效果如图7-41所示。

Step 04 使用形状工具选中所有节点，单击属性栏中的"添加节点" 按钮，效果如图7-42所示。

Step 05 使用形状工具选中部分节点拖动，效果如图7-43所示。

Step 06 使用椭圆形工具在合适的位置绘制圆形作为眼睛，设置填充色为黑色，如图7-44所示。

图7-41   图7-42   图7-43   图7-44

Step 07 使用相同的方法绘制眼睛高光，效果如图7-45所示。

Step 08 选中眼睛，按小键盘上的+键复制并移动至合适位置，效果如图7-46所示。

Step 09 使用椭圆形工具在合适的位置绘制圆形作为腮红，如图7-47所示。

图7-45　　　　　　　　　图7-46　　　　　　　　　图7-47

Step 10　选中腮红，执行"效果>模糊>高斯式模糊"命令，在"属性"泊坞窗"效果"选项卡中设置参数，如图7-48所示。效果如图7-49所示。

Step 11　选中腮红，按小键盘上的+键复制并移动至合适位置。

Step 12　使用钢笔工具绘制弧形作为嘴巴，设置轮廓色为红色，效果如图7-50所示。

Step 13　使用钢笔工具绘制其他图形并填充颜色，效果如图7-51所示。

图7-48　　　　　　　图7-49　　　　　　　图7-50　　　　　　　图7-51

至此，完成Q版图形的设计。

7.3　创建与编辑表格

表格提供了一种结构布局的方式，用户可以通过表格布局文本和图像。下面将对表格的创建与编辑操作进行介绍。

7.3.1　创建表格

创建表格的方式有多种，既可以绘制表格，也可以从现有文本创建表格。

1. 绘制表格

选择表格工具囲，属性栏中将显示表格的属性，如图7-52所示。

图7-52

其中部分常用选项的作用如下。

- 行数和列数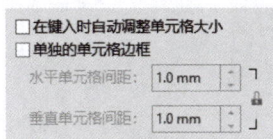：用于设置表格的行数和列数。
- 填充色：用于设置表格的填充色，默认为无。
- 轮廓色：用于设置表格轮廓的颜色。
- 边框选择田：用于调整显示在表格内部和外部的边框，包括"全部""内部""外部"等多种选项，如图7-53所示。
- 选项：设置是否在输入数据时自动调整单元格大小以及单元格间的间距，如图7-54所示。
- 文本换行：选择段落文本环绕对象的样式并设置偏移距离。

设置参数后，在页面中按住鼠标左键拖动即可绘制表格，如图7-55所示。

| 图7-53 | 图7-54 | 图7-55 |

2. 从现有文本创建表格

CorelDRAW支持从现有文本创建表格，选中文本对象，执行"表格>将文本转换为表格"命令，在弹出的"将文本转换为表格"对话框中设置参数，如图7-56所示。完成后单击"OK"按钮，如图7-57所示。

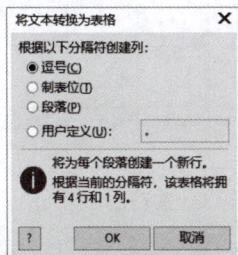

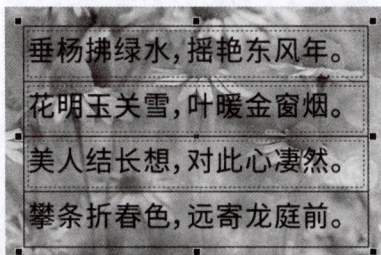

| 图7-56 | 图7-57 |

该对话框中各选项的作用介绍如下。

- 逗号：单击该单选按钮，将在逗号处创建一个列，在段落标记处创建一个行。
- 制表位：单击该单选按钮，将在制表位处创建一个列，在段落标记处创建一个行。
- 段落：单击该单选按钮，将在段落标记处创建一个列。
- 用户定义：单击该单选按钮，将在指定标记处创建一个列，在段落标记处创建一个行。

知识链接

除了将文本转换为表格外，CorelDRAW还支持将表格转换为文本。选中表格后执行"表格>将表格转换为文本"命令，打开"将表格转换为文本"对话框，设置参数后单击"OK"按钮即可完成转换。

7.3.2 编辑表格

创建表格后，可以根据绘图需要对表格进行添加行或列、拆分等操作，下面将对此进行介绍。

1. 选择表格

选择表格工具，在文档中按住鼠标左键并拖动绘制一张表格。移动鼠标指针至外轮廓顶部或左侧时，鼠标指针变为黑色箭头，单击将选择对应的行或列。移动鼠标指针至外轮廓左上角并单击将选择整个表格，如图7-58所示。用户也可以执行"表格>选择"命令，在其子菜单中执行命令选择对应的表格内容，如图7-59所示。

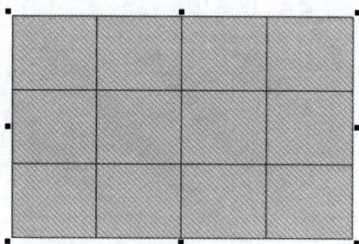

图7-58   图7-59

2. 插入和删除表格行和列

在表格中选择任意一个单元格，执行"表格>插入"命令，在其子菜单中执行命令即可插入表格行和列，如图7-60、图7-61所示。

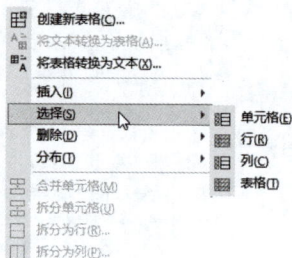

图7-60   图7-61

> **知识链接**
>
> 在"插入"子菜单中执行前4个命令时，插入的行数或列数取决于选择的行数或列数的数量，即若选择两行时执行"行上方"或"行下方"命令，将在表格中插入两行。

若想删除表格行或列，则选中行或列后执行"表格>删除"命令，在其子菜单中执行相应的命令即可。

3. 调整表格内部间距

在选择了表格工具的前提下，移动鼠标指针至分隔线处，按住鼠标左键拖动将调整分隔线的位置，如图7-62、图7-63所示。

选中表格中的行或列后，执行"表格>分布"命令，在其子菜单中执行"行均分"或"列均分"命令，将重新分布所有行或所有列，使其宽度一致。

用户也可以选择要调整的单元格、行或列，在属性栏的宽度和高度数值框中输入值，以精确地调整选中对象的尺寸。

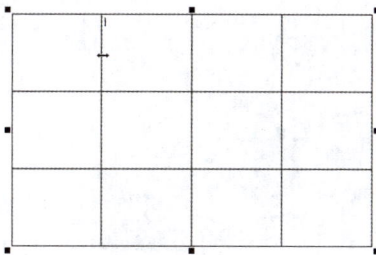

图7-62   图7-63

4. 合并或拆分表格单元格

拖动鼠标选中两个及两个以上单元格，执行"表格>合并单元格"命令或按Ctrl+M组合键合并单元格，也可以单击属性栏中的"合并单元格"按钮进行合并。

若想拆分单元格，选中合并后的单元格执行"表格>拆分为行"或"表格>拆分为列"命令即可。

7.4 实战演练：小清新明信片 AIGC

微课视频

实操7-3 / 小清新明信片

📦 **实例资源** ▸ \第7章\小清新明信片\配图.jpg、人.jpg、明信片.cdr

本案例将综合应用前面所学知识制作一张明信片，达到温故知新、举一反三的目的。下面将对具体操作进行介绍。

Step 01 启动CorelDRAW软件，执行"文件>新建"命令，在弹出的"创建新文档"对话框中设置参数，如图7-64所示。完成后单击"OK"按钮新建文档。

Step 02 双击矩形工具，绘制一个与文档等大的矩形，设置填充颜色为白色，轮廓色为无，如图7-65所示。

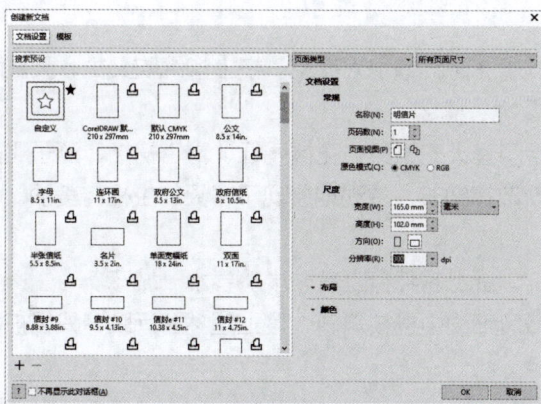

图7-64   图7-65

Step 03 绘制一个120mm×92mm的矩形，执行"对象>PowerClip>创建空PowerClip图文框"命令创建图文框，如图7-66所示。

Step 04 执行"文件>导入"命令导入本章素材文件，调整至合适大小后将其拖动至图文框中，设置图文框轮廓宽度为无，如图7-67所示。

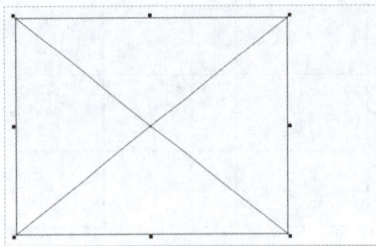

图7-66   图7-67

Step 05 选择文本工具，在页面中按住鼠标左键拖动绘制文本框，并输入内容，如图7-68所示。

Step 06 选中文本，在"文本"泊坞窗中设置参数，如图7-69所示。

Step 07 使用相同的方法继续输入文本并设置字号为78pt，效果如图7-70所示。

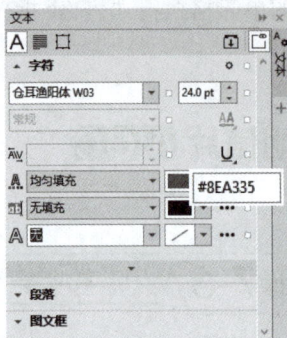

图7-68   图7-69   图7-70

Step 08 通过AIGC工具（如文心一言）提供一些描写春季景象的宋词，具体如下：

Q 苏轼描写春季景象的词有哪些？

A 苏轼描写春季景象的词众多，以下是一些经典的例子：

《蝶恋花·春景》

• 原文摘录：花褪残红青杏小。燕子飞时，绿水人家绕。枝上柳绵吹又少，天涯何处无芳草！

• 赏析：这首词以清新的笔触描绘了春天的景象，花褪残红、青杏初结、燕子飞舞、绿水环绕人家，以及枝头的柳絮被风吹散等细节，生动地展现了春天的生机与美丽。

《望江南·超然台作》

• 原文摘录：春未老，风细柳斜斜。试上超然台上看，半壕春水一城花。

• 赏析：词中描绘了春天未尽，微风细雨中柳枝斜斜，登上超然台远眺，只见护城河内春水半满，满城春花明艳的美丽景象。

《惠崇春江晓景二首》

• 原文摘录：竹外桃花三两枝，春江水暖鸭先知。蒌蒿满地芦芽短，正是河豚欲上时。

• 赏析：这首题画诗以简洁的笔触描绘了春天的江景，竹外桃花初放，鸭子在水中游戏，感知到春水的回暖，河滩上蒌蒿满地，芦笋抽芽，一片生机勃勃的景象。

《减字木兰花·莺初解语》

- 原文摘录：莺初解语，最是一年春好处。微雨如酥，草色遥看近却无。
- 赏析：词中黄莺开始啼鸣，细雨绵绵如酥油般滋润着草木，春草初长，远看一片嫩绿，近看却似乎消失了，生动地描绘了春天的生机与细腻。

《东栏梨花》

- 原文摘录：梨花淡白柳深青，柳絮飞时花满城。
- 赏析：词中如雪般的梨花颜色淡淡，柳树已长得郁郁葱葱，柳絮飘飞的时候梨花也已开满城，展现了春天梨花盛开的美丽景象。

这些词作都以细腻的笔触和生动的意象描绘了春天的景象，展现了苏轼对春天的热爱与赞美。同时，这些词作也体现了苏轼独特的艺术风格和深厚的文学造诣。

选择喜欢的词句，查找原文并应用在下文中。

Step 09 选择文本工具，在段落文本下方单击输入美术字，如图7-71所示。

Step 10 在"文本"泊坞窗中设置参数，如图7-72所示。效果如图7-73所示。

| 图7-71 | 图7-72 | 图7-73 |

Step 11 继续输入其他文本，如图7-74所示。

Step 12 执行"文件>导入"命令导入本章素材图像，调整至合适大小与位置，在"对象"泊坞窗中调整顺序，使其位于最下层矩形的上方，效果如图7-75所示。

Step 13 选中导入的素材，在"属性"泊坞窗中设置透明度，如图7-76所示。效果如图7-77所示。

至此，完成小清新明信片的制作。

图7-74

图7-75

图7-76

图7-77

7.5 拓展练习

实操 7-4 文字印章效果

实例资源 ▶ \第7章\文字印章效果\印章.cdr

下面将练习使用文本工具、椭圆形工具制作文字印章效果，如图7-78所示。

图7-78

技术要点：
- 文本工具的应用；
- 路径文字的制作。

分步演示：
①使用椭圆形工具绘制圆形；
②使用文本工具在圆形路径上单击输入文字；
③调整文字属性和位置；
④输入其他文字及图形。
分步演示效果如图7-79所示。

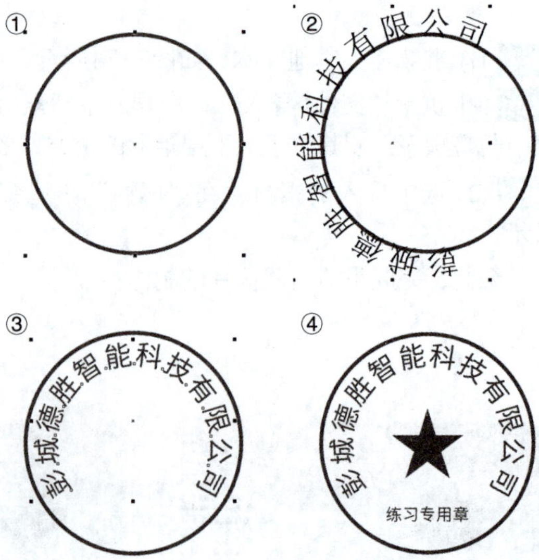

图7-79

第 8 章

图形特效的应用

本章将对图形特效的应用进行介绍，包括透明度和阴影、多层轮廓效果、混合效果、变形效果、立体化效果等。了解并掌握这些知识，可以帮助设计师更好地理解图形的变化，制作更丰富的设计效果。

- 掌握透明度的调整方法
- 掌握阴影效果和块阴影效果的添加方法
- 掌握多层轮廓效果的制作方法
- 掌握混合效果的制作方法
- 掌握变形效果的制作方法
- 掌握立体化效果的制作方法

- 培养设计师对图形特效的应用能力，使其能够综合应用多种特效，制作出效果丰富且独特的视觉作品。
- 通过图形特效的应用，提升设计师对图形结构的理解，使设计师对图形的变化设计更加多样。

卡通星形装饰

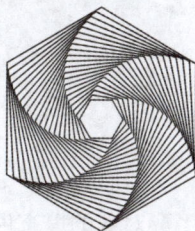

炫彩绮丽花纹

仿真立体按钮

8.1 透明度和阴影

透明度是平面设计中一个至关重要的参数，可以帮助设计师控制设计元素的可见度，从而创造出丰富的视觉效果。阴影可以增加图形对象的立体感与深度，加强设计中的空间层次感，使作品更具艺术性和视觉趣味。

8.1.1 透明度工具

选择透明度工具 ▓，在属性栏中可以看到均匀透明度、渐变透明度等7种类型的透明度，如图8-1所示。这些不同类型透明度的作用介绍如下。

图8-1

- 无透明度 ▓：单击此按钮将删除透明度。属性栏中仅出现合并模式，可通过透明度调和下方颜色。
- 均匀透明度 ▓：应用整齐且均匀分布的透明度，单击该按钮，可挑选透明度并设置透明度的值，制定透明度目标。
- 渐变透明度 ▓：应用不同不透明度的渐变，单击该按钮会出现4种渐变类型：线性渐变、椭圆形渐变、锥形渐变、矩形渐变，选择不同的渐变类型可应用不同的渐变效果。
- 向量图样透明度 ▓：应用向量图形透明度，单击该按钮，在选项栏中可设置其合并模式、前景透明度、背景透明度、水平/垂直镜像平铺等。
- 位图图样透明度 ▓：应用位图图形透明度，设置参数及样式的属性与向量样式透明度相似。
- 双色图样透明度 ▓：应用双色图样透明度，设置参数及样式的属性与向量样式透明度、位图图样透明度相似。
- 底纹透明度 ▓：根据底纹应用透明度。

添加透明度后，在属性栏或"属性"泊坞窗中可以调整透明度的类型、颜色等。下面将对此进行介绍。

1. 调整透明度的类型

调整透明度的类型是指设置对象的透明状态以调整其透明效果。

选择透明度工具，选中要添加渐变透明度的对象，在属性栏中选择相应的选项，对图形对象的透明度进行调整。图8-2、图8-3、图8-4所示分别为运用"无透明度""锥形渐变透明度""矩形渐变透明度"3种不同透明度类型的效果。

图8-2

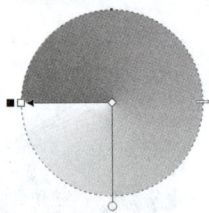
图8-3

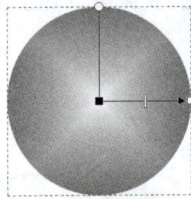
图8-4

2. 调整透明度的颜色

要调整透明度的颜色，可直接对图形对象的填充色和背景色进行色彩调整；也可在该工具属性栏的"合并模式"下拉列表中选择相应的选项，调整图形对象与背景颜色的混合关系，从而呈现新的颜色效果。图8-5、图8-6、图8-7所示分别为选择"常规""差异""底纹化"选项的颜色效果。

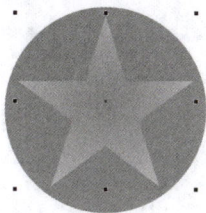

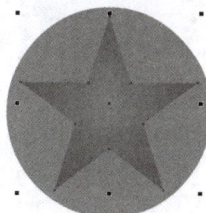

图8-5 图8-6 图8-7

8.1.2 阴影工具

阴影工具▢可以为对象添加阴影效果，通过设置阴影的方向、透明度、颜色等，可以使阴影效果更加真实。选择阴影工具，在属性栏中可以设置其参数，如图8-8所示。

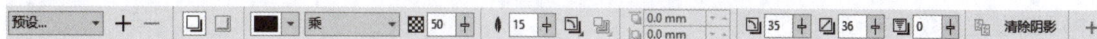

图8-8

其中部分常用选项的作用介绍如下。

- 预设：该下拉列表中为CorelDRAW软件提供的预设阴影效果，包括平面左上、内发光、内边缘等。
- 内阴影工具▢：单击该按钮将激活内阴影效果。
- 阴影颜色：用于设置阴影颜色。
- 合并模式：用于设置阴影颜色与下层对象颜色的混合方式，默认为"乘"。
- 阴影不透明度▨：用于设置阴影的不透明度，数值越小阴影越透明。
- 阴影羽化◧：用于设置阴影边缘的柔化程度，数值越大，边缘越柔和。
- 羽化方向▢：用于设置羽化的方向，包括"高斯式模糊""向内""中间""向外""平均"5个选项。
- 羽化边缘▢：用于设置羽化类型，包括"线性""方形的""反白方形""平面"4个选项。
- 阴影角度▢35▣：用于设置阴影方向。
- 阴影延展▢36▣：用于设置阴影长度。
- 阴影淡出▢0▣：用于设置阴影边缘的淡出程度。

对于需要添加阴影效果的图形对象，可以在属性栏中设置阴影参数，从而改变阴影效果。选中页面中的对象，如图8-9所示，使用阴影工具为其添加阴影，此时阴影颜色默认为黑色，如图8-10所示。在属性栏中更改阴影颜色，可以看到阴影颜色发生改变，如图8-11所示。

图8-9 图8-10 图8-11

阴影颜色设置完成后，为了让阴影更好地融入背景中，可以设置阴影的合并模式使对象的阴影颜色混合到背景色中。阴影的合并模式包括"常规""添加""减少""差异""乘""除""如果更亮""如果更暗"等。图8-12、图8-13、图8-14分别为"色度""颜色""后面"合并模式下阴影的效果。

| 图8-12 | 图8-13 | 图8-14 |

8.1.3 块阴影工具

块阴影是一种特殊的矢量阴影效果，它可以产生更明显、更规则的阴影边缘，几何特征明显，常用于制作屏幕打印和标牌。块阴影主要通过块阴影工具 ■ 实现，选择该工具，在属性栏中可以设置参数，如图8-15所示。

图8-15

其中部分常用选项的作用介绍如下。

- 深度 ■：用于调整块阴影的深度，也可以在页面中通过控制框手动调整。
- 定向 ■：用于调整块阴影的角度。
- 简化 ■：修剪对象和块阴影之间的重叠区域。
- 移除孔洞 ■：单击该按钮，可将块阴影设置为不带孔的实线曲线对象。
- 从对象轮廓生成 ■：选择该选项，在创建块阴影时将包括对象轮廓。该选项默认为选中状态。
- 展开块阴影 ■：以指定量增加块阴影尺寸。

块阴影的添加极为简单，选择页面中的对象，然后选择块阴影工具，在页面中按住鼠标左键拖动即可创建块阴影，如图8-16、图8-17所示。用户也可以在属性栏中精准设置块阴影的角度和方向，使块阴影更加规范。

| 图8-16 | 图8-17 |

选中添加了块阴影的对象，打开属性栏中的块阴影颜色下拉列表，设置颜色，如图8-18所示。此时页面中的块阴影颜色将发生变化，如图8-19所示。

图8-18

图8-19

8.1.4　课堂实操：卡通星形装饰

微课视频

实操 *8-1*／卡通星形装饰

实例资源 ▶ \第8章\卡通星形装饰\星形.cdr

　　本案例将练习制作卡通星形装饰。涉及的知识点包括透明度工具、星形工具等的应用。具体操作方法介绍如下。

Step 01 启动CorelDRAW软件，执行"文件>新建"命令，在打开的"创建新文档"对话框中设置参数，如图8-20所示。完成后单击"OK"按钮新建文档。

Step 02 按住Ctrl键使用星形工具绘制正五角星，在属性栏中调整参数，设置填充色为红色，轮廓色为无，效果如图8-21所示。

图8-20　　　　　　　　　　　　　　　　　　图8-21

Step 03 执行"窗口>泊坞窗>角"命令，打开"角"泊坞窗，设置半径为3.5mm，然后单击"应用"按钮，效果如图8-22所示。

Step 04 选中红色星形，按小键盘上的+键复制对象，将复制后的对象设置填充色为黄色并移动一定距离，效果如图8-23所示。

Step 05 选中黄色星形，使用透明度工具▨为选中对象添加椭圆形渐变透明度效果，调整手柄，效果如图8-24所示。

图8-22　　　　　　　　　　图8-23　　　　　　　　　　图8-24

Step 06 使用钢笔工具绘制高光，如图8-25所示。

Step 07 使用透明度工具▨为高光添加均匀渐变透明度效果，效果如图8-26、图8-27所示。

图8-25

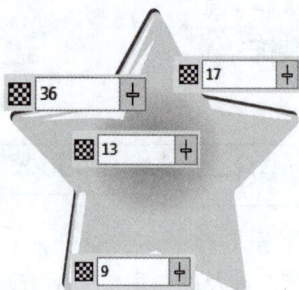
图8-26

图8-27

至此，完成卡通星形装饰的绘制。

CorelDRAW提供了专门创建多层轮廓效果的工具——轮廓图工具 🔲。该工具可以在图形对象的外部与中心之间添加不同样式的轮廓，并通过设置属性产生不同的轮廓效果。下面将对此进行介绍。

8.2.1 轮廓图工具

轮廓图工具可以方便快捷地创建不同类型的轮廓。选择该工具，在属性栏中可以设置参数，如图8-28所示。

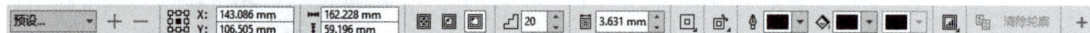
图8-28

其中部分常用选项的作用介绍如下。

• 轮廓图偏移方向按钮组 🔲 🔲 🔲：该按钮组包含了"到中心" 🔲按钮、"内部轮廓" 🔲按钮和"外部轮廓" 🔲按钮。单击各个按钮，可设置轮廓图的偏移方向。

• 轮廓图步长 ⌐：用于调整轮廓图步长的数量，直接影响图形对象的轮廓数。当数值设置合适时，对象的轮廓将达到一种较为平和的状态。

• 轮廓图偏移 🔳：用于调整轮廓之间的距离。

• 轮廓图角 🔲：用于设置轮廓图的角类型，包括斜接角、圆角和斜切角3种。

• 轮廓色渐变 🔷：用于设置轮廓色的渐变序列，包括线性轮廓色、顺时针轮廓色和逆时针轮廓色3种。单击各个按钮，将在不同的方向对轮廓色进行渐变处理。

• 轮廓色 🔷■▼：用于设置所选图形对象的轮廓色。

• 填充色 🔷■▼：用于设置所选图形对象的渐变填充色。

• 最后一个填充挑选器 🔲：该按钮只有在使用交互式填充工具并设置渐变填充效果后才能激活。单击该按钮，设置渐变图形的结束色。

• 对象和颜色加速：单击该下拉按钮，通过调整滑块位置设置轮廓图大小及其颜色变化的速率。

• 清除轮廓：应用轮廓图效果之后，单击该按钮即可清除轮廓效果。

8.2.2 创建轮廓效果

选择页面中的图形对象，选中轮廓图工具，在对象上按住鼠标左键拖动，软件将按照现有的轮廓图属性创建轮廓图，如图8-29所示。用户也可以在属性栏中设置参数，CorelDRAW软件将自动按照参数创建轮廓，如图8-30所示。

图8-29   图8-30

8.2.3　调整轮廓图效果

创建轮廓图效果后，可以通过属性栏中的选项调整轮廓图效果，下面将对此进行介绍。

1. 调整轮廓图的偏移方向

在轮廓图工具的属性栏中单击轮廓图偏移方向按钮组中的按钮，将改变轮廓图的偏移方向。选择页面中的图形对象，如图8-31所示，单击轮廓图工具，在属性栏中单击"到中心"按钮，此时CorelDRAW软件自动更新图形，形成轮廓图汇聚到中心的图形效果，如图8-32所示。单击"内部轮廓"按钮，设置步长，此时图形效果发生变化，如图8-33所示。

图8-31   图8-32   图8-33

2. 调整轮廓图颜色

用户可以通过属性栏中的选项和自定义的方式来调整轮廓图的颜色。

要自定义轮廓图的轮廓色和填充色，可直接在属性栏中更改，也可在"属性"泊坞窗中调整。要调整轮廓图颜色渐变方向，可通过单击属性栏中的"线性轮廓色"按钮、"顺时针轮廓色"按钮或"逆时针轮廓色"按钮来实现。图8-34、图8-35、图8-36所示为设置相同的轮廓色和填充色后，分别单击不同的方向按钮得到的效果。

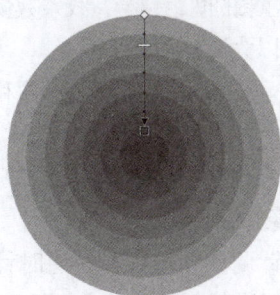 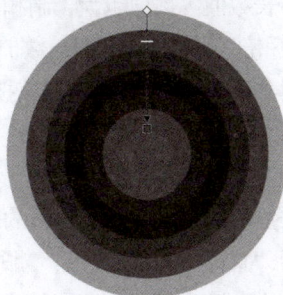 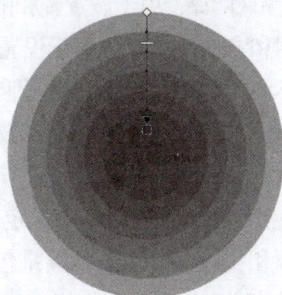

图8-34   图8-35   图8-36

3. 调整轮廓图的大小和颜色变化的速率

在轮廓图工具的属性栏中单击"对象和颜色加速"按钮，打开加速选项设置面板，如图8-37所示。默认状态下，加速对象和颜色为锁定状态，即调整其中一项，另一项也会随之调整。

单击"锁定"按钮将其解锁后，可分别对"对象"和"颜色"参数进行调整。图8-38、图8-39所示分别为解锁前后调整选项的图形效果。

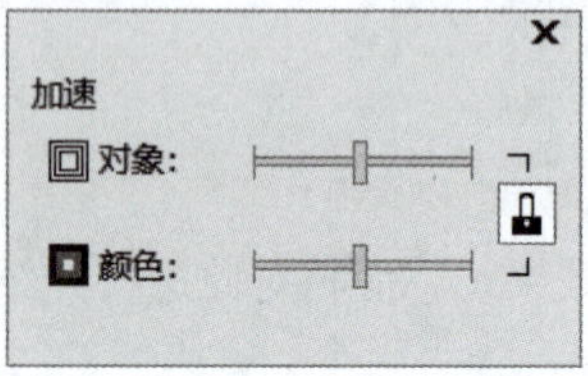

图8-37 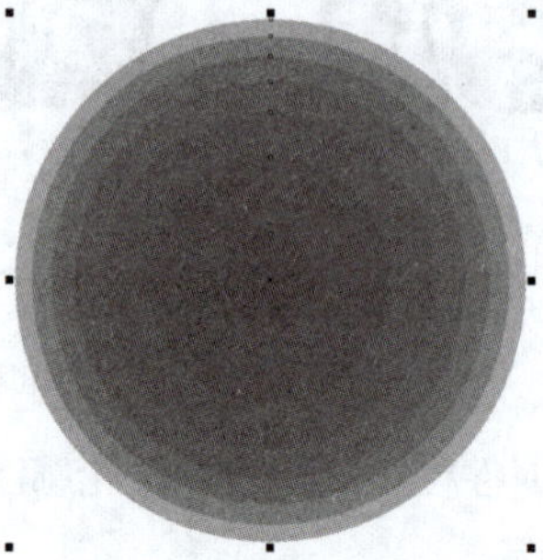   图8-38 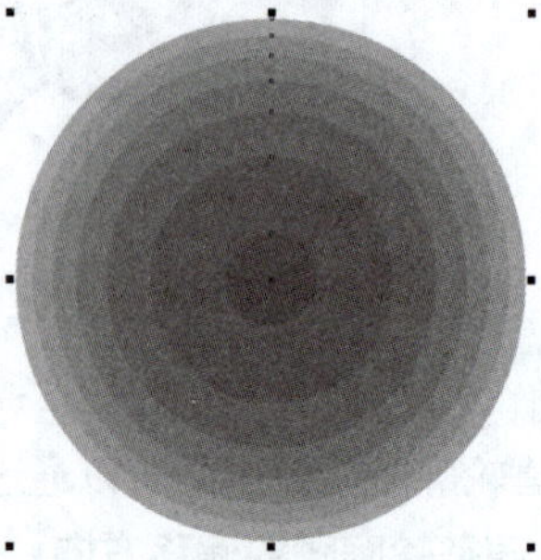   图8-39

🔗 **知识链接**

执行"窗口>泊坞窗>效果>轮廓图"命令或按Ctrl+F9组合键，打开"轮廓图"泊坞窗，在其中同样可以调整轮廓图效果。

8.3 混合效果

混合效果可以在两个图形对象之间添加形状，实现颜色的平滑过渡，创建特殊的图形效果，下面将对此进行介绍。

8.3.1 混合工具

选择混合工具，属性栏中将显示与之相关的属性，如图8-40所示。

图8-40

其中部分常用选项的作用介绍如下。

• 预设下拉列表：用于选择预设选项。将鼠标指针移动到相应选项上一旁即可显示选项效果预览图，让用户对应用选项后的图形效果一目了然。

• 调和对象：用于设置调和的步长数值。数值越大，调和后对象的间距越窄，线条数量越多。

• 调和方向：用于设置调和部分的旋转角度，数值可以为正也可以为负。

• 环绕调和：用于设置调和对象的环绕效果。单击该按钮可对调和对象做弧形调和处理，要取消该调和效果可再次单击该按钮。

• 路径属性：调和对象以后，可将调和的效果嵌合于新的对象。单击该下拉按钮，选择"新建路径"选项，然后单击指定对象将调和效果嵌合到新的对象中。

• 调和类型按钮组：包括"直接调和"按钮、"顺时针调和"按钮和"逆时针调和"按钮。单击"直接调和"按钮，可以以简单而直接的渐变填充效果进行调和；单击"顺时针调和"按钮，可在调和形状的基础上以色谱顺时针方向调和对象；单击"逆时针调和"按钮，可在调和形状的基础上以色谱逆时针方向调和对象。

- 对象和颜色加速 🖉：单击该下拉按钮，可对对象显示和颜色更改的速率进行设置。
- 调整加速大小 🖉：用于调整调和中对象大小更改的速率。
- 更多调和选项 🖉：单击该下拉按钮，在其中可对映射节点、拆分调和对象等选项进行设置。
- 起始和结束属性 🖳：用于选择调和的起点和终点。单击该下拉按钮，通过选择相关选项，可显示调和的起点和终点；也可更改当前的起点或终点。
- 清除调和：应用调和效果之后单击该按钮将清除调和效果，恢复图形对象原有的效果。

8.3.2 创建混合效果

单击混合工具，将一个图形拖动至另一个图形上，释放鼠标将创建两个图形间的混合效果，如图8-41所示。移动其中一个图形对象的位置，混合效果也会发生变化，如图8-42所示。

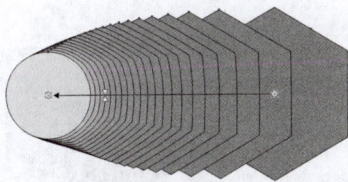

图8-41　　　　　　　　　　　　图8-42

8.3.3 调整混合效果

通过混合工具，用户既可以实现图形间的混合，又可以对混合效果进行调整，如加速调和对象、拆分调和对象等，下面将对此进行介绍。

1. 加速调和对象

加速调和对象是对调和之后的对象形状和颜色进行调整。单击"对象和颜色加速"下拉按钮，会显示"对象"和"颜色"两个选项。拖动滑块设置加速选项，可让图像显示出不同的效果。图8-43、图8-44所示为对象不同加速调和的调整效果。

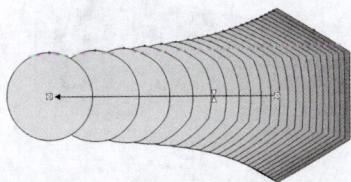

图8-43　　　　　　　　　　　　图8-44

此外，也可以直接在图像中对中心点的蓝色图标进行拖动，设置调和对象的加速效果。

2. 设置调和类型

对象的调和类型即调和时颜色渐变的方向。用户可在属性栏的"调和类型"按钮组中单击不同调和类型按钮进行设置。

- 单击"直接调和"按钮，渐变颜色直接穿过调和的起始和终止对象；
- 单击"顺时针调和"按钮，渐变颜色按色谱顺时针方向穿过调和的起始对象和终止对象；
- 单击"逆时针调和"按钮，渐变颜色按色谱逆时针方向穿过调和的起始对象和终止对象。

图8-45、图8-46所示分别为顺时针调和对象与逆时针调和对象的效果。

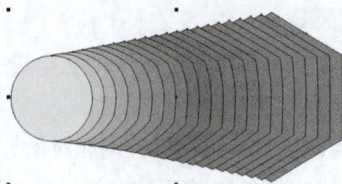
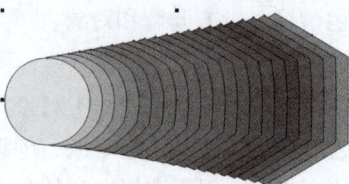

图8-45   图8-46

3. 拆分调和对象

拆分调和对象是将调和后的对象从中间打断，并将打断处作为调和效果的转折点。通过拖动调和点，可对调和对象的位置进行调整。

选中调和对象，单击属性栏中的"更多调和选项"下拉按钮，选择"拆分"选项，此时鼠标指针变为拆分箭头形状 ✔。在调和对象上单击即可拆分，如图8-47所示。使用选择工具拖动鼠标可调整拆分后独立对象的位置，如图8-48所示。

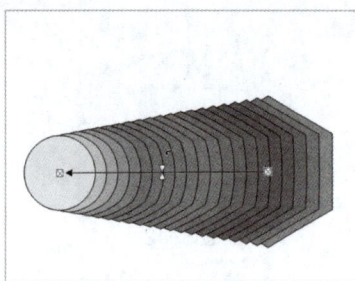
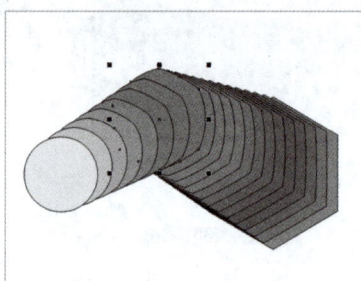

图8-47   图8-48

4. 嵌合新路径

嵌合新路径是将已运用调和效果的对象嵌入新的路径，即将新的图形作为调和图形对象的路径，进行嵌入操作。

选择运用调和后的图形对象，单击属性栏中的"路径属性"下拉按钮，选择"新建路径"选项，将鼠标指针移动到新图形上，此时鼠标指针变为箭头形状，如图8-49所示。在该图形上单击，调和后的图形对象将自动以该图形为新路径执行嵌入操作，得到的效果如图8-50所示。

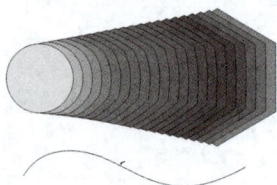
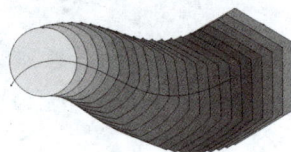

图8-49   图8-50

8.3.4 课堂实操：炫彩绮丽花纹 AIGC

实操8-2 | 炫彩绮丽花纹

微课视频

📦 **实例资源 ▶** \第8章\炫彩绮丽花纹\花纹.cdr

本案例将练习制作炫彩绮丽花纹。涉及的知识点包括混合工具的应用等。具体操作方法介绍如下。

Step 01 启动CorelDRAW软件，执行"文件>新建"命令，打开"创建新文档"对话框并设置参数，如图8-51所示。完成后单击"OK"按钮新建文档。

Step 02 按住Ctrl键使用多边形工具绘制正六边形，在属性栏中调整参数，设置填充色为无，轮廓色为洋红色（#E40082），轮廓宽度为0.5mm，效果如图8-52所示。

Step 03 选中绘制的六边形，按小键盘上的+键复制，按住Shift键以中心为原点按比例将其缩小并旋转30°，设置轮廓色为蓝色（#00A2E9），效果如图8-53所示。

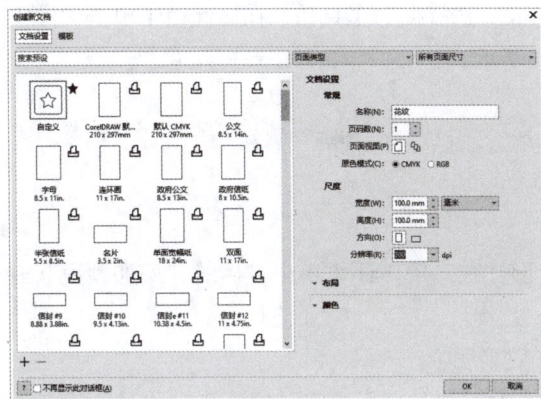

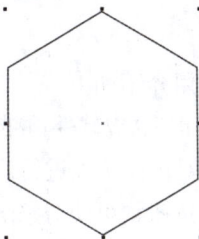

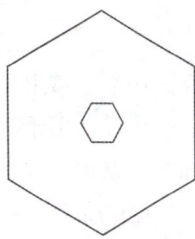

图8-51　　　　　　　　　　　　　　　　图8-52　　　　　　　　图8-53

Step 04 选择混合工具，移动鼠标指针至其中一个六边形上，按住鼠标左键将其拖动至另一个六边形上创建混合，如图8-54所示。

Step 05 在属性栏中设置调和方向为60°，效果如图8-55所示。

Step 06 调整其他参数还可以制作不同的效果，如图8-56所示。操作时可根据自己的需要进行调整。至此，完成炫彩绮丽花纹的制作。

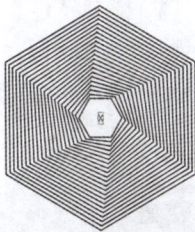

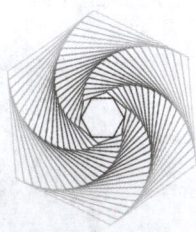

图8-54　　　　　　　　　图8-55　　　　　　　　　图8-56

Step 07 借助AIGC工具（如即梦AI），可以在当前基础上生成更多花纹效果，如图8-57所示。

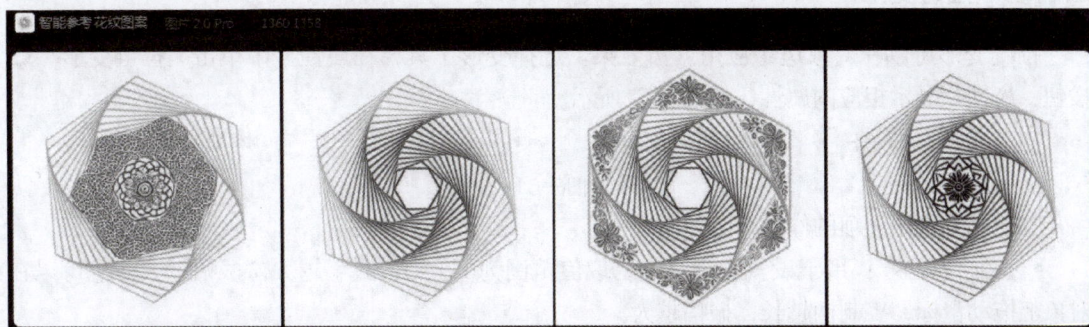

图8-57

8.4 变形效果

变形效果可以制作更加复杂的图形，增加作图的灵活性。CorelDRAW提供了推拉变形、拉链变形和扭曲变形3种类型的变形效果，下面将对此进行介绍。

8.4.1 推拉变形

推拉变形可以通过推入和外拉边缘变形图形对象。选择变形工具 ⟐，在属性栏中单击"推拉变形" ⊕ 按钮，属性栏显示相应的属性，如图8-58所示。

图8-58

其中部分常用选项的作用介绍如下。

- 预设：用于选择CorelDRAW软件自带的变形样式。用户还可单击其后的"添加预设" ＋ 按钮和"删除预设" － 按钮对预设选项进行调整。
- 居中变形 ⊕：单击该按钮，可使对象的变形效果居中。
- 推拉振幅 ⋀：用于设置推拉的振幅。当数值为正数时，表示向对象外侧推动对象节点。当数值为负数时，表示向对象内侧推动对象节点。
- 添加新的变形 ⟐：用于将变形应用于已有变形的对象。
- 复制变形属性 ▦：将文档中另一个图形对象的变形属性应用到所选对象上。
- 清除变形：选中应用了变形的图形对象，单击该按钮即可清除变形效果。
- 转换为曲线 ↻：单击该按钮可将图形转化为曲线，此时允许使用形状工具修改图形对象。

选中图形对象后，选择变形工具，在属性栏中设置参数或直接在页面中拖动鼠标即可，图8-59、图8-60所示为变形前后的效果。

图8-59

图8-60

8.4.2 拉链变形

拉链变形可以在对象边缘应用锯齿效果。选择变形工具，在属性栏中单击"拉链变形" ⚙ 按钮，属性栏显示相应的属性，如图8-61所示。

图8-61

其中部分常用选项的作用介绍如下。

- 拉链振幅 ⋀：用于设置锯齿高度，取值范围为0~100，数字越大，振幅越大。也可以在对象上拖动鼠标，控制柄越长，振幅越大。
- 拉链频率 ⌇：用于设置锯齿数量。

- 随机变形 ⊠：单击该按钮将随机设置变形效果。
- 平滑变形 ⊠：单击该按钮将使变形中的节点平滑连接。
- 局限变形 ⊠：单击该按钮，随着变形的进行，变形效果将减弱。

图8-62、图8-63所示为变形前后的效果。

 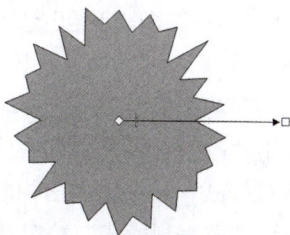

图8-62　　　　　　　　　　　图8-63

8.4.3　扭曲变形

扭曲变形可以通过旋转对象制作出旋涡效果。选择变形工具，在属性栏中单击"扭曲变形"⊠按钮，属性栏显示相应的属性，如图8-64所示。

图8-64

其中部分常用选项的作用介绍如下。

- 旋转方向按钮组 ○ ○：包括"顺时针旋转"按钮和"逆时针旋转"按钮。单击不同的旋转方向按钮，对象将以对应的旋转方向扭曲变形。
- 完全旋转 ○：用于设置扭曲部分的完整旋转数以调整对象扭曲变形的程度，数值越大，扭曲程度越强。
- 附加度数 ○：在旋转扭曲变形的基础上附加的内部旋转角度，对扭曲后的对象内部进行进一步的扭曲角度设置。

图8-65、图8-66所示为变形前后的效果。

 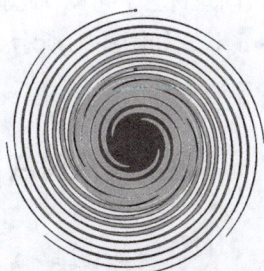

图8-65　　　　　　　　　　　图8-66

8.5　封套效果

封套是CorelDRAW中一个非常强大的功能，它可以将对象塑造成新的形状。下面将对此进行介绍。

1. 封套工具

封套工具可以通过应用封套并拖动封套节点更改对象的形状。封套工具属性栏如图8-67所示。

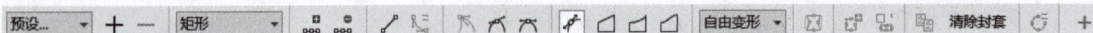

图8-67

其中部分常用选项的作用介绍如下。

- 选取模式：包括"矩形"和"手绘"两种选取模式，选择"矩形"选项后拖动鼠标将以矩形的框选方式选择指定的节点；选择"手绘"选项后拖动鼠标将以手绘的框选方式选择指定的节点。
- 节点调整按钮组 ：该按钮组包含多种关于节点调整的按钮，这些按钮与形状工具属性栏中的按钮功能相同。
- 封套模式按钮组 ：从左到右依次为"非强制模式"按钮、"直线模式"按钮、"单弧模式"按钮和"双弧模式"按钮，单击相应的按钮可将封套调整为相应的形状。后3个按钮为强制性的封套效果，而"非强制模式"按钮则是自由的封套效果。
- 映射模式：对对象的封套效果应用不同的变形方式。
- 保留线条 ：单击该按钮将在应用封套时保留直线。
- 添加新封套 ：单击该按钮将为已添加封套效果的对象继续添加新的封套效果。
- 创建封套自 ：单击该按钮将根据其他对象的形状创建封套。

选择页面中的对象，如图8-68所示。选择封套工具，在属性栏中选择预设的效果，图8-69所示为应用"圆形"预设的效果。也可以选择图形上的节点，按住鼠标左键拖动调整效果，如图8-70所示。

图8-68　　　　　　　　图8-69　　　　　　　　图8-70

若想根据其他形状创建封套，可以在选择对象后单击属性栏的"创建封套自"按钮，此时鼠标指针变为黑色箭头▶形状，如图8-71所示。在形状上单击，软件将根据形状对选中对象进行封套操作，如图8-72所示。

图8-71　　　　　　　　　　图8-72

2. 调整封套效果

CorelDRAW支持调整已添加的封套效果，如设置封套模式、设置封套映射模式等。下面将对此进行介绍。

（1）设置封套模式

选择图形后，单击封套工具，在其属性栏中单击相应的封套模式按钮，将切换到对应的封套模式中。

默认的封套模式为"非强制模式",该模式图形的变化比较自由。其他3种强制性封套模式通过直线、单弧或双弧的强制方式对对象进行封套变形处理,以达到较规范的封套变形处理效果。图8-73、图8-74、图8-75所示分别为"直线模式""单弧模式""双弧模式"下的调整效果。

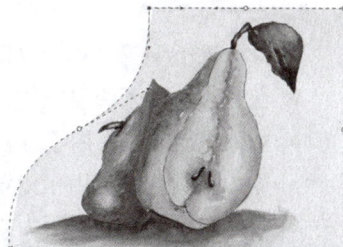

| 图8-73 | 图8-74 | 图8-75 |

🔗 知识链接

"非强制模式"可以同时对封套的多个节点进行调整;而"直线模式""单弧模式""双弧模式"只能单独对各节点进行调整。

（2）设置封套映射模式

封套映射模式是指封套的变形方式,包括"水平""原始""自由变形""垂直"4种,默认为"自由变形"。

其中,"原始"和"自由变形"封套映射模式都是较为自由的变形方式。应用这两种封套映射模式将对对象的整体进行封套变形处理。"水平"封套映射模式是对封套节点水平方向上的图形进行变形处理;"垂直"封套映射模式是对封套节点垂直方向上的图形进行变形处理。图8-76、图8-77、图8-78所示分别为原图、"水平"封套映射模式下和"垂直"封套映射模式下的调整效果。

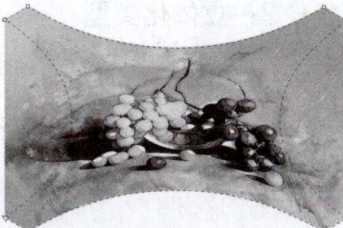

| 图8-76 | 图8-77 | 图8-78 |

8.6 立体化效果

立体化效果可以模拟三维空间中物体的立体感,使平面图形产生空间上的透视效果。用户可以调整立体化对象的填充色、深度等,使立体效果更加丰满。下面将对此进行介绍。

8.6.1 立体化工具

立体化工具可以对对象添加三维效果,制作出立体化的效果。选择该工具,在属性栏中可以设置属性参数,如图8-79所示。

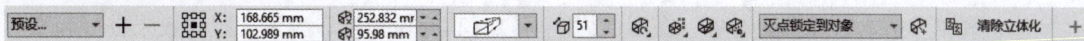

图8-79

其中部分常用选项的作用介绍如下。

- 预设：用于为对象添加预设的立体化效果。
- 灭点坐标▦：用于设置立体化图形灭点的位置，可拖动立体化图形控制柄上的灭点进行调整。
- 立体化类型▭▾：用于设置要应用到对象上的立体化效果类型。
- 深度◫：用于调整立体化对象的透视深度，数值越大，则立体化的景深越大。
- 立体化旋转◈：用于旋转立体化对象。
- 立体化颜色◈：用于设置立体化对象的颜色。
- 立体化倾斜◈：用于为立体化对象添加斜边。
- 立体化照明◈：可将照明效果应用到立体化对象中。
- 灭点属性：可锁定灭点即透视消失点至指定的对象，也可复制或共享多个立体化对象的灭点。
- 页面或对象灭点◈：用于将立体化图形灭点的位置锁定到对象或页面中。

选择页面中的图形对象，选择立体化工具，在属性栏中选择预设的立体化效果，选中的图形将应用该效果，如图8-80、图8-81所示。用户也可以在选中立体化工具后，在图形上按住鼠标左键拖动创建立体化效果。

图8-80　　　　　　　　　　　　　　图8-81

8.6.2　立体化类型

设置立体化类型即设置立体化的样式，是指同步调整图形对象的立体化方向和角度。可在属性栏的"立体化类型"下拉列表中进行选择，同时还可结合"深度"数值框对立体化后图形对象的景深效果进行调整。图8-82、图8-83、图8-84所示分别为原始对象、设置立体化类型后和调整深度后的效果。

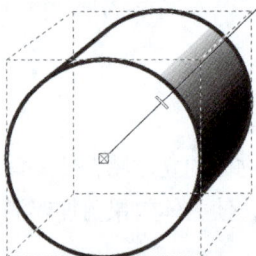

图8-82　　　　　　　图8-83　　　　　　　图8-84

8.6.3　调整立体化效果

选中添加了立体化效果的对象，在属性栏中可以对其旋转角度、颜色、照明效果进行调整。

1. 调整立体化旋转

选中立体化对象，单击属性栏中的"立体化旋转"下拉按钮，在弹出的选项面板中拖动数字模型，调整立体化对象的旋转方向，如图8-85、图8-86所示。单击右下角的 按钮将切换至旋转值选项面板，在其中可以进行精确的设置，如图8-87所示。若想恢复原始状态，单击左下角的 按钮即可。

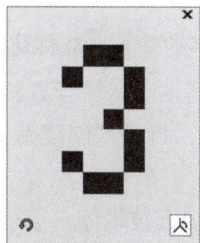  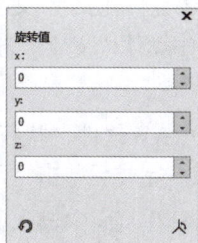

图8-85　　　　　　图8-86　　　　　　图8-87

2. 调整立体化对象的颜色

选中立体化对象，单击属性栏中的"立体化颜色"下拉按钮，在弹出的选项面板中单击"使用纯色" 按钮，在其中可以设置立体化对象的颜色，如图8-88所示，效果如图8-89所示。

若在选项面板中单击"使用递减的颜色" 按钮，将切换到相应的选项卡，如图8-90所示。在该选项卡中单击"从"和"到"下拉按钮，设置不同的颜色，立体化对象的颜色会随之变化，如图8-91所示。

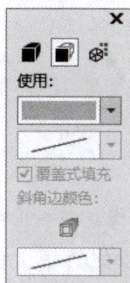 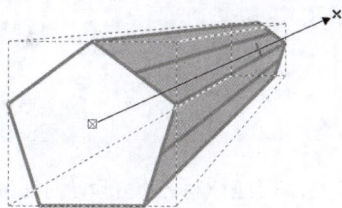  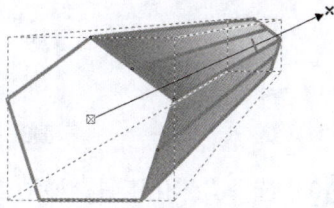

图8-88　　　　　　图8-89　　　　　　图8-90　　　　　　图8-91

3. 调整立体化对象的照明效果

立体化对象的照明效果是通过模拟三维光照原理为立体化对象添加真实的灯光照射效果实现的，可以丰富图形的立体层次，赋予其更真实的质感。

选中立体化对象，在属性栏中单击"立体化照明"下拉按钮，在弹出的选项面板中可分别勾选相应的数字复选框，为对象添加多个光源效果，如图8-92所示。同时还可以通过在光源网格中按住鼠标左键拖动光源点来更改光源的位置，结合"强度"滑块可调整光照强度，对光源效果进行整体控制。图8-93所示为添加了照明效果的图像。

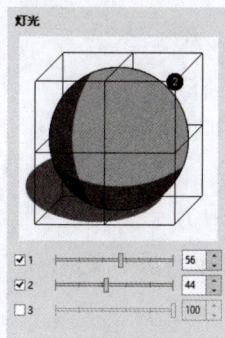 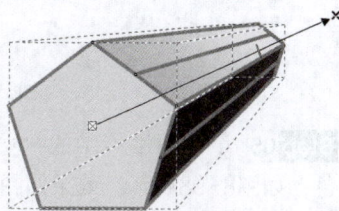

图8-92　　　　　　　　　图8-93

8.6.4 课堂实操：立体化文字

微课视频

实操*8-3* / 立体化文字

📦 **实例资源** ▶ \第8章\立体化文字\文字.cdr

本案例将练习制作立体化文字。涉及的知识点包括文字的输入、立体化工具的应用等。具体操作方法介绍如下。

Step 01 启动CorelDRAW软件，执行"文件>新建"命令，打开"创建新文档"对话框并设置参数，如图8-94所示。完成后单击"OK"按钮新建文档。

Step 02 使用文本工具在页面中输入文本，设置字体为金山云技术体，字号为200pt，文本颜色为月光绿（#D9E483），效果如图8-95所示。

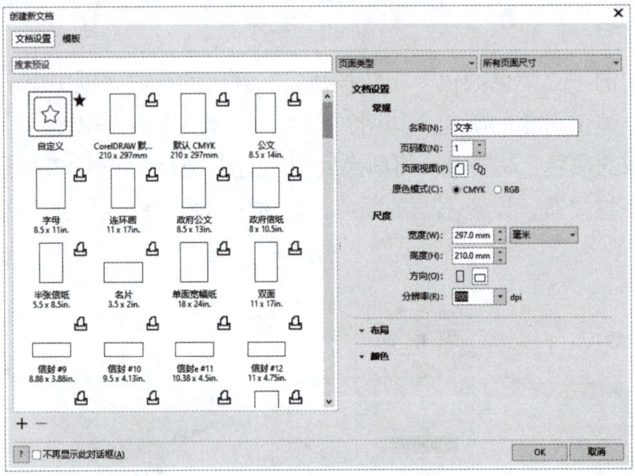

图8-94

图8-95

Step 03 选择立体化工具，移动鼠标指针至文本上，按住鼠标左键拖动创建立体化效果，如图8-96所示。

Step 04 在属性栏中设置深度，效果如图8-97所示。

图8-96

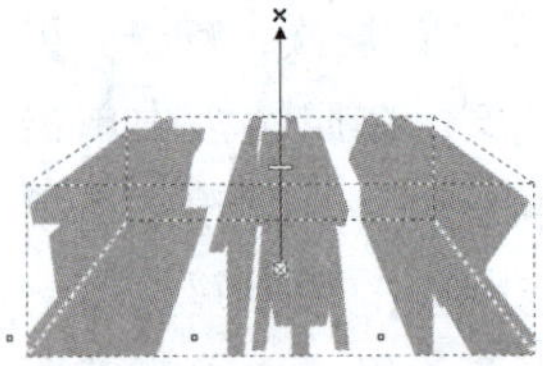

图8-97

Step 05 单击属性栏中的"立体化颜色"下拉按钮，然后单击"使用递减的颜色"按钮设置颜色，如图8-98所示。效果如图8-99所示。

Step 06 单击属性栏中的"立体化照明"下拉按钮设置光源效果，如图8-100所示。效果如图8-101所示。

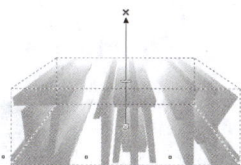

图8-98   图8-99   图8-100   图8-101

至此，完成立体化文字的制作。

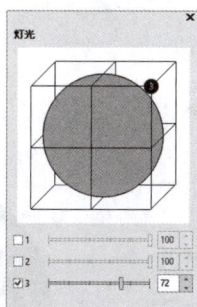

8.7 实战演练：仿真立体按钮

微课视频

实操8-4 仿真立体按钮

实例资源 ▶ \第8章\仿真立体按钮\按钮.cdr

本案例将综合应用本章所学知识制作仿真立体按钮，以达到举一反三、学以致用的目的。下面将对具体操作思路进行介绍。

Step 01 启动CorelDRAW软件，执行"文件>新建"命令，在弹出的"创建新文档"对话框中设置参数，如图8-102所示。完成后单击"OK"按钮新建文档。

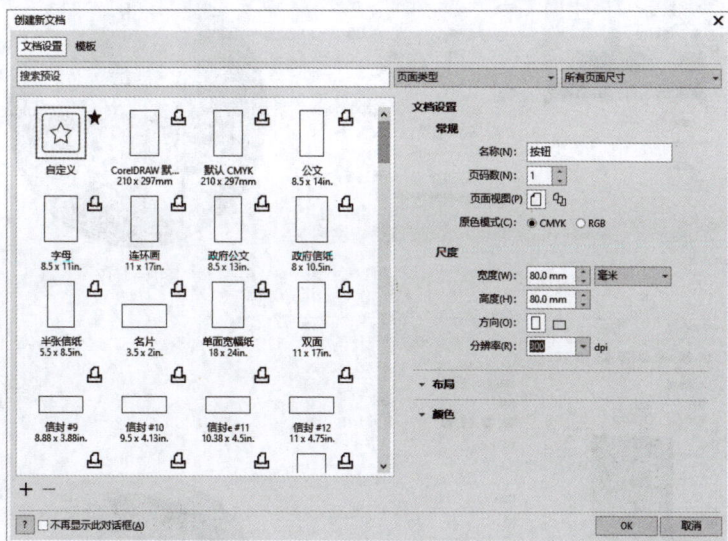

图8-102

Step 02 按住Ctrl键使用椭圆形工具在页面中绘制合适大小的正圆形。按F11键打开"编辑填充"对话框，在该对话框中设置参数，如图8-103所示。设置完成后单击"OK"按钮，效果如图8-104所示。

Step 03 使用刻刀工具将圆形分为上下两个部分，如图8-105所示。

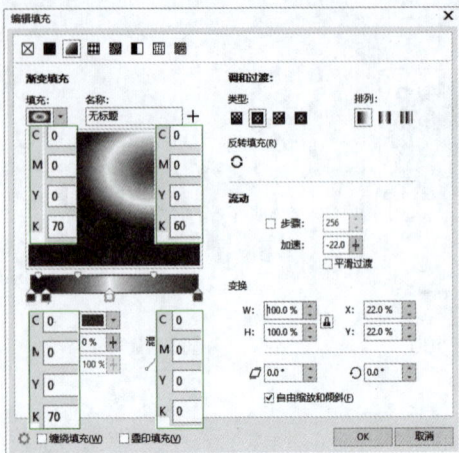

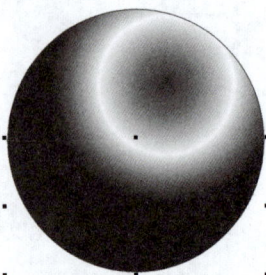

图8-103   图8-104   图8-105

Step 04 选中圆形下半部分，按F11键打开"编辑填充"对话框，在该对话框中设置参数，如图8-106所示。设置完成后单击"OK"按钮，效果如图8-107所示。

Step 05 按住Ctrl键使用椭圆形工具在页面中绘制合适大小的正圆形。按F11键打开"编辑填充"对话框，在该对话框中设置参数，如图8-108所示。设置完成后单击"OK"按钮，效果如图8-109所示。

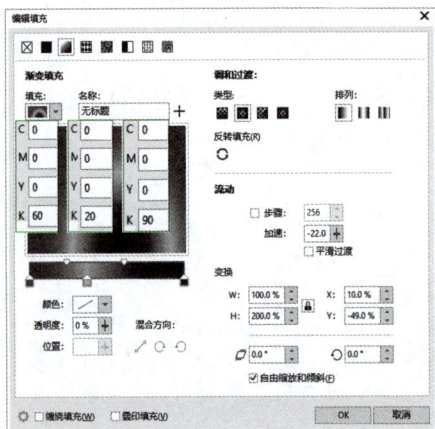

图8-106   图8-107

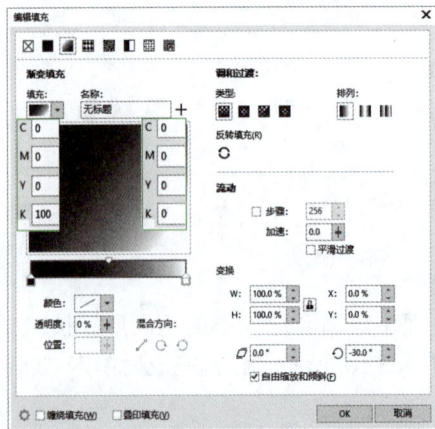

图8-108   图8-109

Step 06 使用相同的步骤绘制正圆形并设置填充，如图8-110、图8-111所示。

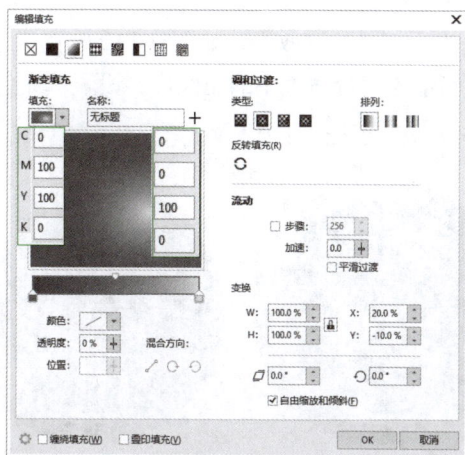

图8-110

图8-111

Step 07 按住Ctrl键使用椭圆形工具在页面中绘制大小合适的正圆形，设置填充色为白色，轮廓色为无。按小键盘上的+键复制并移动至合适位置，如图8-112所示。

Step 08 选中新绘制的正圆形与复制的对象，单击属性栏中的"移除前面对象" 按钮，生成新图形，效果如图8-113所示。

Step 09 选中裁剪后的对象，执行"效果>模糊>高斯式模糊"命令，在"属性"泊坞窗中设置半径为6，效果如图8-114所示。

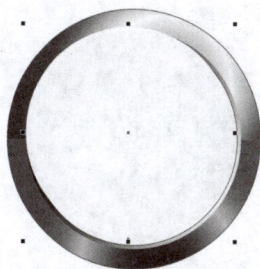

图8-112

图8-113

图8-114

Step 10 使用椭圆形工具在页面中绘制合适大小的正圆形并复制，如图8-115所示。

Step 11 选中新绘制的圆形与复制对象，单击属性栏中的"移除前面对象" 按钮，生成新图形。为新图形填充白色，去除轮廓，如图8-116所示。

Step 12 使用刻刀工具在新图形上绘制两条直线，并删除中间部分，如图8-117所示。

图8-115

图8-116

图8-117

Step 13 使用透明度工具🏁为左边的高光添加线性渐变透明度效果，在绘图中调整渐变手柄，如图8-118所示。

Step 14 使用相同的方法继续为右边的高光添加透明度效果，如图8-119所示。

Step 15 按住Ctrl键使用椭圆形工具在页面中绘制合适大小的正圆形，设置填充色为白色，使用透明度工具🏁为圆形添加均匀透明度效果，如图8-120所示。

图8-118

图8-119

图8-120

Step 16 使用椭圆形工具在页面中绘制合适大小的椭圆形，设置填充色为白色，调整角度，效果如图8-121所示。

Step 17 选中绘制的所有图形，单击鼠标右键，在弹出的快捷菜单中执行"组合"命令，将图形对象编组。单击阴影工具🔲，在编组图形上按住鼠标左键拖动，为图形添加阴影效果，如图8-122所示。

Step 18 在属性栏中调整阴影的不透明度和羽化数值，效果如图8-123所示。

图8-121

图8-122

图8-123

至此，完成仿真立体按钮的制作。

8.8 拓展练习

实操8-5 / 可爱毛绒文字

💾 **实例资源** ▶ \第8章\可爱毛绒文字\文字.cdr

下面将练习使用变形工具和混合工具制作可爱毛绒文字，效果如图8-124所示。

图8-124

技术要点：
- 变形工具的应用；
- 混合工具的应用。

分步演示：
①使用椭圆形工具绘制正圆形，设置渐变填充；
②使用拉链变形调整椭圆形，并复制该椭圆形；
③在椭圆形之间创建混合效果；
④绘制文字路径，替换为混合路径并调整。
分步演示效果如图8-125所示。

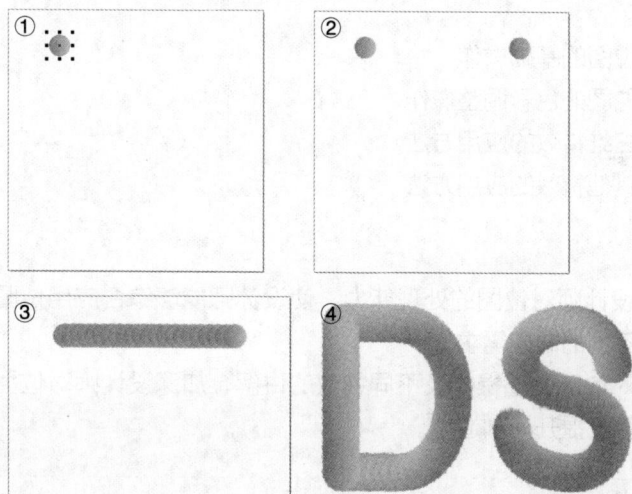

图8-125

位图的处理

内容导读

本章将对位图的处理进行介绍，包括位图的基础操作，图像调整实验室、色阶等色彩调整的操作，三维旋转、球面等三维特效的应用，艺术笔触、创造性等其他特效的应用等。了解并掌握这些知识，可以帮助设计师熟练地应用特效制作各种效果，提高设计作品的艺术性。

学习目标

- 掌握位图的基础操作
- 掌握位图的色彩调整操作
- 掌握三维特效的应用方法
- 掌握其他特效的应用方法

素养目标

- 培养设计师对位图的处理能力，使设计师能够综合应用位图与矢量图满足不同的制作需求。
- 通过对色彩调整操作及不同特效的讲解，加深设计师对位图和矢量图的理解，提升其创造性。

案例展示

圆珠笔线条画

卷页效果

素描绘画效果

9.1 位图的基础操作

位图在平面设计中占据着极为重要的地位，作为专业矢量绘图软件，CorelDRAW 同样提供了有关位图的功能。下面将对此进行介绍。

9.1.1 导入位图

导入位图的方式有
很多种，常使用以下3
种方式：

- 执行"文件>导入"
命令；
- 按Ctrl+I组合键；
- 单击标准工具栏
中的"导入" ⬇按钮。

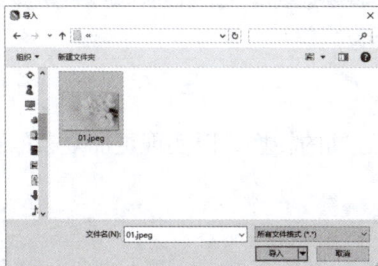

图9-1

图9-2

这3种方式都可以打开"导入"对话框，如图9-1所示。从中选择位图，单击"导入"按钮，在页面中单击或按住鼠标左键拖动即可导入位图。图9-2所示为导入的位图图像。

9.1.2 调整位图大小

调整位图大小的方式与矢量图类似。单击选择工具，选中位图后将鼠标指针移动到图像周围的黑色控制点上，按住鼠标左键拖动即可调整，图9-3、图9-4所示为调整前后的对比效果。也可以在选中位图后在属性栏中设置位图的宽度和高度，按Enter键应用设置调整。

图9-3

图9-4

除此之外，用户还可以通过裁剪位图调整其尺寸。选择裁剪工具，在位图上按住鼠标左键拖动进行裁剪，单击"裁剪" ✓ 裁剪按钮即可完成调整，如图9-5、图9-6所示。

图9-5

图9-6

还可以选择形状工具调整位图节点，将形状轮廓外的内容裁切掉，如图9-7、图9-8所示。

图9-7　　　　　　　　　　　图9-8

9.1.3　矢量图与位图的转换

CorelDRAW支持矢量图与位图之间的转换，以实现更加复杂的平面效果。下面将对此进行介绍。

1. 将矢量图转换为位图

选中矢量图，执行"位图>转换为位图"命令，打开"转换为位图"对话框，如图9-9所示。在其中对生成位图的相关参数进行设置，单击"OK"按钮应用设置即可。图9-10、图9-11所示为转换前后的效果。

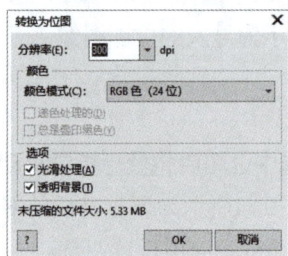

图9-9　　　　　　　　　图9-10　　　　　　　　　图9-11

2. 将位图转换为矢量图

CorelDRAW可以通过描摹将位图转换为可编辑的矢量图，包括快速描摹、中心线描摹、轮廓描摹等，这些描摹方式的特点如下。

• 快速描摹：默认为上次使用的描摹方法。按Ctrl+J组合键打开"选项"对话框，选择"PowerTRACE"选项卡，在其中可以设置快速描摹方法，如图9-12所示。

• 中心线描摹：又被称为"笔触描摹"。该方式使用线条描摹对象，适用于描摹技术图解、地图、线条画和拼版等图像，包括"技术图解"和"线条画"两种类型，如图9-13所示。

• 轮廓描摹：又被称为"填充"或"轮廓图描摹"。该方式使用无轮廓的曲线描摹对象，适用于描摹剪贴画、徽标等图像，包括"线条图""徽标"等多种类型，如图9-14所示。

选择位图，在属性栏中单击"描摹位图"下拉按钮，选择相应的选项即可进行转换。图9-15、图9-16所示为快速描摹前后的对比效果。

图9-12

图9-13

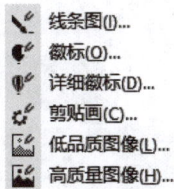

图9-14

图9-15

图9-16

要注意的是，选择"中心线描摹"或"轮廓描摹"选项下的子选项时将打开"PowerTRACE"对话框，在其中可对描摹效果进行精确的设置，如图9-17所示。

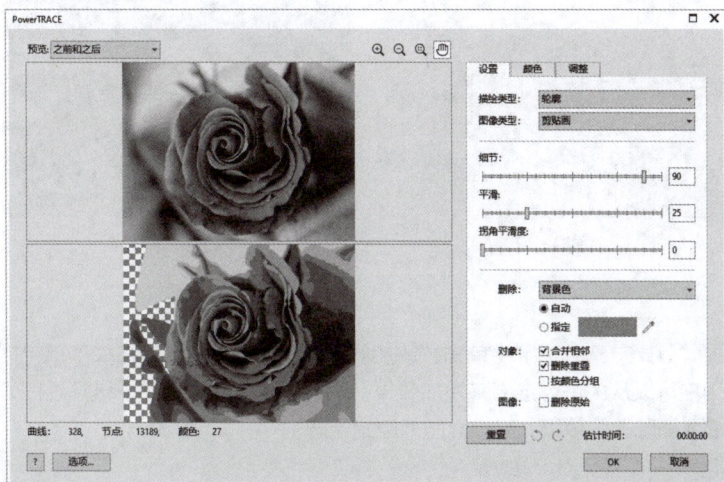

图9-17

9.2 位图的色彩调整

色彩能极大地影响位图的视觉效果和表现力。CorelDRAW提供了用于调整位图色彩的效果，这些效果有的是位图专用的，如图像调整实验室等，有的是位图、矢量图均可使用的，如自动调整、色阶等，下面将对其中常用的部分效果进行介绍。

9.2.1 图像调整实验室

图像调整实验室是专门针对位图的效果，它集图像的色温、饱和度、对比度、高光等调色属性于一体，可以快速且全面地调整图像色彩。

选中位图，执行"位图>图像调整实验室"命令，打开"图像调整实验室"对话框，如图9-18所示。拖动滑块设置参数即可，图9-19所示为调整后的效果。

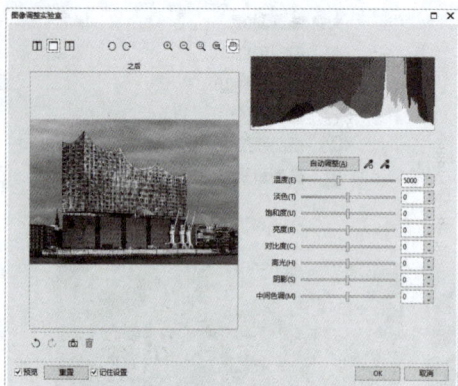

图9-18　　　　　　　　　　　　图9-19

9.2.2　自动调整

　　自动调整是CorelDRAW根据图像的对比度和亮度进行快速自动匹配，让图像效果更清晰分明的功能。选中对象，执行"效果>调整>自动调整"命令即可，图9-20、图9-21所示为调整前后的对比效果。

图9-20　　　　　　　　　　　　图9-21

知识链接

　　在"属性"泊坞窗"效果" *fx* 选项卡中单击"添加效果" **+** 按钮，弹出的快捷菜单包括"效果"菜单中的大部分选项，用户可以从中进行选择来添加效果。同时，这些效果都是非破坏性的，用户可以在"属性"泊坞窗中隐藏或删除这些效果，以恢复图像原始状态。

9.2.3　局部平衡

　　局部平衡效果可以增加图像边缘附近的对比度，展示亮区和暗区的细节，创建风格化的效果。选中对象，执行"效果>轮廓图>局部平衡"命令即可，图9-22、图9-23所示为调整前后的对比效果。

图9-22　　　　　　　　　　　　图9-23

　　选中对象，在"属性"泊坞窗中可对"局部平衡"效果进行调整。

9.2.4　色阶

色阶效果可以在保留阴影和高亮度细节的同时调整位图或矢量图形的色调和对比度。选中对象，执行"效果>调整>色阶"命令，在"属性"泊坞窗中设置各通道的参数。图9-24、图9-25所示为调整前后的效果。

图9-24　　　　　　　　　　　　　　　　图9-25

9.2.5　样本&目标

样本&目标效果可以使用从图像中选取的色样来调整位图的颜色值，如从图像的阴影、中间调和高光部分选取色样，然后设置目标颜色将其应用于每个色样。

选中对象，执行"效果>调整>样本&目标"命令，在"属性"泊坞窗中设置参数。图9-26、图9-27所示为调整前后的效果。

图9-26　　　　　　　　　　　　　　　　图9-27

9.2.6　调合曲线

调合曲线效果通过控制各个像素值来精确地调整图像中的阴影、中间值和高光的颜色，从而快速调整图像的明暗关系。

选中对象，执行"效果>调整>调合曲线"命令，在"属性"泊坞窗中调整曲线。图9-28、图9-29所示为调整前后的效果。

图9-28　　　　　　　　　　　　　　　图9-29

9.2.7 亮度

亮度效果可以调整所有颜色的亮度以及明亮区域与暗调区域之间的差异。选中对象，执行"效果>调整>亮度"命令，在"属性"泊坞窗中设置参数进行调整。图9-30、图9-31所示为调整前后的效果。

图9-30　　　　　　　　图9-31

9.2.8 颜色平衡

颜色平衡效果可以在原色的基础上添加其他颜色，或通过某种颜色的补色减少该颜色的数量，从而改变图像色调，达到纠正图像中偏色或制作单色图像的目的。

选中对象，执行"效果>调整>颜色平衡"命令，在"属性"泊坞窗中设置参数进行调整。图9-32、图9-33所示为调整前后的效果。

图9-32　　　　　　　　图9-33

9.2.9 替换颜色

替换颜色效果可以替换图像、选定内容或对象中的一种或多种颜色。选中对象，执行"效果>调整>替换颜色"命令，在"属性"泊坞窗中设置原始颜色和新建颜色进行调整。图9-34、图9-35所示为调整前后的效果。

图9-34　　　　　　　　图9-35

9.2.10 课堂实操：圆珠笔线条画

实操9-1　｜　圆珠笔线条画

微课视频

📁 **实例资源** ▶ \第9章\圆珠笔线条画\建筑图.jpg、圆珠笔画.cdr

本案例将练习制作圆珠笔线条画。涉及的知识点包括色阶效果的应用等。具体操作方法介绍如下。

Step 01 启动CorelDRAW软件，执行"文件>新建"命令，打开"创建新文档"对话框并设置参数，如图9-36所示。完成后单击"OK"按钮新建文档。

Step 02 执行"文件>导入"命令，打开"导入"对话框，选择素材文件，如图9-37所示。

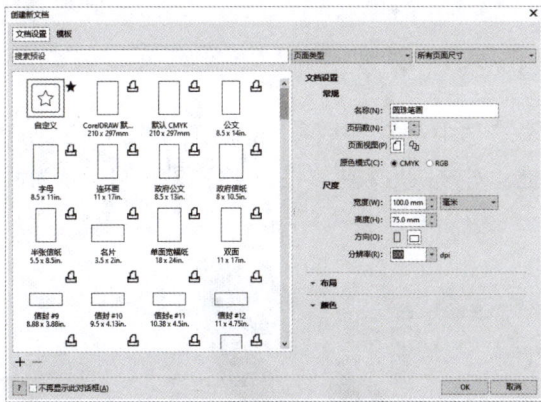

图9-36　　　　　　　　　　　　　　　　　　图9-37

Step 03　单击"导入"按钮，在页面中导入位图。在属性栏中设置位图大小与文档一致，调整其与页面居中对齐，效果如图9-38所示。

Step 04　选中位图，执行"效果>调整>色阶"命令，在"属性"泊坞窗下半部分设置参数，如图9-39所示。效果如图9-40所示。

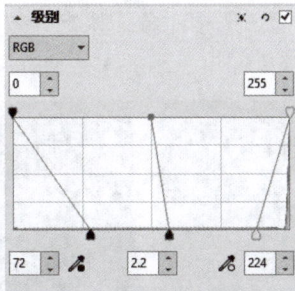

图9-38　　　　　　　　　　图9-39　　　　　　　　　　图9-40

Step 05　继续在"属性"泊坞窗中设置参数，如图9-41所示。效果如图9-42所示。

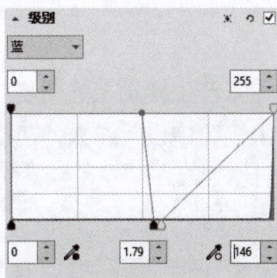

图9-41　　　　　　　　　　图9-42

至此，完成圆珠笔线条画的制作。

9.3　应用三维特效

　　"三维效果"效果组中的效果可以使对象呈现出三维变化。执行"效果>三维效果"命令，在弹出的菜单中可查看该组的效果，包括三维旋转、柱面、浮雕、卷页等。这些效果既可用于位图，也可用于矢量图、文字等。下面将对此进行介绍。

9.3.1 三维旋转

　　三维旋转效果可以在三维空间中旋转平面对象。选中对象，执行"效果>三维效果>三维旋转"命令，在"属性"泊坞窗中输入数值或直接拖动对象应用效果。图9-43、图9-44所示为调整前后的效果。

　　　　　图9-43　　　　　　　　　　　　　　图9-44

9.3.2 柱面

　　柱面效果可以将对象塑造成柱面。选中对象，执行"效果>三维效果>柱面"命令，在"属性"泊坞窗中设置柱面模式及变形强度即可。图9-45、图9-46所示为调整前后的对比效果。

　　　　　图9-45　　　　　　　　　　　　　　图9-46

9.3.3 浮雕

　　浮雕效果通过勾画图像的轮廓和降低对象周围色值来产生视觉上的凹陷或凸出效果。选中对象，执行"效果>三维效果>浮雕"命令，在"属性"泊坞窗中设置参数，包括浮雕深度、层次、方向、颜色等。图9-47、图9-48所示为调整前后的对比效果。

　　　　　图9-47　　　　　　　　　　　　　　图9-48

9.3.4 卷页

　　卷页效果可以使图像的一个角卷起，模拟出翻页的效果。选中对象，执行"效果>三维效果>卷页"命令，在"属性"泊坞窗中单击方向按钮设置卷页方向，还可以单击"不透明"和"透明的"单选按钮对卷页的效果进行设置。另外，结合"卷曲度"和"背景颜色"下拉按钮可以对卷曲部分和背景的颜色进行调整。使用颜色滴管工具在图像中取样颜色，此时卷页的颜色显示为吸取的颜色。图9-49、图9-50所示为调整前后的对比效果。

图9-49 图9-50

9.3.5 挤远/挤近

挤远/挤近效果通过弯曲挤压图像，使对象相对于中心点产生向内凹陷或向外凸出的变形效果。

选中对象，执行"效果>三维效果>挤远/挤近"命令，在"属性"泊坞窗中，拖动"挤远/挤近"选项的滑块或在数值框中输入相应的数值使图像产生变形效果。当数值为0时，图像无变化。当数值为正数时，将图像挤远，形成凹效果，如图9-51所示。当数值为负数时，将图像挤近，形成凸效果，如图9-52所示。

图9-51 图9-52

9.3.6 球面

球面效果可以在对象中形成平面凸起或凹陷，模拟出类似球面的效果。

选中对象，执行"效果>三维效果>球面"命令，在"属性"泊坞窗中拖动"百分比"的滑块，向右拖动将产生凸起的球面效果，如图9-53所示；向左拖动产生凹陷的球面效果，如图9-54所示。

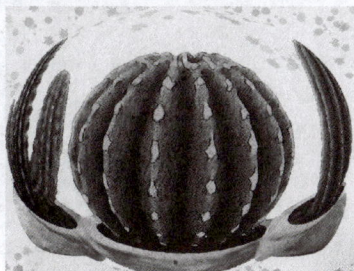 

图9-53 图9-54

9.3.7 锯齿型

锯齿型效果可以从可调中心点向外扭曲图像产生波形，制作出类似水波纹的效果。选中对象，执行"效果>三维效果>锯齿型"命令，在"属性"泊坞窗中可以选择锯齿的类型并指定其数量和强度。图9-55、图9-56所示为调整前后的对比效果。

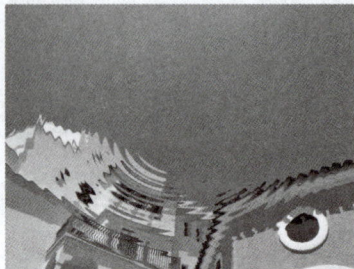

图9-55　　　　　　　　　　　　图9-56

9.3.8 课堂实操：卷页效果

实操9-2 卷页效果

实例资源 ▶ \第9章\卷页效果\背景.jpg、卷页.cdr

本案例将练习制作卷页效果。涉及的知识点包括卷页三维效果的添加与设置。具体操作方法介绍如下。

Step 01 启动CorelDRAW软件，执行"文件>新建"命令，打开"创建新文档"对话框并设置参数，如图9-57所示。完成后单击"OK"按钮新建文档。

Step 02 执行"文件>导入"命令，导入本章素材文件，调整至合适大小与位置，如图9-58所示。

图9-57　　　　　　　　　　　　　　　　　　图9-58

Step 03 选中图像，执行"效果>三维效果>卷页"命令，在"属性"泊坞窗中设置参数，如图9-59所示。效果如图9-60所示。

图9-59　　　　　　　　　　　　图9-60

至此，完成卷页效果的制作。

9.4　应用其他特效

"效果"菜单还包括另外一些常用的效果组，如艺术笔触、模糊、相机、颜色转换、校正等，这些效果组的作用各不相同，下面将对其进行介绍。

9.4.1　艺术笔触

"艺术笔触"效果组中的效果可以对对象进行艺术加工，赋予对象不同的绘画风格，包括炭笔画、蜡笔画、印象派等效果。这些效果的作用介绍如下。

- 炭笔画：制作类似于炭笔画的图像效果，多用于对人物图像或照片进行艺术化处理。图9-61、图9-62所示为原图像和应用该效果后的图像。

图9-61　　　　　　　　　　　　图9-62

- 单色蜡笔画、蜡笔画、彩色蜡笔画：这3种效果都为蜡笔效果，可以快速将图像中的像素分散，模拟出蜡笔画的效果。
- 立体派：将相同颜色的像素组成小颜色区域，从而使图像形成立体派绘画风格的效果。
- 浸印画：使图像像素外观呈现为绘画风格的色块样式。
- 印象派：将图像转换为由小块纯色组成的图像，模拟印象派绘画作品的效果。
- 调色刀：使图像中相近的颜色相互融合，减少细节以产生写意的效果。图9-63所示为应用该效果后的图像。
- 钢笔画：模拟钢笔素描画的效果。

- 点彩派：赋予图像一种点彩画派的风格。
- 木版画：让彩色图像看起来像由几层粗剪彩纸构成，与刮涂绘画得到的效果类似。
- 素描：使图像产生素描画的效果，该效果是绘制功能的一大特色。图9-64所示为应用该效果后的图像。

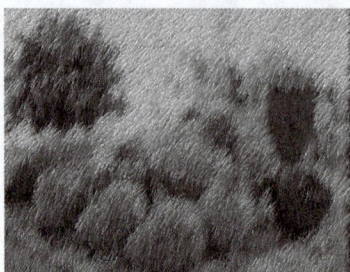

图9-63 图9-64

- 水彩画：描绘出图像中景物的形状，同时对图像进行简化、混合、渗透，使其产生水彩画的效果。
- 水印画：模拟水彩斑点绘画的效果。
- 波纹纸画：使图像看起来像是绘制在带有底纹的波纹纸上。

9.4.2 模糊

"模糊"效果组中的效果可以模糊处理对象中的像素，包括定向平滑、羽化、高斯式模糊等效果。这些效果的作用介绍如下。

- 调节模糊：包括4种模糊效果，用户可以在编辑图像的过程中根据需要进行调整。
- 定向平滑：在图像中添加范围窄小的模糊效果，使图像中的区域变得平滑。
- 羽化：逐渐增加对象边缘的透明度，使对象边缘虚化，与背景完美融合。图9-65、图9-66所示为原图像和应用该效果后的图像。

图9-65 图9-66

- 高斯式模糊：使图像根据半径数据按照高斯分布的方式进行模糊变化，产生良好的朦胧效果。图9-67所示为应用该效果后的图像。
- 锯齿状模糊：为图像添加细微的锯齿状模糊效果。值得注意的是，该模糊效果不是非常明显，需要将图像放大多倍后才能观察到变化。
- 低通滤波器：调整图像中尖锐的边角和细节，让图像的模糊效果更柔和，形成一种朦胧的模糊效果。
- 动态模糊：模仿拍摄运动物体的手法，通过像素在某一方向上的线性位移产生动态模糊效果。

● 放射式模糊：使图像产生从中心点放射的模糊效果。中心处图像效果不变，离中心点越远，模糊效果越强。图9-68所示为应用该效果后的图像。

图9-67   图9-68

● 智能模糊：选择性地为画面中的部分像素区域创建模糊效果。

● 平滑：减小相邻像素之间的色调差，使图像产生细微的模糊变化。

● 柔和：使图像中的粗糙边缘变得平滑和柔和，同时不会丢失重要的图像细节。

● 缩放：使图像中的像素从中心点向外模糊，离中心点越近，模糊效果越弱。

9.4.3 相机

"相机"效果组中的效果可以模拟摄影过程，包括着色、扩散、照片过滤器等效果。这些效果的作用介绍如下。

● 着色：将图像中的颜色替换为单一颜色，形成双色调图像或单色调图像。图9-69、图9-70所示为原图像和应用该效果后的图像。

图9-69   图9-70

● 扩散：通过分布图像像素填充空白区域和移除杂点柔化图像。

● 照片过滤器：模拟在相机镜头前面添加彩色滤镜的效果。

● 镜头光晕：在对象上生成光环，模拟光晕效果。图9-71所示为应用该效果后的图像。

● 照明效果：为对象添加光源，制作出聚光灯、泛光灯或阳光照射的效果。

● 棕褐色色调：模拟使用褐色胶片拍摄的效果，使图像色调呈现褐色。

● 焦点滤镜：应用高斯式模糊来控制对象中的模糊区域，同时不强调周围区域。

● 延时：模拟过去流行的摄影风格。图9-72所示为应用该效果后的图像。

图9-71   图9-72

9.4.4 颜色转换

"颜色转换"效果组中的效果可以转换像素的颜色，形成多种特殊效果，包括位平面、半色调、梦幻色调和曝光4种效果。这些效果的作用介绍如下。

- 位平面：将图像中的颜色减少到只使用基本RGB颜色，使用纯色来表现色调，适用于分析图像的渐变。
- 半色调：从连续的色调图像转换成用一系列大小不一的点来表示不同色调的图像。图9-73、图9-74所示为原图像和应用该效果后的图像。

图9-73   图9-74

- 梦幻色调：将图像中的颜色转换为明亮的电子色，如橙青色、酸橙绿等。在"属性"泊坞窗中调整"层次"选项的滑块可改变梦幻效果的强度。该数值越大，颜色变化效果越明显；数值越小，图像色调更趋于一个色调。图9-75所示为应用该效果后的图像。
- 曝光：反转图像色调，使图像转换为类似底片的效果。图9-76所示为应用该效果后的图像。

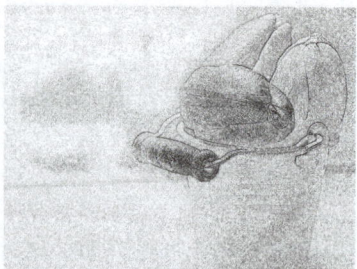

图9-75   图9-76

9.4.5 轮廓图

"轮廓图"效果组中的效果可以跟踪对象边缘，以独特的方式将复杂图像用线条来表现，包括边缘检测、查找边缘、描摹轮廓和局部平衡4种效果。部分效果的作用介绍如下。

- 边缘检测：快速找到图像中各个对象的边缘。在"属性"泊坞窗中可对背景色以及检测边缘的灵敏度进行调整。图9-77、图9-78所示为原图像和应用该效果后的图像。

- 查找边缘：检测图像中对象的边缘，并将其转换为或柔和或尖锐的曲线，适用于高对比度的图像。在"属性"泊坞窗中单击"软"单选按钮可使图像产生柔和的轮廓，单击"纯色"单选按钮可使其产生尖锐的轮廓。图9-79所示为应用该效果后的图像。
- 描摹轮廓：使用16色调色板高亮显示图像的边缘，用于指定要突出显示的边缘像素。图9-80所示为应用该效果后的图像。

图9-79　　　　　　　　　　　　　　图9-80

9.4.6　校正

"校正"效果组中的效果可以通过增加对比度、强化图像边缘或减少阴影来消除图像中的尘埃与刮痕或鲜明化图像，包括尘埃与刮痕、调整鲜明化两种效果。两种效果的作用介绍如下。
- 尘埃与刮痕：改善具有细小尘埃与刮痕的图像。
- 调整鲜明化：通过强化边缘细节、着重处理模糊区域或增加对比度鲜明化图像。图9-81、图9-82所示为原图像和应用该效果后的图像。

图9-81　　　　　　　　　　　　　　图9-82

9.4.7　创造性

"创造性"效果组中的效果可以将对象转换为不同的形状和纹理，包括艺术样式、晶体化、织物等效果。这些效果的作用介绍如下。
- 艺术样式：使用神经网络技术将一个图像的样式传输到另一个图像上。在"属性"泊坞窗中可选择不同的预设效果。
- 晶体化：使图像形成晶体般的效果。图9-83、图9-84所示为原图像和应用该效果后的图像。
- 织物：模拟纺织物的质感，如刺绣、地毯钩织等。图9-85所示为应用该效果后的图像。
- 框架：将图像装在预设的框架中，形成一种在画框中的效果。
- 玻璃砖：模拟透过厚玻璃看到图像的效果。图9-86所示为应用该效果后的图像。
- 马赛克：将原图像分割为若干个颜色块。
- 散开：通过扩散像素扭曲图像。
- 茶色玻璃：在图像上应用透明的有色色调。

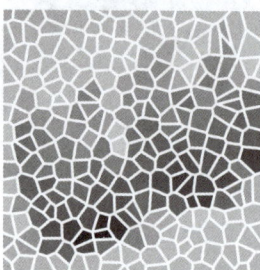

图9-83　　　　　　　　图9-84　　　　　　　　图9-85　　　　　　　　图9-86

- 彩色玻璃：模拟彩色玻璃的效果。图9-87所示为应用该效果后的图像。
- 虚光：在图像中添加一个边框，使图像根据边框向内产生朦胧效果。可对边框的形状、颜色等进行设置。
- 旋涡：使图像以指定的点为中心产生旋转效果。图9-88所示为应用该效果后的图像。

图9-87　　　　　　　　　图9-88

9.4.8　自定义

"自定义"效果组中的效果支持用户创建艺术笔绘画、进行自定义等，从而改变图像效果，包括带通滤波器、上调映射和用户自定义3种效果。这3种效果的作用介绍如下。

- 带通滤波器：可在图像上调整鲜明、平滑区域。鲜明区域是指发生突兀变化的区域，平滑区域是指发生渐变的区域。图9-89、图9-90所示为原图像和应用该效果后的图像。

图9-89　　　　　　　　　　　　　　图9-90

- 上调映射：又称"凹凸贴图"，根据凹凸贴图图像的像素值为图像添加纹理和图案。图9-91所示为应用该效果后的图像。
- 用户自定义：允许用户为每个像素定义新色值，以创建模糊、鲜明化或边缘检测等特殊效果。图9-92所示为应用该效果后的图像。

图9-91　　　　　　　　　　　　　　图9-92

9.4.9 扭曲

"扭曲"效果组中的效果可以通过不同的方式扭曲图像中的像素，从而制作不同的效果，包括块状、置换、网孔扭曲等12种效果。这些效果的作用介绍如下。

- 块状：使图像分裂为若干小块，形成拼贴镂空效果。图9-93、图9-94所示为原图像和应用该效果后的图像。
- 置换：根据软件提供的图置换当前的图。
- 网孔扭曲：通过改变网格上节点的位置使图像变形。
- 偏移：按照指定的数值偏移整个图像，并按照指定的方法填充偏移后留下的空白区域。图9-95所示为应用该效果后的图像。

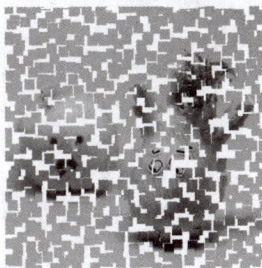
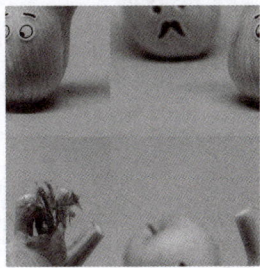

图9-93   图9-94   图9-95

- 像素：将图像分割为正方形、矩形或者射线。
- 龟纹：为图像添加波纹变形效果。图9-96所示为应用该效果后的图像。
- 切变：将图像映射到线段的形状上。
- 旋涡：使图像按照指定的方向、角度和中心点产生旋涡效果。图9-97所示为应用该效果后的图像。
- 平铺：将图像平铺在整个图像范围中，多用于制作背景效果。
- 湿笔画：使图像产生一种类似于油画未干透、颜料流动的效果。
- 涡流：为图像添加流动的涡旋图案。
- 风吹效果：在图像上制作出物体被风吹动后形成的摆动效果。调整"浓度"选项的滑块可设置风的强度。调整"不透明度"选项的滑块可改变效果的不透明度。图9-98所示为应用该效果后的图像。

图9-96   图9-97   图9-98

9.4.10 杂点

"杂点"效果组中的效果可以在图像中添加或去除杂点，包括调整杂点、添加杂点、去除龟纹等8种效果。这些效果的作用介绍如下。

- 调整杂点：快速应用9种杂点效果。
- 添加杂点：为图像添加颗粒状的杂点，让图像呈现出老照片的效果。图9-99、图9-100所示为原图像和应用该效果后的图像。
- 三维立体杂点：将图像转换为带有纵深感的杂点图像，适用于高对比度的线条图和灰度图。
- 最大值：根据位图最大颜色值附近的像素颜色调整其他像素的颜色，以消除图像中的杂点。
- 中值：通过平均图像中像素的颜色值消除杂点和细节。在"属性"泊坞窗中，调整"半径"选项的滑块可设置在使用这种效果时选择像素的数量。图9-101所示为应用该效果后的图像。

图9-99　　　　　　　　　图9-100　　　　　　　　　图9-101

- 最小：通过使图像像素变暗的方法消除杂点。在"属性"泊坞窗中，调整"百分比"选项的滑块可设置效果的强度，调整"半径"选项的滑块可设置在使用这种效果时选择像素的数量。
- 去除龟纹：去除在扫描的半色调图像中经常出现的图案杂点。
- 去除杂点：去除扫描或者抓取的视频录像中的杂点，使图像变柔和。这种效果通过比较相邻像素并求出平均值，使图像变得平滑。

9.4.11　底纹

"底纹"效果组中的效果可以为对象添加砖墙、气泡、画布等底纹，包括砖墙、气泡、画布等12种效果。这些效果的作用介绍如下。

- 砖墙：将像素变为一系列互锁的单元格，模拟图像印在砖墙上的效果。图9-102、图9-103所示为原图像和应用该效果后的图像。

图9-102　　　　　　　　　　　图9-103

- 气泡：在图像上模拟鼓泡的效果。
- 画布：以其他图像作为画布底纹添加至当前图像上。
- 鹅卵石：使图像看起来像是由鹅卵石拼接而成的。图9-104所示为应用该效果后的图像。

- 褶皱：形成波浪线叠加，使图像呈现皱褶效果。
- 蚀刻：模拟蚀刻效果。
- 塑料：通过设置参数，使图像呈现塑料质感。图9-105所示为应用该效果后的图像。

图9-104　　　　　　　　　　　图9-105

- 石灰墙：重新分布像素，使图像看上去像是绘制于石灰墙上。
- 浮雕：使图像呈现浮雕效果。
- 网格门：模拟透过网格门观看图像的效果。
- 石头：使图像呈现石头纹理。
- 底色：使图像看起来像是在画布上创作然后被颜料层覆盖的绘画。

9.4.12 矢量马赛克

"矢量马赛克"（Pointillizer）效果可以通过选定任意数量的矢量图或位图，创建高质量的矢量马赛克。多用于制作汽车贴画和窗户装饰的项目。

选中对象或对象群组，执行"效果>Pointillizer"命令，打开"Pointillizer"泊坞窗，如图9-106所示。设置参数，单击"应用"按钮即可应用效果。图9-107、图9-108所示为调整前后的对比效果。

"Pointillizer"泊坞窗中部分常用选项的作用介绍如下。

- 密度：用于设置平铺数量。数值越大，平铺数量越多。
- 缩放：通过放大和缩小所有平铺来调整其大小。取值大于1时，会增加平铺的大小；取值小于1时，会减小平铺的大小。
- 屏幕角度：用于设置每行平铺绕水平轴旋转的角度。取值为正时按逆时针方向旋转平铺，反之按顺时针方向旋转平铺。

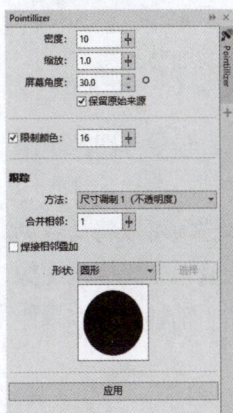  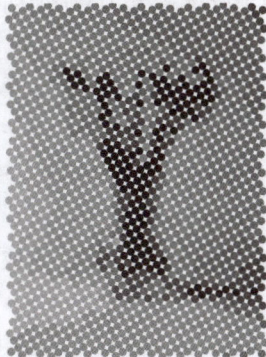

图9-106　　　　　　　图9-107　　　　　　　图9-108

- 保留原始来源：勾选该复选框，软件将在保留原图的基础上生成矢量马赛克。
- 限制颜色：用于控制渲染马赛克的颜色数。
- 方法：用于设置解析图像的方法，包括均匀（白边无光泽）、尺寸调整1（不透明度）和尺寸调整2（亮度）3种方式。
- 合并相邻：用于设置可以合并为单个平铺的相似颜色平铺的最大数量。
- 焊接相邻叠加：勾选该复选框可将重叠的平铺焊接在一起。
- 形状：用于设置平铺形状，包括圆形、正方形和自定义3种。

9.4.13　位图马赛克

"位图马赛克"（PhotoCocktail）效果可以将照片和矢量图转换为由选定图像组成的独特马赛克。选择对象或对象群组，执行"效果>PhotoCocktail"命令，打开"PhotoCocktail"泊坞窗，如图9-109所示。选择要用于平铺的图像文件夹，并设置相关参数，单击"应用"按钮即可应用效果。图9-110、图9-111所示为调整前后的对比效果。

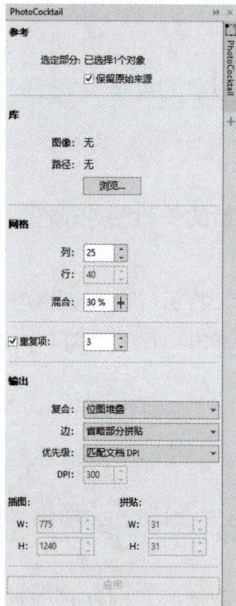

图9-109　　　　　　　图9-110　　　　　　　图9-111

"PhotoCocktail"泊坞窗中部分常用选项的作用介绍如下。

- 列：用于设置马赛克的平铺列数，数值越大，马赛克呈现的细节越多。
- 行：用于显示马赛克的行数，该数值基于列自动计算得出。
- 混合：指定参考颜色与平铺颜色相调和的范围，数值越高，与参考图像越像。
- 重复项：勾选该复选框，软件将在最终的马赛克中重复平铺。
- 复合：用于设置输出内容的显示方式。选择"单个位图"选项可以将马赛克渲染为单个光栅化图像，调和效果融入图像中；选择"位图堆叠"选项可以生成单个光栅化图像，调和效果作为单个对象位于顶层；选择"位图数组"选项可以创建一组位图平铺，调和效果作为单个对象群组位于顶层。
- 边：用于设置边缘周围不平整平铺的处理方法。
- 优先级：用于设置输出质量。

9.4.14 课堂实操：素描绘画效果 AIGC

实操9-3 / 素描绘画效果

实例资源 ▶ \第9章\素描绘画效果\雪地.jpg、素描.cdr

本案例将练习制作素描绘画效果。涉及的知识点包括素描、色阶等效果的应用。具体操作方法介绍如下。

Step 01 借助AIGC工具（如文心一言），生成素描效果的操作方式，具体如下：

Q CDR中怎么将图片转换为素描效果？

A 在CDR（CorelDRAW）中，将图片转换为素描效果是一个相对简单且直观的过程。以下是具体步骤：

一、准备工作

1. 打开CDR软件：首先，启动CorelDRAW软件，并新建一个文件。

2. 导入图片：执行"文件>导入"命令（组合快捷键Ctrl+I），导入你想要转换为素描效果的图片。

二、应用素描效果

1. 选择位图：在CDR中，确保你已经选中了要转换为素描效果的图片（位图）。

2. 打开素描滤镜：选择图片后，依次点击上方菜单栏的"效果>艺术笔触>素描"。

3. 调整参数：

• 铅笔类型：你可以选择"碳色"铅笔来制作黑白素描效果，或者选择"颜色"铅笔来制作彩色素描效果。

• 样式：通过拖动"样式"滑块或增大/减小数值，可以调整素描画的精细程度。向右拖动滑块或增大数值，可以使素描画更加精细。

• 笔芯：拖动"笔芯"滑块可以改变笔芯大小笔触，数值越大笔芯越粗，笔触效果越明显。这个笔芯是模仿不同硬度铅笔（如6H、HB、6B）的笔芯大小。

• 轮廓：拖动"轮廓"滑块可以调整素描轮廓的粗细和明暗程度，数值越大，素描轮廓越粗越黑。

4. 预览与确定：在"素描"对话框中，点击"双预览窗口"可以查看原始图片和滤镜效果之间的对比。通过实时预览来查看调整后的效果，满意后点击"确定"按钮，位图即可应用素描滤镜效果。

三、进一步调整与优化

1. 色彩调整：如果你选择了彩色素描效果，还可以进一步调整色彩饱和度、亮度等参数，以获得更自然的色彩表现。

2. 细节优化：使用CDR中的其他工具（如橡皮擦、画笔等）对素描效果进行细节上的优化和调整，使其更加符合你的创作需求。

注意事项

• 在使用"素描艺术笔触"前，要确保该图片是位图。如果不是位图，需要将矢量图转换成位图才能使用此滤镜。

• 素描效果的参数调整需要根据具体情况进行灵活设置，以达到最佳效果。

通过以上步骤，你就可以在CDR中将图片成功转换为素描效果了。无论是黑白素描还是彩色素描，CDR都提供了丰富的参数供你选择和调整，以满足不同的创作需求。

参考AIGC工具的回答，进行后续操作。

Step 02 启动CorelDRAW软件，执行"文件>新建"命令，打开"创建新文档"对话框并设置参数，如图9-112所示。完成后单击"OK"按钮新建文档。

Step 03 执行"文件>导入"命令，导入本章素材文件，调整至合适大小与位置，如图9-113所示。

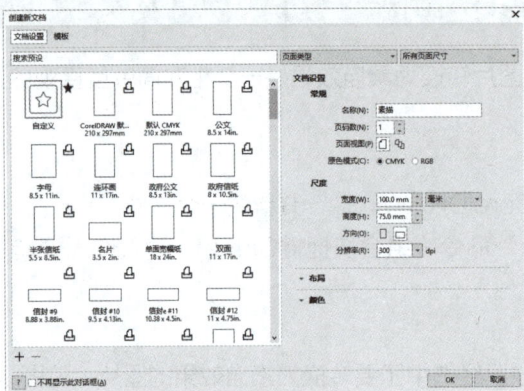

图9-112

图9-113

Step 04 选中图像，执行"效果>艺术笔触>素描"命令，在"属性"泊坞窗中设置参数，如图9-114所示。效果如图9-115所示。

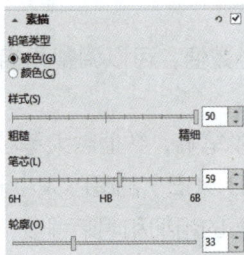

图9-114

图9-115

Step 05 选中图像，执行"效果>调整>色阶"命令，在"属性"泊坞窗中设置参数，如图9-116所示。效果如图9-117所示。

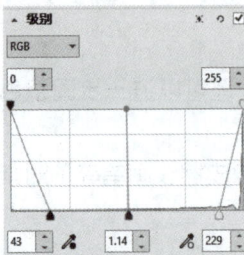

图9-116

图9-117

Step 06 选中图像，执行"效果>调整>亮度"命令，在"属性"泊坞窗中设置参数，如图9-118所示。效果如图9-119所示。

至此，完成素描绘画效果的制作。

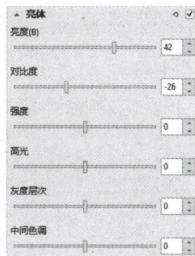

图9-118　　　　　　　　图9-119

微课视频

9.5 实战演练：下雨效果

实操9-4 ╱ 下雨效果

实例资源 ▶ \第9章\下雨效果\阴天.jpg、下雨.cdr

本案例将综合应用本章所学知识制作下雨效果，以达到举一反三、学以致用的目的。下面将对具体操作思路进行介绍。

Step 01 启动CorelDRAW软件，执行"文件>新建"命令，打开"创建新文档"对话框并设置参数，如图9-120所示。完成后单击"OK"按钮新建文档。

Step 02 执行"文件>导入"命令，导入本章素材文件，调整至合适大小与位置，如图9-121所示。

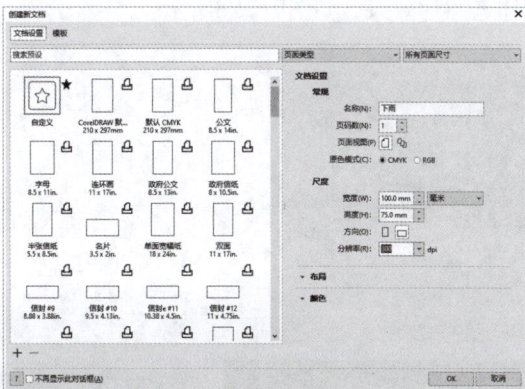

图9-120　　　　　　　　图9-121

Step 03 使用矩形工具绘制与图像等大的矩形，填充白色，去除轮廓，如图9-122所示。

Step 04 选中矩形，执行"效果>杂点>添加杂点"命令，在"属性"泊坞窗中设置参数，如图9-123所示。效果如图9-124所示。

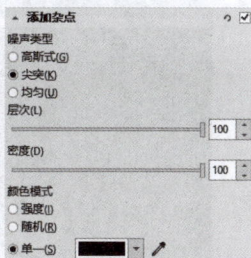
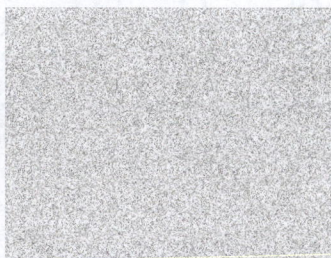

图9-122　　　　　　图9-123　　　　　　图9-124

Step 05 选中矩形，执行"效果>模糊>动态模糊"命令，在"属性"泊坞窗中设置参数，如图9-125所示。效果如图9-126所示。

Step 06 选中矩形，单击透明度工具，在属性栏中设置"合并模式"为"乘"，效果如图9-127所示。

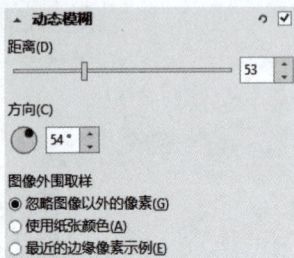

图9-125

图9-126

图9-127

至此，完成下雨效果的制作。

9.6 拓展练习

实操9-5 / 老照片效果

实例资源 ▶ \第9章\老照片效果\照片.jpg、老照片.cdr

下面将练习使用位图及不同的效果制作老照片效果，如图9-128所示。

图9-128

技术要点：

· 位图的导入；

· 效果的应用。

分步演示：

①导入素材文件，调整至合适大小和位置；

②为素材添加延时和色阶效果，并进行调整；

③绘制一个与图像等大的黑色矩形，添加水印画和浸印画效果；

④设置矩形"合并模式"为"差异"，透明度为50%。

分步演示效果如图9-129所示。

图9-129

第 10 章
包装的设计与制作

内容导读

本章将对包装的设计与制作进行介绍，包括包装的构成元素、材料选择、印后工艺等。了解并掌握这些知识，可以帮助设计师全面提高其在包装领域的专业能力和实际操作能力。

学习目标

- 熟悉包装的构成元素
- 了解包装的材料
- 了解包装的印后工艺

素养目标

- 让设计师能够根据商品的属性和目标消费群体选择合适的元素进行设计。
- 培养设计师在包装设计方面的技能，提高其业务能力。

案例展示

纸巾盒展开图

纸巾盒效果图

包装设计是指为产品创建外部包装的过程，涉及包装的视觉美学、结构设计、材料选择等方面内容。下面将对此进行介绍。

10.1.1 包装的构成元素

包装综合反映了品牌理念、产品特性和消费类型，直接影响着产品在市场上的表现。构图设计是包装设计的灵魂，主要包括图形设计、色彩设计及文字设计3个方面。

1. 图形设计

图形是包装设计的主要元素之一，可以传达产品性质和品牌特色，帮助消费者快速识别产品。就表现形式而言，图形可以分为商标、产品插图及装饰图案3种。

- 商标：包括品牌标志和符号，具有较强的识别性，如图10-1所示。
- 产品插图：真实的产品图片或与产品相关的插图可以增加产品的吸引力，直观地展示产品，如图10-2所示。
- 装饰图案：包括具体和抽象两种风格。具体风格是通过人、物或风景纹样表现产品特性及属性，如图10-3所示。抽象风格则多用点、线、面等构成画面，提高包装的美观性，传达特定的文化或情感，如图10-4所示。

图10-1　　　　　　　　图10-2　　　　　　　　图10-3　　　　　　　　图10-4

2. 色彩设计

色彩是包装设计中极为重要的元素，不仅能增强视觉吸引力，还能传递情感和信息。在设计包装时，应根据产品特点及目标消费者群体选择合适的色彩。图10-5、图10-6所示为不同色彩风格的产品包装。

每类商品都具有其独特性，所以包装颜色也有所不同。例如，食品类商品的包装以鲜明的暖色系为主；化妆类商品的包装以柔和的

图10-5　　　　　　　　图10-6

色系为主；儿童类商品的包装以鲜艳的纯色系为主；科技类商品的包装以蓝色、灰黑色系为主；体育类商品的包装以鲜艳明亮的色系为主；小五金、机械类商品的包装以蓝色、黑色等深色系为主。

3. 文字设计

文字是传递信息最直观的工具，也是设计表达的一部分，其内容应简明易读，设计应具备良好的识别性和美观性。此外，文字的编排应与包装的整体设计风格保持一致，如图10-7所示。

图10-7

10.1.2 包装的材料选择

包装设计的选材不仅影响着产品的视觉表达，还影响着产品的保护和运输。常见的包装材料包括纸质材料、塑料材料、金属材料、玻璃材料、木质材料等，这些材料都有独特的性质和适用场景，下面将对此进行介绍。

1. 纸质材料

纸张是在包装中运用较多的材料，具有轻便、可塑性强、成本低、环保等优点，适用于各种产品的包装。常见的纸质包装材料有牛皮纸、玻璃纸、蜡纸、铜版纸、瓦楞纸、白纸板、防潮纸等，如图10-8所示。

图10-8

图10-9

2. 塑料材料

塑料材料在包装行业中应用广泛，具有防水、防潮、耐油污、透明等特性。常见的塑料包装材料包括聚乙烯（PE）、聚丙烯（PP）、聚氯乙烯（PVC）、聚酯（PET）等。此外，塑料包装还可以制成各种形状和尺寸的容器，如塑料瓶、塑料袋、塑料盒等，便于产品储存和运输，如图10-9所示。

3. 金属材料

金属类包装的主要形式有各种金属罐、金属软管等，具有高档、美观、耐用等特点，常用于高端产品的包装。常见的金属包装材料包括铝罐、马口铁涂料罐、镀铬铁罐等。此外，金属包装还可以制成各种形状和尺寸的容器，如金属桶、金属盒等。

4. 玻璃材料

玻璃材料具有耐酸、稳定、透明等特点，常用于需要展示产品实物的包装，例如饮料、酒类、化妆品、食品包装等。使用玻璃作为包装材料时常附加纸质材料，便于标注产品信息，如图10-10所示。

5. 木质材料

木质材料主要用于制作木桶、木盒、木箱等具有特色和个性的包装，适用于土特产、高档礼品或具有传统风格的商品，如图10-11所示。常见的木质材料有木板、软木、胶合板、纤维板等。

图10-10

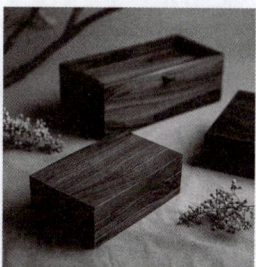

图10-11

10.1.3 包装的印后工艺

为了提升包装的美感和品质，需要在印刷后对包装进行印后加工处理。

• 覆膜：又称"过塑""裱胶""贴膜"等，是指将透明塑料薄膜通过热压的方式覆贴到印刷品表面的过程，起到保护印刷品及增加光泽的作用。

• 烫印：又称"热压印刷"，是将需要烫印的图案或文字制成凸版承印物，借助压力和温度将各种铝箔片印制到承印物上的过程，能使印刷品呈现出强烈的金属感，提高产品档次。

• 上光上蜡：是指在印刷品表面涂或喷上一层无色透明涂料的过程，对包装表面起到防水、防油污的阻隔作用。

• 压印：是指在一定压力的作用下，使用凹凸模具压制印刷品基材使其发生塑性变形的过程。压印的各种凸状图文和花纹显示出深浅不同，使印刷品具有明显的浮雕感，能提高印刷品的立体感和艺术感染力。

• 模切压痕：又称"压切成型""扣刀"等。当包装印刷纸盒需要切制成一定形状时，可通过模切压痕工艺来完成。

• 烫金：通过将金属印版加热、施箔，在印刷品上压印出金色文字或图案。

• UV：给图案刷上一层光油，增加印刷品的炫彩效果，并保护产品表面。

• 冰点雪花：金卡纸、银卡纸、激光卡纸、PVC等承印物经过紫外光照射起皱及UV光固化后，在印品表面形成磨砂质感。

• 逆向磨砂：通过若干次特殊的底油或光油处理才能完成该工艺，最终印刷品表面形成局部高光泽和局部磨砂低光泽区域。

• 浮雕烫金：变化烫金工艺能使烫金图文"跳"出平面，表现出更强的金属感和立体感，带来更强的视觉冲击力。

• 镭射转移：具有绚丽夺目的视觉效果，能够非常有效地提高包装的档次。

• 光刻纸：该工艺融合了诸多先进技术，改变了以往只有单一激光纹效果的局面。同时，其独特的防伪功能不但无法复制抄袭，也便于消费者直接识别产品。

10.2 纸巾盒包装设计 AIGC

了解包装设计的理论知识后，下面将根据理论进行实操，对某餐饮店的定制纸巾盒包装进行设计。

10.2.1 案例分析

案例分析有助于更好地梳理设计要素和原理，便于其进行整合思考。下面将从设计背景、设计元素分析两方面进行介绍。

1. 设计背景

• 产品名称："味界"纸巾盒。

• 设计目的：为了提升品牌知名度及传播度，现准备为"味界"融合餐厅设计一款纸巾盒包装。

• 目标受众：融合餐厅的用餐人员。

2. 设计元素分析

• 图形：主视图选择远山风景，空间辽阔，暗示餐厅菜系多样；其他视图选择龙形图样装饰，体现中国特色的同时又能表达吉庆。主色调选择秋橘红色和黄色，喜庆又契合美食风格。

• 文字：选择一种较为庄重的字体，既便于识别又不会显得跳脱。侧边文字注明店名、地址、电话、宣传语等，加深消费者对餐厅的印象。

10.2.2 创意阐述

本设计从中式传统文化出发，通过远山风景描绘餐厅融合菜的特色，传递餐厅形象和品牌特色；通过清晰简洁的文字宣传餐厅，加深消费者对餐厅的印象；设计以红色为主色调，喜庆的同时又可以带给消费者食物美味的心理暗示，画面中点缀黄色，表达了以客为尊的服务态度。

总之，这款纸巾盒包装的设计旨在通过喜庆、简约的设计风格，加深消费者对餐厅的印象，为消费者的美食之旅带来一丝点缀。

10.2.3 制作过程

实操 *10-1* / 纸巾盒包装设计

实例资源▶ \第10章\纸巾盒包装设计\纸巾盒包装.cdr、背景.jpg、标志.png、龙头.png

1. 制作纸巾盒刀版图

Step 01 借助AIGC工具（如文心一言），提供纸质纸巾盒尺寸参考，具体如下：

Q 餐厅纸质纸巾盒常用尺寸。

A 餐厅纸质纸巾盒的常用尺寸主要根据纸巾的规格和餐厅的实际需求来确定。以下是一些常见的餐厅纸质纸巾盒尺寸：

一、常见长方形纸巾盒尺寸

• 小号：长度约为21cm，宽度约为11cm至12cm，高度在3.5cm至6cm之间。这种尺寸的纸巾盒适合放置在桌面或餐桌上，不占用过多空间，同时能够满足基本的用餐需求。

• 中号：长度约为23cm至25cm，宽度约为11.5cm至12.5cm，高度在6cm至8cm之间。这种尺寸的纸巾盒适合容纳更多的纸巾，适合在用餐人数较多或需要长时间用餐的场合使用。

二、特殊形状纸巾盒尺寸

除了常见的长方形纸巾盒外，还有一些特殊形状的纸巾盒，如圆筒形、正方形等。这些纸巾盒的尺寸因形状而异，但通常也会遵循一定的规格。例如：

• 圆筒形纸巾盒：直径可能在12cm至15cm之间，高度在15cm至20cm之间。这种形状的纸巾盒适合放置较长的纸巾，方便抽取。

• 正方形纸巾盒：边长可能在15cm至20cm之间，高度在5cm至10cm之间。这种形状的纸巾盒适合放置在较小的空间内，同时能够提供足够的纸巾容量。

三、考虑因素

在选择餐厅纸质纸巾盒尺寸时，需要考虑以下因素：

• 纸巾规格：确保纸巾盒的尺寸与纸巾的规格相匹配，以便纸巾能够顺利放入并方便抽取。

- 用餐人数和用餐时间：根据餐厅的用餐人数和用餐时间来选择合适的纸巾盒尺寸。用餐人数较多或需要长时间用餐的场合，可以选择容量较大的纸巾盒。
- 摆放空间：考虑纸巾盒的摆放空间大小，确保纸巾盒能够稳定放置且不影响餐厅的整体美观。

综上所述，餐厅纸质纸巾盒的常用尺寸因纸巾规格、用餐人数、用餐时间和摆放空间等因素而异。在选择时，建议根据餐厅的实际情况和个人喜好进行选购，以确保纸巾盒的实用性和美观性。

参考AIGC回答及实际生活中的纸巾盒尺寸，进行后续刀版图的制作。

Step 02 启动CorelDRAW软件，执行"文件>新建"命令，打开"创建新文档"对话框并设置参数，如图10-12所示。完成后单击"OK"按钮新建文档。

Step 03 使用矩形工具绘制两个矩形，在属性栏中调整尺寸分别为210mm×50mm和210mm×100mm，效果如图10-13所示。

Step 04 选中绘制的矩形，按小键盘上的+键复制并移动至合适的位置，如图10-14所示。

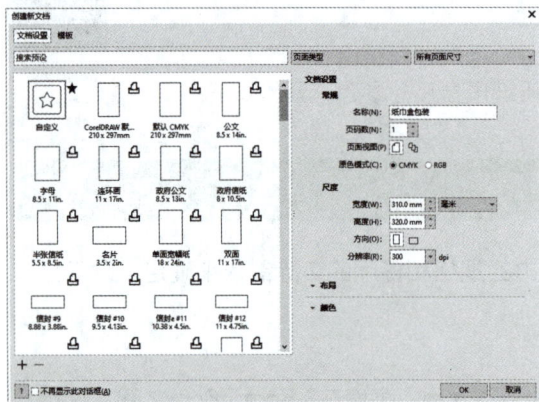

图10-12

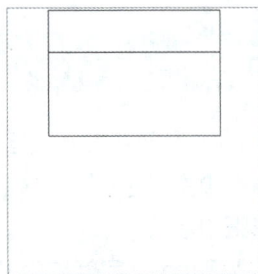

图10-13

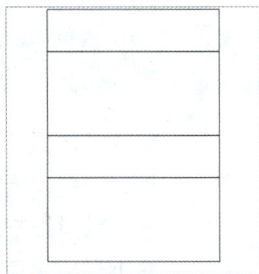

图10-14

Step 05 使用矩形工具绘制210mm×15mm大小的矩形，如图10-15所示。

Step 06 使用矩形工具绘制35mm×50mm和50mm×100mm大小的矩形，复制并移动，如图10-16所示。

Step 07 选中左侧从上往下数第2个矩形，修改其高度为94mm、宽度为46mm，为选中矩形左侧的两个角添加半径为4mm的圆角效果，如图10-17所示。

Step 08 使用矩形工具绘制一个4mm×100mm的矩形，如图10-18所示。

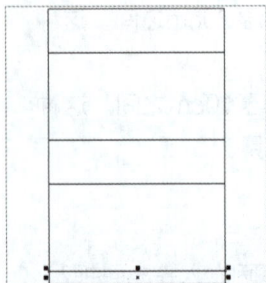

图10-15

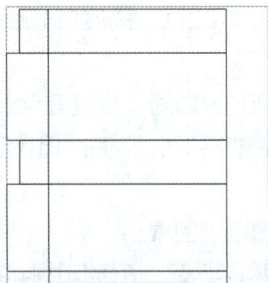

图10-16

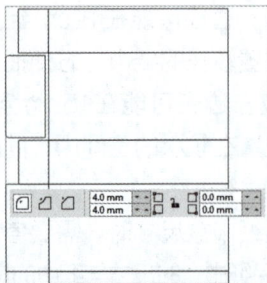

图10-17

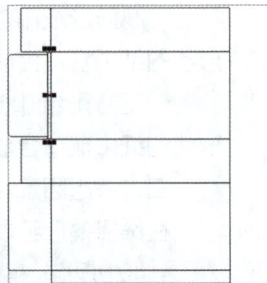

图10-18

Step 09 选中新绘制的矩形和带圆角的矩形，单击选择工具属性栏中的"焊接" 🔲 按钮，将其焊接成一个整体，如图10-19所示。

Step 10 使用形状工具双击多余的节点，将其删除，如图10-20所示。

Step 11 使用矩形工具绘制一个50mm×80mm的矩形，并使其与左侧从上往下数第4个矩形垂直居中对齐，如图10-21所示。

Step 12 选中新绘制矩形下层的矩形，按Ctrl+Q组合键将其转换为曲线，使用形状工具调整其左侧节点，如图10-22所示。

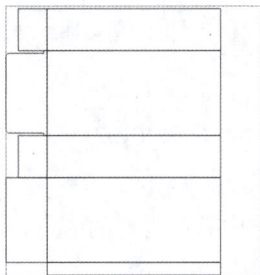

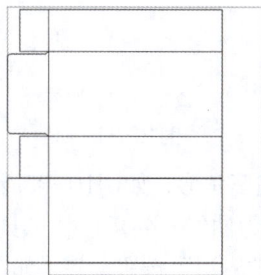

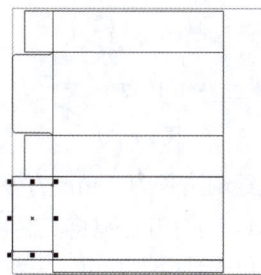

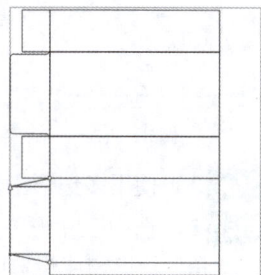

图10-19   图10-20   图10-21   图10-22

Step 13 删除上层的矩形，如图10-23所示。

Step 14 选中最下方的矩形，在属性栏中为其下方两个角添加半径为15mm的倒棱角效果，如图10-24所示。

Step 15 选中左侧的4个图形，按小键盘上的+键复制，单击选择工具属性栏中的"水平镜像" 🔳 按钮镜像图形，并移动至合适的位置，如图10-25所示。

Step 16 使用2点线工具绘制2条直线段，长度均为22mm，如图10-26所示。

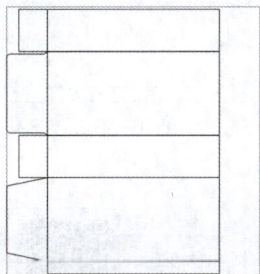

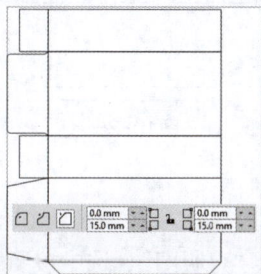

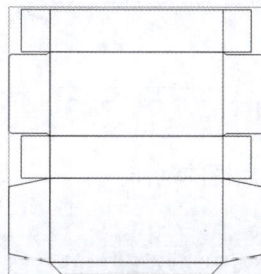

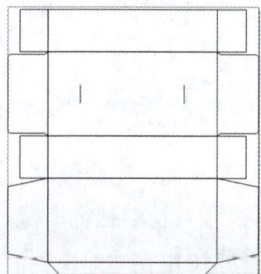

图10-23   图10-24   图10-25   图10-26

Step 17 使用3点曲线工具绘制曲线，如图10-27所示。

Step 18 选中新绘制的曲线，按小键盘上的+键复制，单击选择工具属性栏中的"垂直镜像" 🔳 按钮将其镜像，并移动至合适的位置，如图10-28所示。

Step 19 选中新绘制及复制的4条线段，单击属性栏中的"焊接"按钮将其焊接成一个整体，然后使用形状工具分别选中位于4个角的节点，单击属性栏中的"连接两个节点" 🔳 按钮将线段连接为闭合的曲线，如图10-29所示。

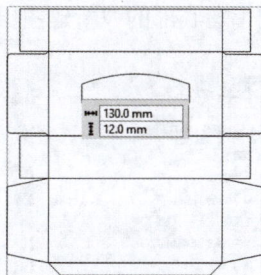

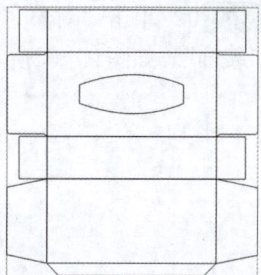

图10-27   图10-28

Step 20 执行"窗口>泊坞窗>角"命令，打开"角"泊坞窗，选中新创建的闭合曲线，在"角"

泊坞窗中设置参数，如图10-30所示。

Step 21 完成后单击"应用"按钮，为对象添加圆角，如图10-31所示。

Step 22 使用矩形工具绘制大小为12mm×20mm、圆角半径为4mm的圆角矩形，如图10-32所示。

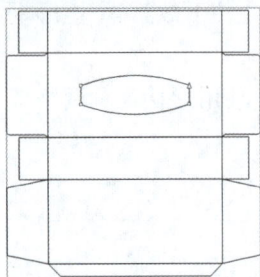 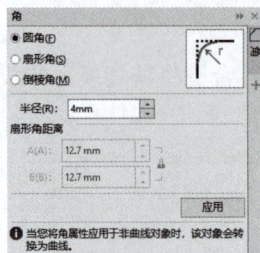 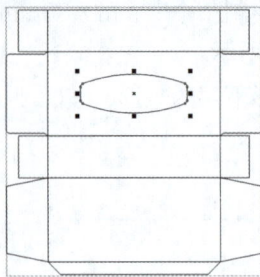 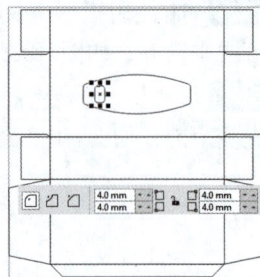

图10-29　　　　　　　　图10-30　　　　　　　　图10-31　　　　　　　　图10-32

Step 23 使用多边形工具绘制边长为40mm的等边三角形，如图10-33所示。

Step 24 选中三角形，按Ctrl+Q组合键将其转换为曲线，使用形状工具选中其最上方的节点，在"角"泊坞窗中设置圆角的半径为4mm，单击"应用"按钮，效果如图10-34所示。

Step 25 将三角形旋转60°，如图10-35所示。

Step 26 选中三角形，按小键盘上的+键复制，然后单击选择工具属性栏中的"水平镜像"按钮和"垂直镜像"按钮镜像图形并调整其位置，如图10-36所示。

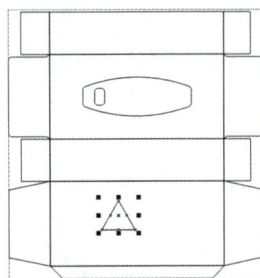 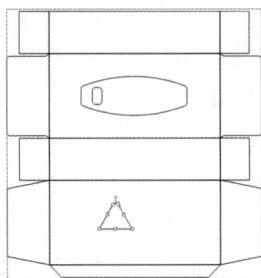 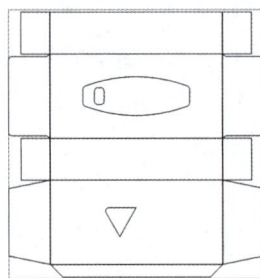 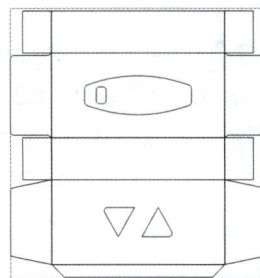

图10-33　　　　　　　　图10-34　　　　　　　　图10-35　　　　　　　　图10-36

至此，完成纸巾盒刀版图的制作。

2. 绘制装饰素材

Step 01 在"对象"泊坞窗中修改图层1的名称为"刀版图"，选中该图层中的内容按Ctrl+C组合键复制。锁定该图层，如图10-37所示。

Step 02 单击"对象"泊坞窗底部的"新建图层" 按钮新建图层，修改其名称为"装饰"，如图10-38所示。

微课视频

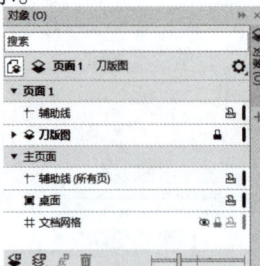 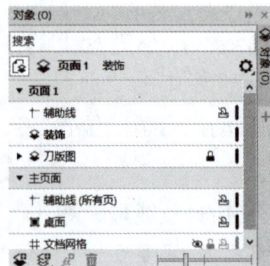

图10-37　　　　　　　　图10-38

Step 03 选中新图层，按Ctrl+V组合键粘贴，将复制的内容粘贴至该图层，并设置填充颜色为秋橘红（#EF8641），效果如图10-39所示。

Step 04 执行"文件>导入"命令，导入本章素材文件，调整至合适大小与位置，如图10-40所示。

Step 05 选中添加的位图，执行"效果>调整>颜色平衡"命令，在"属性"泊坞窗中设置参数，如图10-41所示。效果如图10-42所示。

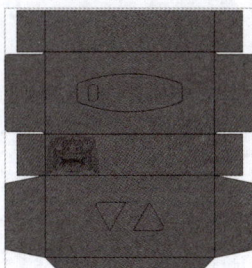

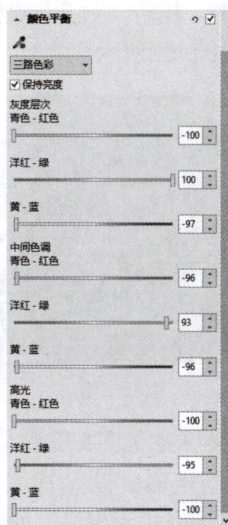

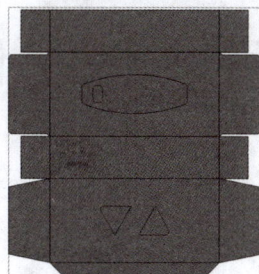

图10-39 　　　　　　图10-40 　　　　　　图10-41 　　　　　　图10-42

Step 06 执行"效果>调整>色阶"命令，在"属性"泊坞窗中设置参数，如图10-43所示。效果如图10-44所示。

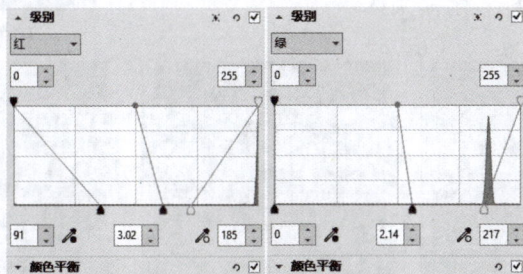

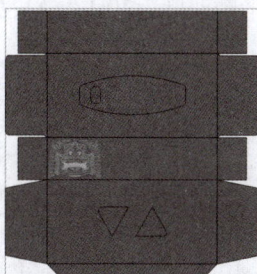

图10-43 　　　　　　　　　　　　　图10-44

Step 07 单击透明度工具，选择"均匀透明度"，调整位图的透明度为30%，效果如图10-45所示。

Step 08 复制位图并调整角度，如图10-46所示。

Step 09 导入本章素材文件，调整至合适大小与位置，如图10-47所示。

Step 10 选中新导入的位图，选择裁剪工具，在页面中按住鼠标左键拖动进行裁剪，如图10-48所示。

图10-45 　　　　　　图10-46 　　　　　　图10-47 　　　　　　图10-48

Step 11 单击"裁剪"按钮裁剪图像。单击透明度工具，选择均匀透明度，在属性栏中设置"合并模式"为"乘"、透明度为60%，效果如图10-49所示。

Step 12 导入本章素材图像，调整至合适大小和位置，如图10-50所示。

Step 13 选中新导入的位图，执行"效果>调整>亮度"命令，在"属性"泊坞窗中调整亮度，如图10-51所示。效果如图10-52所示。

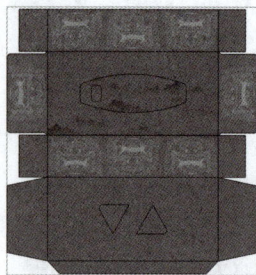
图10-49

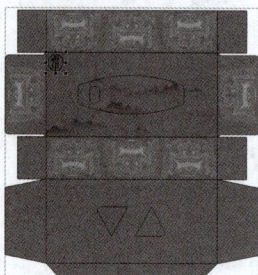
图10-50

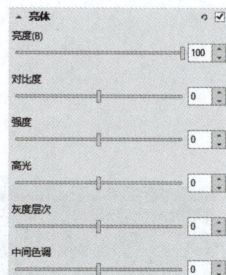
图10-51

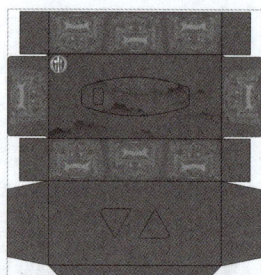
图10-52

Step 14 使用文本工具在新导入的位图右侧输入文字，如图10-53所示。

Step 15 使用矩形工具绘制矩形，设置其填充色为无、轮廓色为黄色、轮廓宽度为0.5mm、线条样式为虚线，如图10-54所示。

Step 16 将矩形旋转45°并拉伸，效果如图10-55所示。

Step 17 重复多次复制矩形，如图10-56所示。

Step 18 选中调整后的所有矩形，按Ctrl+G组合键编组，使用透明度工具调整矩形透明度为80%，效果如图10-57所示。

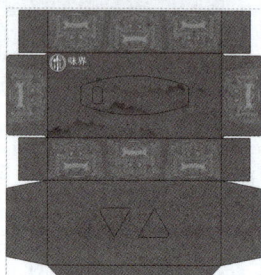
图10-53

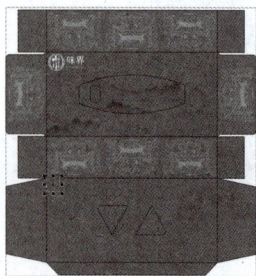
图10-54

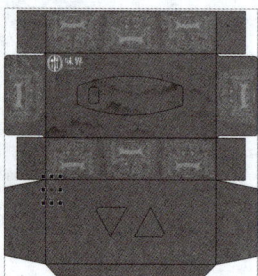
图10-55

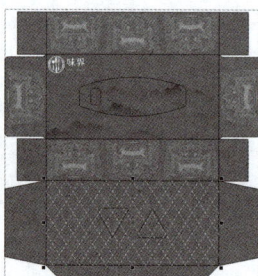
图10-56

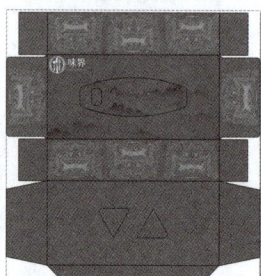
图10-57

至此完成装饰素材的绘制。

3. 添加文字素材

Step 01 新建"文字"图层，选择文本工具，在页面中单击输入文字，如图10-58所示。

Step 02 在属性栏中设置文字的参数，如图10-59所示。

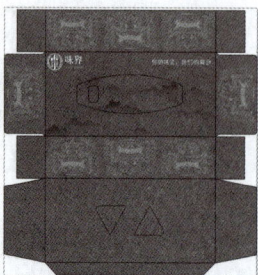
图10-58

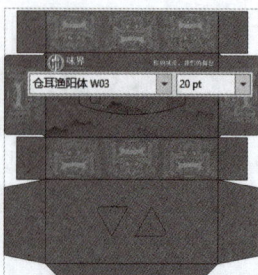
图10-59

Step 03 输入文字并设置参数，效果如图10-60所示。

Step 04 继续输入文字，设置参数后将文字旋转180°，效果如图10-61所示。纸巾盒包装效果如图10-62所示。

图10-60

图10-61

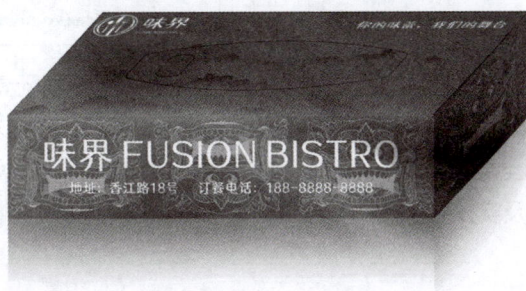

图10-62

至此，完成纸巾盒包装的设计。

第 11 章

网页的设计与制作

内容导读

本章将对网页的设计与制作进行介绍，包括网页界面元素、网页尺寸规范、网页界面结构、网页常用界面类型等。了解并掌握这些知识，可以帮助设计师全面地了解网页设计的相关知识，提高网页设计与制作领域的专业能力及实操能力。

学习目标

- 熟悉网页界面元素
- 掌握网页尺寸规范
- 掌握网页界面结构
- 了解网页常用界面类型

素养目标

- 让设计师能够根据网页类型选择合适的元素及布局方式进行网页设计。
- 培养设计师在网页设计方面的技能，提高其专业能力。

案例展示

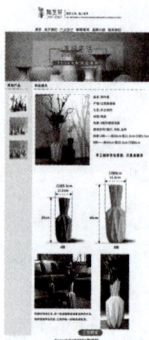

花瓶器具详情页

11.1 网页设计概述

网页设计是指设计和制作网页的设计工作，涉及多个技术和艺术领域，如视觉设计、交互设计、前端开发技术等。下面将对网页设计进行介绍。

11.1.1 网页界面元素

网页设计的核心在于利用各种视觉和交互元素构建兼具功能性和美观性的界面，网页界面元素包括图形图像、色彩、文本、布局等元素。

1. 图形图像元素

- Logo/标志：代表公司或品牌的视觉符号，通常置于网页的顶部，以便用户识别公司或品牌。
- 图像/照片：用于增强网页的视觉吸引力，网页设计常用的图像包括产品图、banner图（横幅广告）和背景图等。
- 图形/图标：多用于指示功能或代表特定意义，如搜索、设置等图标按钮。
- 背景图案/渐变：用于美化网页背景，增强视觉效果，同时帮助用户区分不同的区域。

2. 色彩元素

- 背景色：奠定界面的基调，影响用户的情绪和整体视觉体验。
- 文本颜色：一般需要和背景色形成对比，确保可读性。
- 高亮色和强调色：用于突出重要元素、吸引用户注意和引导用户操作，如按钮、链接等。

3. 文本元素

- 标题：用于表明各部分的主题或提示内容的重要性，通常分为一级标题、二级标题等。
- 正文：传递主要信息的部分，应保证文字的可读性。中文一般使用微软雅黑、宋体，英文和数字一般使用Helvetica、Arial、Georgia、Times New Roman等字体。
- 按钮文本：指示性文本，通常用于引导用户采取行动，如"提交""购买"等。
- 链接文本：提供跳转至其他页面或外部网站的路径，通常用与其他内容不同的颜色或下划线表示。

4. 布局元素

- 网格系统：帮助设计师按照一定的结构排列内容，保证页面的整洁和一致性。
- 对齐：文本和其他元素的对齐方式，包括左对齐、右对齐、居中对齐等。
- 空白（负空间）：未被内容填充的部分，帮助用户缓解视觉上的拥挤感，让用户能够清晰区分不同的界面元素。

5. 交互元素

- 按钮：用于执行特定操作，如提交表单、打开菜单等。设计时需明确可操作性。
- 导航菜单：提供网站内部的导航链接，通常置于页面顶部或侧边，有助于用户快速找到需要的信息。
- 表单控件：包括输入框、选择框、复选框、单选按钮等，用于收集用户信息或向用户提供选项。
- 滚动条：当页面内容超出可视区域时，允许用户通过滚动条查看更多内容。

11.1.2　网页尺寸规范

网页尺寸规范随着技术和设备的发展而不断演进，它主要取决于屏幕尺寸。为了适配大多数屏幕，设计网页时一般以1920px作为宽度进行设计，而高度可以根据网页需求进行设定。

要注意的是，虽然网页宽度一般设置为1920px，但是有效的内容区域一般在950px~1200px之间。这个宽度范围通常被认为是内容区域的"安全"宽度，可以保证即使在小一些的屏幕上也能显示良好。以宽度为1920px的网页为例，其安全宽度一般为1200px，首屏高度建议为710px，安全高度一般为580px，如图11-1所示。

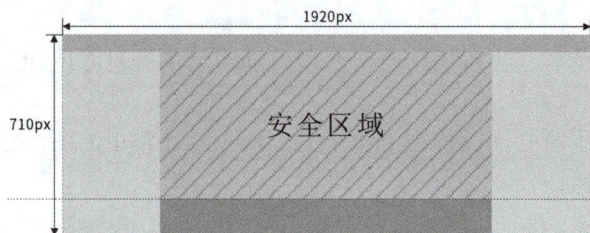

图11-1

🔗 **知识链接**

首屏高度是打开浏览器时在不滚动屏幕的情况下第一眼看到的画面高度，该值不包括浏览器菜单栏及状态栏的高度。设计首屏高度为700px~750px可以确保在大多数屏幕上用户无须滚动屏幕即可见到足够多的信息。

11.1.3　网页界面结构

网页界面主要由页头区、内容区和页脚区组成，如图11-2所示。其中页头区位于网页的顶部，包含网站的标志、网站名称、链接图标和导航栏等内容；内容区包含banner和相关的信息内容；页脚区位于网页底部，包含版权信息、法律声明、网站备案信息、联系方式等内容。

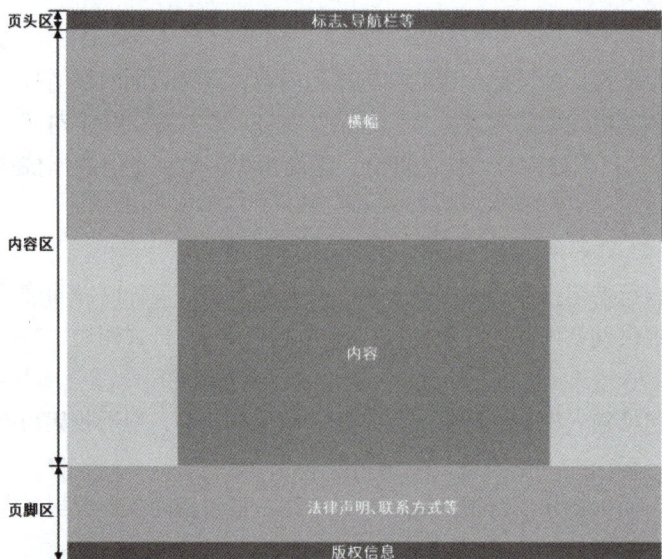

图11-2

11.1.4 网页常用界面类型

一个网站中往往包含多种类型的网页，从内容上来看可以将其分为首页、栏目页、详情页和专题页。

1. 首页

首页是浏览者进入网站后看到的第一个页面，承载着网站品牌形象宣传及信息传递的重任。首页一般包括企业标志、用户登录注册入口、公司信息、产品介绍等内容，其主要功能是简要介绍网站、品牌的核心业务和品牌价值，同时提供清晰的导航系统，帮助用户快速找到感兴趣的内容或栏目。

2. 栏目页

栏目页是用来组织和展示网站中特定类别内容的页面，多用于新闻网站、博客、电子商务网站等需要将大量内容分类呈现的场合。

3. 详情页

详情页是提供单个产品、文章或其他内容项详细信息的页面。在电子商务网站中，详情页可能是一个单独的产品介绍页面；在新闻网站中，详情页可能是一篇完整的新闻报道。详情页对信息效率和优先级有一定的要求，设计详情页时应结合主页风格清晰合理地布局页面。图11-3所示为某网站的详情页。

4. 专题页

专题页用于展示关于特定主题的深入信息，一般包括网站相应模块和频道所涉及的功能与主题事件的内容展示，信息丰富且具有较强的视觉效果。

图11-3

11.2 花瓶器具详情页 AIGC

了解网页设计的理论知识后，下面将知识转化为实操，对某线上陶瓷商城的花瓶器具详情页进行设计。

11.2.1 案例分析

案例分析有助于厘清设计的脉络，以便有条不紊地开展后续的工作。下面将从设计背景、设计元素分析两方面进行介绍。

1. 设计背景

借助AIGC工具（如文心一言），生成商城名称，具体如下：

> **Q** 请为一个售卖陶艺花瓶制品的店铺起一个名字，明确点明陶艺特性，具有艺术感，3-4个字。
>
> **A** 为了明确点明陶艺特性并赋予艺术感，为一个售卖陶艺花瓶制品的店铺起名，这里有几个3-4个字的建议：

1. 陶艺轩

理由："陶艺"直接点明了店铺的主营业务和陶艺特色，"轩"则增添了一种高雅、艺术的氛围。

2. 陶韵阁

理由："陶韵"体现了陶艺花瓶的艺术韵味和独特气质，"阁"则暗示这是一个收藏和展示陶艺精品的地方。

3. 艺陶坊

理由："艺"强调了艺术性，"陶"明确了陶艺材料，"坊"则让人联想到手工艺品的制作和售卖场所，整体传达出店铺的艺术氛围和陶艺特色。

4. 陶梦雅

理由："陶梦"寓意着追逐陶艺梦想、创造美好艺术，"雅"则强调了店铺的高雅品味和艺术格调。

这些名字都简洁易记，能够很好地体现陶艺花瓶制品的艺术特性和店铺的定位。请注意，以上名称仅供参考，具体使用时还需考虑是否与已有店铺名重复，以及是否符合当地文化和商业习惯。

参考AIGC的回答，选择"陶艺轩"的名字，对设计背景进行补充：

- 网页名称：陶艺轩产品展示页。

- 设计目的：详细介绍店铺新品，包括产品的名称、工艺、使用场景等，吸引用户注意力，促进消费。

- 目标受众：对家居装饰有一定要求的客户、热爱陶瓷艺术的客户。

2. 设计元素分析

- 图像：以陶瓷花瓶为主，多方位、全面地展示新品花瓶的特点。

- 文字：标志、导航栏及横幅处选择具有艺术感的文字，使网页特点鲜明；内容部分以思源黑体为主，具有较强的可识别性。

- 布局：采用上左右下的布局，整体层次分明，主次明显。

11.2.2 创意阐述

本设计主要目的是展示商品。整体页面以商品为主，展示在不同场景使用商品的效果，以及商品的详细尺寸。多图搭配吸引浏览者注意，点缀的文字则详细介绍商品信息，以满足不同浏览者的需求。内容区最下方添加购买按钮，引导浏览者消费。

11.2.3 制作过程

实操11-1 花瓶器具详情页

实例资源 ▶ \第11章\花瓶器具详情页\"图像"文件夹、花瓶网页.cdr

1. 网页页头区设计

Step 01 启动CorelDRAW软件，执行"文件>新建"命令，打开"创建新文档"对话框并设置参数，如图11-4所示。完成后单击"OK"按钮新建文档。

微课视频

Step 02 在水平方向4020px、垂直方向360px和1560px处创建辅助线，如图11-5所示。

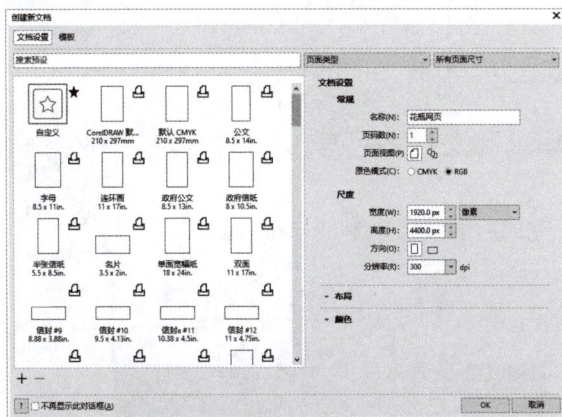

图11-4

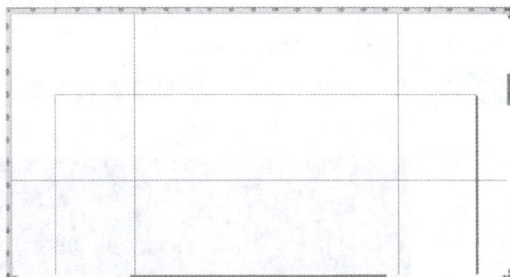

图11-5

Step 03 执行"文件>导入"命令，导入本章素材文件，调整至合适大小和位置，如图11-6所示。

Step 04 选中位图，单击属性栏中的"描摹位图"下拉按钮，选择"快速描摹"选项描摹位图，如图11-7所示。选中并删除底部白色曲线，在"对象"泊坞窗中隐藏位图。

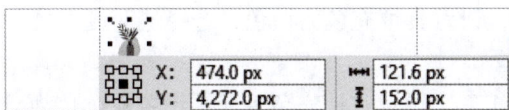

图11-6

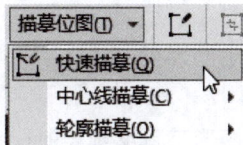

图11-7

Step 05 选择文本工具，在属性栏中设置字体、字号，在位图右侧单击输入文本，如图11-8所示。

Step 06 继续设置并输入文本，如图11-9所示。

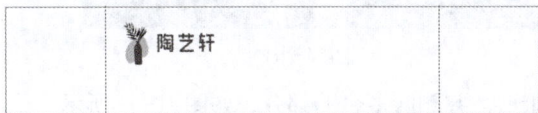

图11-8

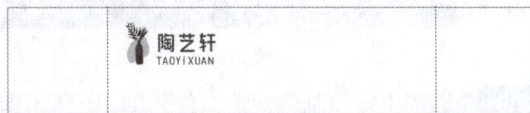

图11-9

Step 07 使用2点线工具在文本右侧绘制线条，如图11-10所示。

Step 08 使用文本工具在线条右侧单击输入文本，如图11-11所示。

图11-10

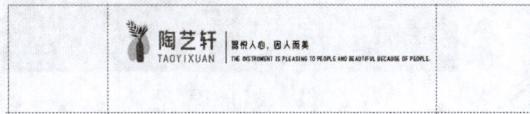

图11-11

Step 09 使用文本工具在水平辅助线上方输入文本，如图11-12所示。

Step 10 选中"产品展示"文本，设置其填充颜色（#D88671），效果如图11-13所示。

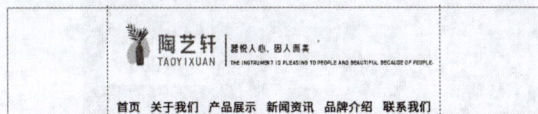

图11-12

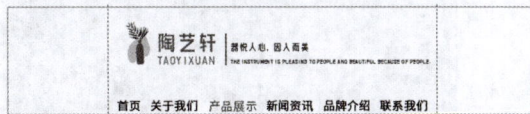

图11-13

Step 11 使用矩形工具在"产品展示"文本下方绘制矩形，如图11-14所示。

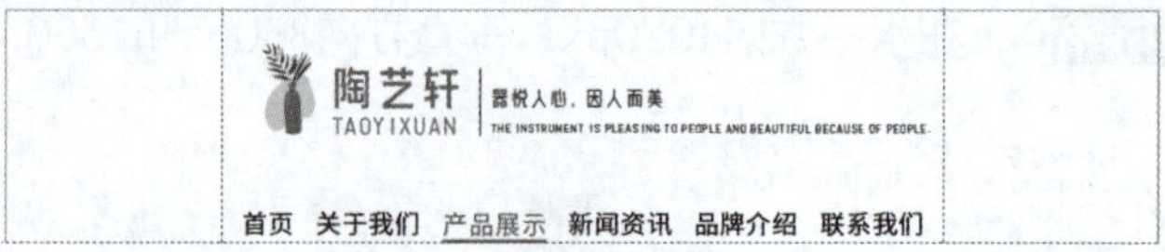

至此，完成网页页头区的设计。

2. 网页内容区设计

图11-14

微课视频

Step 01 在水平方向3380px和112px处创建辅助线。执行"文件>导入"命令导入本章素材文件，如图11-15所示。

Step 02 选择裁剪工具，根据辅助线裁剪素材，完成后的效果如图11-16所示。

图11-15

图11-16

Step 03 使用矩形工具绘制一个矩形，设置其填充色为白色，选择透明度工具，在属性栏中设置其透明度为70%，效果如图11-17所示。

Step 04 使用矩形工具继续绘制一个矩形，设置其填充色为无，设置轮廓色为#D88671、轮廓宽度为8px，如图11-18所示。

图11-17

图11-18

Step 05 选中新绘制的矩形，使用刻刀工具切割矩形，并删除多余的部分，如图11-19所示。

Step 06 使用文本工具输入文本，如图11-20所示。

图11-19

图11-20

Step 07 使用矩形工具绘制矩形，设置其填充颜色为#D88671、轮廓色为无，如图11-21所示。

Step 08 在矩形上输入白色文字，如图11-22所示。

图11-21

图11-22

Step 09 使用矩形工具绘制矩形，设置其填充色为烟白色（#F5F5F5）、轮廓色为无，如图11-23所示。

Step 10 使用文本工具输入文本，如图11-24所示。

Step 11 使用2点线工具绘制直线段，调整轮廓宽度分别为2px和6px，效果如图11-25所示。

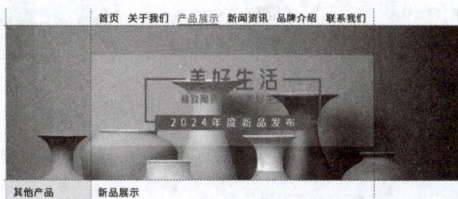

图11-24

图11-23

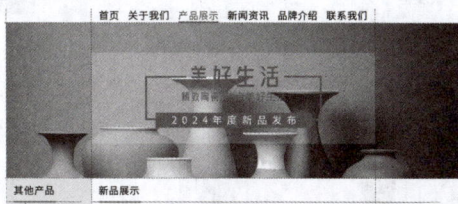

图11-25

Step 12 执行"文件>导入"命令，导入本章素材文件，调整至合适大小与位置，如图11-26所示。

Step 13 继续导入文件，调整至合适大小和位置，如图11-27所示。

Step 14 选择文本工具，在页面的合适位置按住鼠标左键拖动绘制文本框，并在其中输入文本，如图11-28所示。

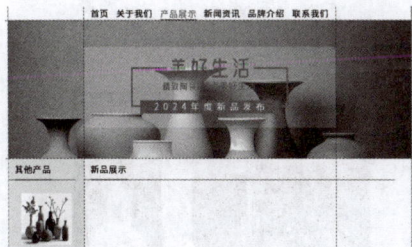

图11-26

图11-27

图11-28

Step 15 选中输入的段落文本，在"文本"泊坞窗中设置参数，如图11-29所示。效果如图11-30所示。

Step 16 继续输入文本，如图11-31所示。

Step 17 选择2点线工具，根据图像绘制线段，如图11-32所示。

Step 18 选择标注线段，在属性栏中设置其为虚线，并在两端添加箭头，如图11-33所示。

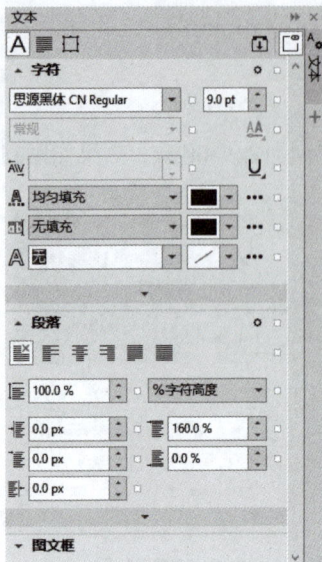

图11-30

图11-29   图11-31

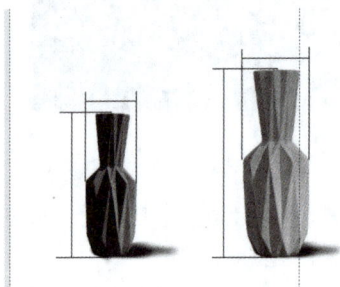   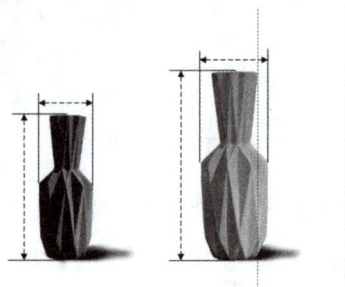

图11-32   图11-33

Step 19 使用文本工具输入文本，如图11-34所示。

Step 20 使用文本工具绘制文本框并输入文本，在"文本"泊坞窗中设置参数，如图11-35所示。效果如图11-36所示。

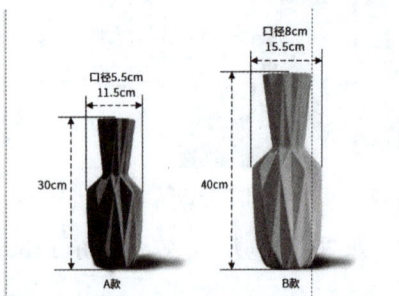   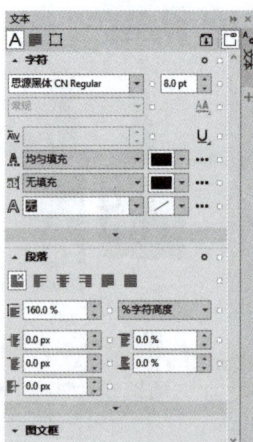   

图11-34   图11-35   图11-36

Step 21 使用矩形工具绘制矩形，在属性栏中设置其填充颜色为#D88671、圆角半径为40px，效果如图11-37所示。

Step 22 在圆角矩形中输入文本，如图11-38所示。

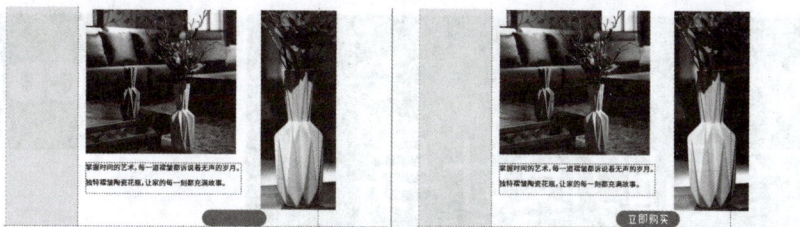

图11-37   图11-38

至此，完成网页内容区的设计。

3. 网页页脚区设计

选择文本工具，在最下方输入文本，如图11-39所示。

Copyright©2024 陶艺轩

图11-39

花瓶器具详情页效果如图11-40所示。

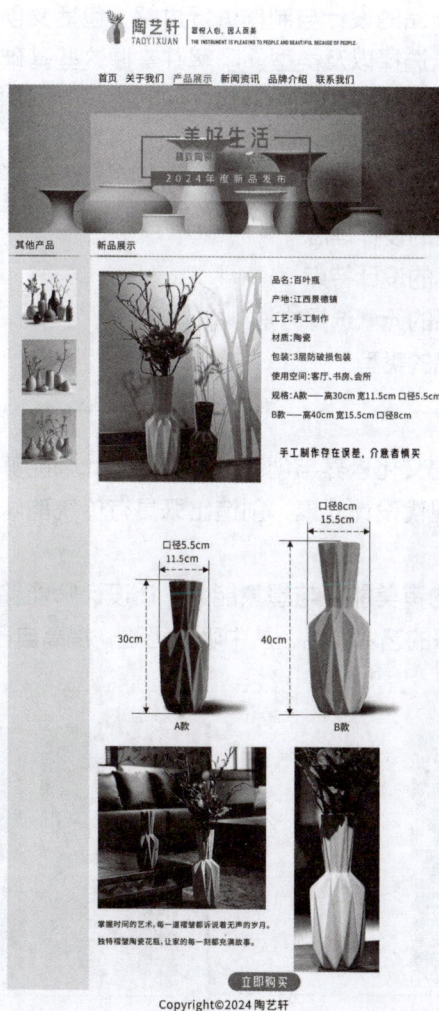

图11-40

至此，完成花瓶器具详情页的设计。

第 12 章

文创产品的设计与制作

本章将对文创产品的设计与制作进行讲解，包括文创产品的设计理念、设计特点、元素选择以及类型。了解并掌握这些基础知识，可以帮助设计师更好地把握市场趋势和受众需求，明确设计方向和产品特点。

- 了解文创产品的设计理念
- 了解文创产品的设计特点
- 掌握文创产品的元素选择方法
- 掌握文创产品的类型

- 培养设计师的文化素养与创新能力，让设计师能够从传统文化中汲取灵感，结合现代设计元素，创造出既具有传统韵味又符合现代审美的产品。
- 培养设计师的审美能力与想象能力，让设计师能够欣赏并鉴别不同风格、不同流派的艺术作品，从中吸取经验，提高自己的设计水平。

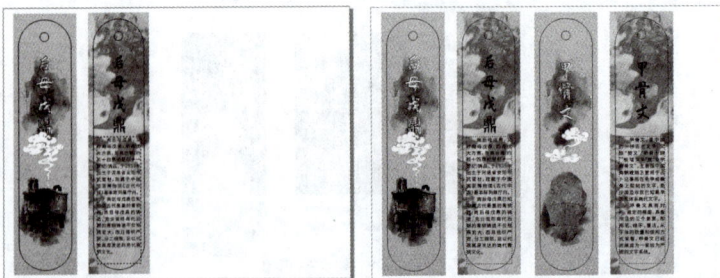

商朝系列文创书签

12.1 文创产品设计概述

文创产品设计即文化创意产品设计，是一个将文化元素与创意创新相结合的设计过程，目标是创造既具有文化价值又能满足市场需求的产品。

12.1.1 文创产品的设计理念

文创产品的设计理念融合了文化传承、创新思维、市场需求、实用功能等多个维度，旨在通过创意设计将丰富的文化元素融入产品之中，赋予产品独特的审美价值与文化教育意义，让产品与消费者产生情感共鸣。

1. 文化传承

文创产品设计的核心在于文化的传递和再创造。设计师需要深入研究和理解特定的文化背景、历史传统和艺术表现，以确保设计在传承文化的同时，能够准确和恰当地表达文化特征。

2. 创新思维

创新是推动文创产品持续发展的动力。设计师需要运用创新思维，不断探索和尝试新的设计方法、材料和技术，以创造出既有文化底蕴又符合现代审美的产品。

3. 市场需求

设计师需要了解目标市场的消费者特征，例如消费者的喜好、购买习惯以及购买趋势。要能够通过市场调研和数据分析有效把握市场的动态，根据消费者的需求制定设计策略。

4. 实用功能

文创产品在满足审美和文化表达功能的同时还要具备基本的使用功能，能够解决用户的实际需求。设计师需要优化设计以提高用户体验，如舒适的握感、使用环保材料等，确保用户在使用产品时的体验是愉快和满意的。

12.1.2 文创产品的设计特点

文创产品的设计是一个综合文化、艺术、设计和市场需求的复杂过程，不仅要满足消费者的审美和实用需求，还要承载和传递文化价值，其设计特点包括但不限于以下几点。

1. 文化内涵

文创产品设计的核心在于对文化的深入挖掘和传承，包括但不限于文化遗产、历史故事、艺术风格等，实现文化的传承与再创造。设计中融入丰富的文化元素和符号，旨在传达特定的文化价值和教育意义。

2. 艺术性表达

创新是文创产品设计的灵魂。设计师需要运用现代设计理念和技术手段，对传统文化进行创新性解读和重构，使其与现代的审美和生活方式相融合。艺术性体现在产品的造型、色彩、图案、材质、工艺等方面，要求设计既符合形式美的法则，又能展现其独特的艺术风格和审美价值，激发消费者的审美共鸣。

3. 实用性与功能性

文创产品不仅要有文化象征意义，还要具备一定的实用功能，能够融入日常生活或满足特定场景下的使用需求。如文具、家居用品、饰品、服装等都应兼具美观与实用。将巧妙的设计与实用功能有机结合，使得产品在具备纪念意义或观赏价值的同时，也能作为日常消费品或礼品使用，增强其市场吸引力。图12-1所示为故宫博物院出品的千里江山异形茶具。

图12-1

4. 地域与民族特色

文创产品常以其鲜明的地域或民族特色吸引消费者。设计师会汲取特定地区的风土人情、地理环境、建筑风格、民间艺术等的相关元素，打造出具有地域特色的产品。图12-2所示为中国国家博物馆出品的羊脂玉瓷材质的匽侯盉中国对杯，图12-3所示为甘肃博物馆出品的"马踏飞燕"玩偶。

图12-2

图12-3

5. 科技与传统结合

在现代文创产品设计中，科技的应用越来越普遍。数字化技术（AR、VR、3D打印等）、智能技术（物联网、AI）、新兴材料等与传统文化元素相结合，创造出高科技含量的文创产品，提升用户互动体验和产品附加值。图12-4所示为徐州博物馆的数字藏品。

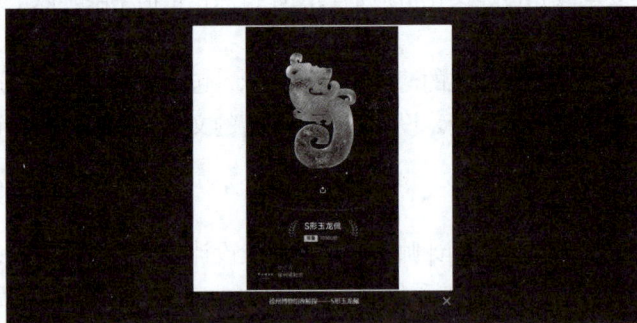

图12-4

12.1.3 文创产品的元素选择

设计师在设计文创产品时，通过恰当地融合传统文化元素、地域文化元素、自然元素以及现代设计元素，可以创造出既具有文化价值又符合现代审美的产品。

1. 传统文化元素

传统文化元素的运用能够赋予文创产品深厚的文化底蕴。在设计过程中设计师需真实再现传统元素的本质特征，避免曲解或过度简化。在保持文化内核的基础上，通过现代设计手法进行创新诠释，使传统文化元素与当代审美接轨。常见的传统文化元素包括但不限于以下几个例子。

- 图案纹样：提取传统艺术中的经典图案和纹样，如龙纹、祥云纹、八宝纹、卷草纹等，如图12-5所示。
- 书法文字：采用传统书法字体，或具有文化寓意的诗词、成语等，如图12-6所示。
- 符号：选取具有吉祥寓意的动植物、图形图像以及具有辨识度的民族标志性符号，如龙凤、莲花、如意、民族图腾、传统纹饰等。
- 历史故事：以历史人物、事件、传说为灵感，创作相关主题的产品；或者将人物形象、场景、道具等元素以图形化形式呈现。

图12-5

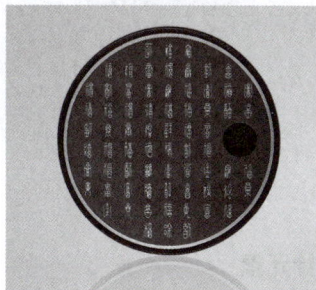
图12-6

2. 地域文化元素

地域文化元素反映了特定地区的文化特色。在设计过程中，设计师除了需确保元素的地域特征鲜明，易于被消费者识别，还需充分考虑该地域消费者的审美偏好和使用习惯，使产品更具本土适应性。常见的地域文化元素包括但不限于以下几个例子。

- 地域建筑与风景：将地方标志性建筑、知名景点或特色风光作为设计主题或背景图案，图12-7所示为四季紫禁城冰箱贴。
- 地方特产与材料：选用本地特有的产物与材料作为产品的材质或内容物，如特色木材、石材、纤维、食品等，图12-8所示为藏式牛骨链。
- 民俗活动与节庆：围绕地方特色节日、习俗、民间艺术（如舞狮、皮影戏、英歌舞等）设计相关主题产品。
- 方言与俚语：运用地方的语言文字、表达习惯为产品增添趣味和亲切感。

图12-7

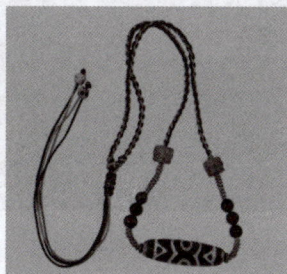
图12-8

3. 自然元素

自然元素的使用在文创产品设计中可以增加产品的生态感和亲切感。设计师在设计过程中需传达尊重自然、保护环境的价值观，有效引导消费者形成绿色消费观念。常见的自然元素包括但不限于以下几个例子。

- 动植物形象：以当地特有或具有文化象征意义的动植物作为设计主体，如市花、市树、吉祥动物等，图12-9所示为牡丹金属书签。
- 自然景观与景色：模拟山水、森林、沙漠、海洋等自然景象，或者采用自然景观的色彩作为产品主色调。
- 环保理念与材料：强调可持续性，使用可再生或生物降解材料，体现人与自然和谐共生的理念，图12-10所示为使用了环保杜邦纸的样包。

图12-9

图12-10

4. 现代设计元素

现代设计元素的引入是为了确保文创产品能够适应现代市场的需求，同时与当代审美相契合。设计师在设计过程中选择的现代设计元素应服务于产品的核心功能，避免形式大于内容，要始终以用户需求和体验为导向，确保现代元素的引入能够切实提升产品的使用价值。常见的现代设计元素包括但不限于以下几个例子。

- 现代艺术风格：选择如抽象艺术、极简主义、现代主义等现代艺术风格与传统元素相融合。
- 创新材料和技术：利用高科技材料（如碳纤维、智能材料等）或新兴制造技术（如3D打印、激光切割等）赋予产品科技感，图12-11所示为中国国家博物馆的大观园纸雕灯。
- 互动体验与智能化：设计可交互、可定制、可联网的产品，满足消费者对于个性化、智能化的需求。

图12-11

注：以上各文创产品图片均源于各大博物馆官网。

12.1.4　文创产品的类型

文创产品的类型非常广泛，涵盖了从传统工艺品到现代科技产品的多个种类。以下是一些常见的文创产品类型。

1. 文具类

• 书签：设计独特，印有艺术图案、名言警句或文化符号，为阅读增添乐趣。

• 笔记本：封面设计融入了文化元素，如古籍插图、艺术作品、地标建筑等；内部可以采用特殊质感的纸张或特别的印刷工艺。

• 胶带贴纸：图案各异，有复古花纹、插画、卡通形象、传统纹样等，可用于手账装饰、信封封口或物品美化。

2. 生活用品

• 创意家居：如装饰画、陶瓷摆件、特色灯具、艺术挂毯等，能将文化元素融入家庭空间，提升生活格调。

• 定制餐具：具有特色图案的碗碟、茶具、咖啡杯等，展现地域文化、艺术风格或品牌故事。

• 服饰与配饰：如T恤、帽子、围巾、背包、首饰等，印有经典图案、地方标识，兼具时尚与文化内涵。

3. 旅游纪念品

• 地方特色工艺品：如剪纸、泥塑、木雕、编织品等，反映地方民俗技艺和地域文化。

• 城市或景区专属纪念品：如印有标志性建筑、地标性景观的冰箱贴、钥匙扣、明信片等，便于游客携带，以纪念旅行经历。

4. 插画与艺术衍生品

• 插画风格产品：如艺术卡片、海报、笔记本封面等，运用插画手法呈现国潮风格、地域文化或特定主题。

• 娱乐艺术衍生产品：基于电影、动漫、游戏内的IP创作的周边商品，如角色模型、T恤、徽章、挂件等。

5. 非遗与手工艺品

• 传统非遗技艺制成的产品：如景泰蓝、刺绣、漆器、竹编、银饰等，结合现代设计但保留传统工艺精髓。

• 手艺人原创作品：如陶瓷艺术家的手工茶具、皮艺匠人的个性化钱包、编织艺人的创意竹篮等，体现手作温度与独特个性。

6. 数字文创

• 数字艺术作品：涵盖数字影像、动画、绘画、网络及多媒体等多种形式，展现创意与美感。

• 在线教育资源：如线上艺术课程、数字博物馆导览、文化讲座视频等，通过网络平台传播文化知识。

12.2　商朝系列文创书签

学习了关于文创产品设计的相关知识后，下面将知识转化为实操，对商朝系列文创书签进行设计。

12.2.1　案例分析

案例分析有助于理解优秀设计的构成要素和原理，并从中得到灵感。下面从设计背景、设计元素分析两方面进行介绍。

1. 设计背景

- 产品名称：商朝系列文创书签。
- 设计目的：以书签作为载体，展现商朝时期独特的文化魅力，让人们在享受阅读的同时也能受到古代文明的深远影响。
- 目标受众：对历史文化感兴趣的群体，例如学生、历史爱好者、文化工作者等。

2. 设计元素分析

- 元素选择：使用后母戊鼎和甲骨文作为书签设计的主元素，充分展现商朝文化的独特魅力。
- 色彩与材质：书签的色彩以青铜色为主，营造出古朴典雅的氛围。材质可以选用金属或纸质等，通过模切工艺打造出独特的形状和纹理，使书签更具质感和良好的触感。
- 文字与排版：书签上的文字简洁明了，采用古朴的字体设计，与主元素相呼应。排版上注重层次感和空间感，使书签整体看起来既美观又易于阅读。

12.2.2　创意阐述

本次文创书签设计的创意在于将商朝文化的精髓与现代设计理念相融合，通过独特的设计元素和工艺手法，赋予书签古朴典雅又不失现代感的设计风格。后母戊鼎和甲骨文的运用不仅展现了商朝文化的独特魅力，也赋予了书签深厚的历史底蕴。同时，简单的装饰和古朴的色调使书签在视觉上呈现出一种古朴而不失现代化的设计风格，既符合现代审美需求，又能引发人们对古代文明的无限遐想。

12.2.3　制作过程

实操12-1　商朝系列文创书签

实例资源 ▶ \第14章\商朝系列文创书签\素材

1. 制作书签1正面

Step 01 新建宽200mm、高152mm的文档，如图12-12所示。

Step 02 选择矩形工具绘制宽36mm、高146mm的矩形，单击鼠标右键，执行"框类型>创建空PowerClip图文框"命令，如图12-13所示。

Step 03 导入素材并将其置入PowerClip图文框内，将轮廓宽度设置为无，如图12-14所示。

微课视频

图12-12

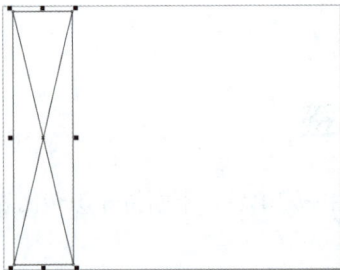
图12-13

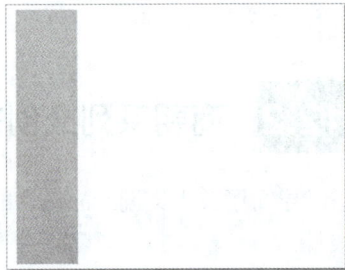
图12-14

Step 04 双击进入聚焦模式，导入素材，如图12-15所示。

Step 05 在"属性"泊坞窗中设置新导入素材的透明度为60%，效果如图12-16所示。

Step 06 退出聚焦模式后锁定"PowerClip矩形"对象，使用文本工具输入文字"后母戊鼎"，在"文本"泊坞窗中设置参数，如图12-17所示。效果如图12-18所示。

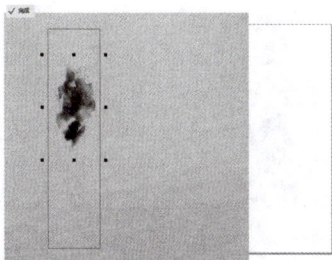

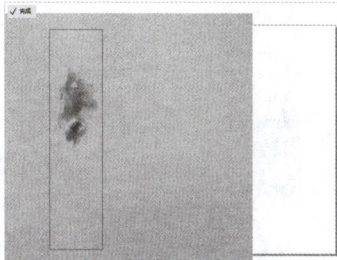

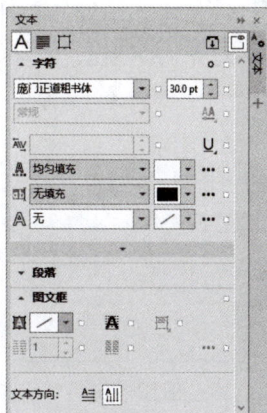

图12-15	图12-16	图12-17

Step 07 移动复制文字，在"文本"泊坞窗中更改复制后文字的填充颜色与轮廓宽度，如图12-19所示。效果如图12-20所示。

Step 08 调整文字位置。框选两组文字，按Ctrl+G组合键进行组合，如图12-21所示。

Step 09 解锁"PowerClip矩形"对象，选中组合后的文字，在"对齐与分布"泊坞窗中单击"水平居中对齐" 按钮，效果如图12-22所示。

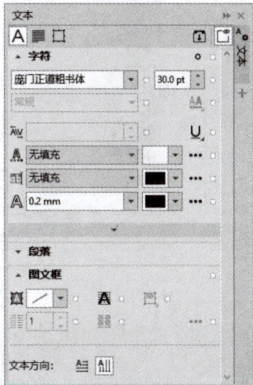
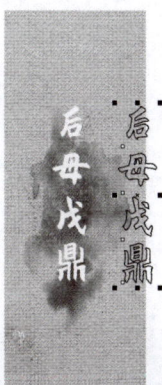

图12-18	图12-19	图12-20	图12-21	图12-22

Step 10 导入素材调整位置与大小，在"属性"泊坞窗中设置透明度为25%，效果如图12-23所示。

Step 11 导入素材调整位置与大小，效果如图12-24所示。

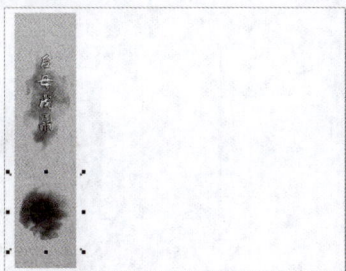
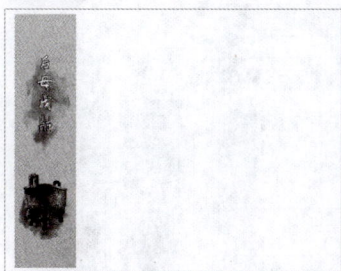

图12-23	图12-24

Step 12 导入祥云素材调整位置与大小，效果如图12-25所示。

Step 13 选择矩形工具绘制宽30mm、高140mm的矩形，如图12-26所示。

Step 14 按住Shift键的同时选中"PowerClip矩形"对象，在"对齐与分布"泊坞窗中单击"水平居中对齐" 按钮，效果如图12-27所示。

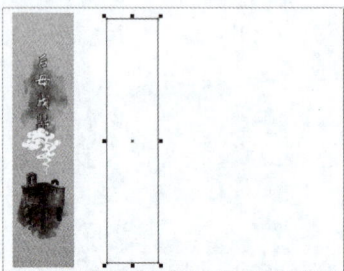
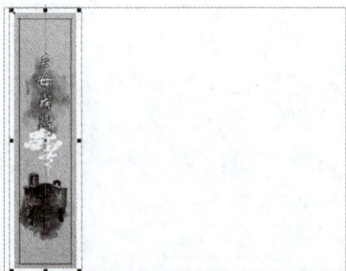

图12-25　　　　　　　　　　　图12-26　　　　　　　　　　　图12-27

Step 15 选择形状工具调整矩形的圆角半径，效果如图12-28所示。

Step 16 选择椭圆形工具绘制直径为5mm的正圆形，同时选中圆角矩形，在"对齐与分布"泊坞窗中单击"顶端对齐" 按钮，效果如图12-29所示。

Step 17 在属性栏中设置"微调距离" 为7mm，选择正圆形，在键盘中按↓键一次，效果如图12-30所示。

图12-28　　　　　　　　　　　图12-29　　　　　　　　　　　图12-30

2. 制作书签1背面

Step 01 在"对象"泊坞窗中选中所有对象，按Ctrl+G组合键进行组合，重命名后复制对象群组，更改复制对象群组的名称，如图12-31所示。

Step 02 使用选择工具移动复制的对象群组，效果如图12-32所示。

Step 03 双击"后母戊鼎背面"对象群组，进入聚焦模式，删除背景图层，导入素材调整至合适大小和位置，如图12-33所示。

微课视频

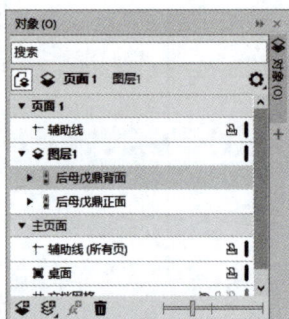
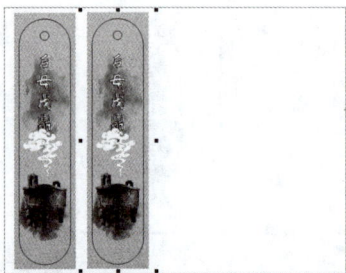
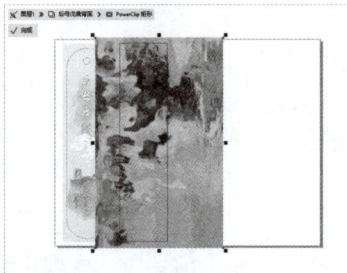

图12-31　　　　　　　　　　　图12-32　　　　　　　　　　　图12-33

Step 04 在"属性"泊坞窗中设置新导入素材的透明度为30%，如图12-34所示。

Step 05 在"对象"泊坞窗中删除部分对象，如图12-35所示。

Step 06 选择"后母戊鼎背面"对象群组中的文字，更改填充颜色（#931E20），如图12-36所示。

图12-34

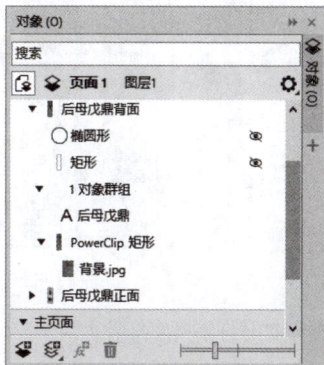

图12-35

图12-36

Step 07 选择文本工具，按住鼠标左键拖动创建文本框并输入文字，在"文本"泊坞窗中设置参数，如图12-37所示。效果如图12-38所示。

Step 08 在"对象"泊坞窗中的"后母戊鼎正面"对象群组中找到"渲染02.png"对象，在"属性"泊坞窗中调整其透明度为40%，效果如图12-39所示。

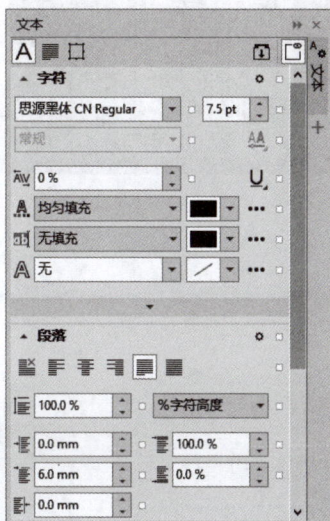

图12-37

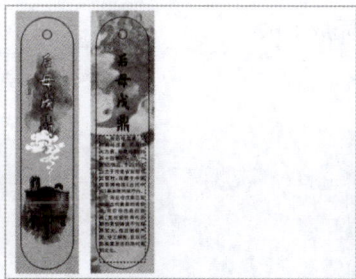

图12-38

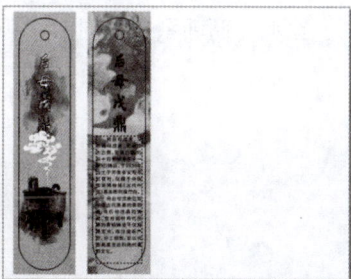

图12-39

3. 制作书签2

Step 01 选中两个对象群组，移动复制，效果如图12-40所示。

Step 02 在"对象"泊坞窗中更改对象群组名称，如图12-41所示。

Step 03 更改书签2正面的文字与部分图像，效果如图12-42所示。

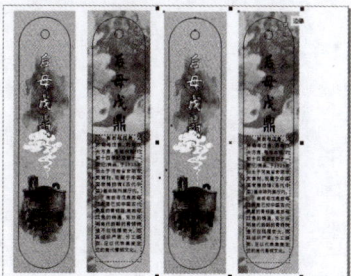

图12-40

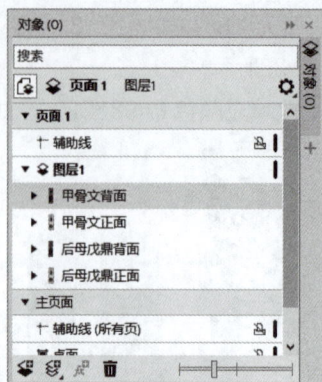

图12-41

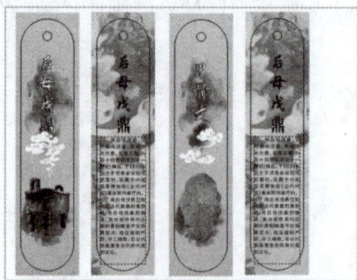

图12-42

Step 04 更改书签2背面的文字，效果如图12-43所示。

Step 05 导出为PDF格式文档，在Photoshop中制作效果图，如图12-44所示。

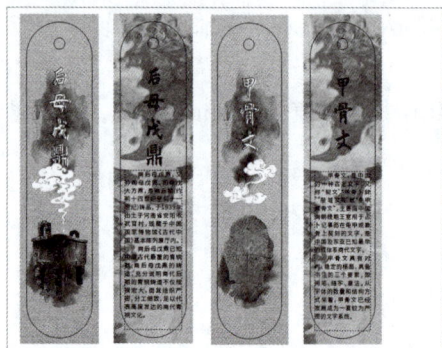

图12-43

图12-44

至此，商朝系列文创书签制作完成。

第 13 章

展架广告的
设计与制作

CDR

内容导读

本章将对展架广告的设计与制作进行讲解，包括展架广告的特点、内容、类别以及印刷工艺。了解并掌握这些基础知识，有助于设计师更好地理解和设计展架广告，提升展架广告在实际应用中的效果。

学习目标

- 了解展架广告的特点
- 熟悉展架广告的内容
- 熟悉展架广告的类别
- 掌握展架广告的印刷工艺

素养目标

- 培养设计师的信息整合能力，使之能够将复杂的信息简化成易于理解的视觉语言，并通过设计元素将信息准确地传达给受众。
- 提高设计师的市场洞察力，使设计师能够了解目标受众的需求和喜好以及行业内最新的趋势和动态，设计出更符合市场需求的展架广告作品。

案例展示

汽修活动展架

13.1 展架广告设计概述

展架广告是一种常用的营销工具，主要用于展会、会议等活动场景以增加产品或服务的可见性。

13.1.1 展架广告的特点

展架广告以其强视觉吸引力、便携性和高效益，成为商家推广产品和服务的有效工具，被广泛应用于各种商业活动中。以下是展架广告的一些关键特点。

1. 视觉吸引力强

展架广告通常采用鲜艳的颜色、大胆的图案和醒目的文字，能够迅速吸引观看者的注意力。这种强视觉冲击力使得展架广告在众多的宣传物料中脱颖而出。

2. 信息传递直接

展架广告通常以简洁明了的方式传递信息。精练的文字描述与生动的图像，直观呈现了产品功能、使用效果或优惠细节，帮助观看者快速理解广告意图。

3. 展示形式多样

展架广告有多种样式和规格可供选择，如门型展架、易拉宝、X展架等，可以根据不同的使用场景和需求进行定制。这种灵活性使得展架广告能够适应各种环境和场合，发挥最大的宣传作用。

4. 安装与拆卸便捷

展架广告通常采用模块化设计，各部件之间通过简单卡扣、磁吸、螺栓连接等方式快速组装，不需要专业工具，节省安装和拆卸时间。

5. 可重复使用

展架主体常由金属（如铝合金）、塑料、复合材料等制作而成，具有耐久性，可以多次使用和搬运。部分展架（如X展架、易拉宝）允许单独更换广告画面，只需更新海报或展示画布即可宣传不同的内容。

6. 空间利用率高

展架可独立放置，也可组合排列，能适应各种场地布局，如商铺门口、通道两侧、展会内部、会场入口等，灵活适应人流走向和视线焦点。

7. 互动性强

展架广告常附带二维码，观看者可通过手机扫码直接访问网站、关注社交媒体账号、下载App、参与线上活动等，实现线上线下联动。部分展架配备交互式触控屏幕，可以增强观看者的参与感。

13.1.2 展架广告的内容

展架广告的内容应该是准确、吸引人且易于理解的，以确保能够快速传达信息并引起目标受众的兴趣。以下是构成展架广告内容的一些关键元素。

- 品牌标识：通常包括公司的商标、标志或品牌名称。品牌标识有助于提高品牌的知名度和认可度，能够让受众立刻识别出广告所代表的品牌。
- 产品展示：展示广告所宣传的产品或服务的图片。产品展示应突出产品的特点和优势，吸引观看者的注意力，激发其购买欲望。

- 促销信息：标注促销折扣、买赠活动、限时特价等具体优惠措施，提升消费者购买意愿。强调活动的有效期或截止日期，营造紧迫感，促进消费者的消费行动。
- 宣传标语：简短有力的宣传标语能够概括广告的核心信息，引起观看者的共鸣并加深他们对广告内容的印象。
- 联系方式：包括电话号码、网站链接、社交媒体账号、二维码等。方便观看者与广告主取得联系，进一步了解产品或服务或进行购买咨询。
- 活动信息：如果广告是为了宣传某个活动或事件，内容中应包含活动的名称、时间、地点和简要介绍。这有助于吸引感兴趣的观看者参与活动。

13.1.3 展架广告的类别

根据结构特点、使用场合、展示方式的不同，展架广告可以分为多种类别。以下列举了一些常见的展架广告类别。

1. X展架

X展架是一种用作广告宣传的、背部具有X型支架的展览展示用品，如图13-1所示。该展架造型设计简练、方便携带、易于存放和拆装，可更换画面，适用于室内展览、会议、讲座、招聘会、门店促销等场合，尤其适用于空间有限的环境中。X展架常用的尺寸为160cm×60cm、180cm×80cm。

2. 易拉宝

易拉宝又称"海报架""展示架""易拉架"等，是一种可收缩的展示促销架。采用卷轴设计，广告画面收纳于底部支撑杆内，使用时向上拉出并固定即可，顶部有支撑杆确保画面稳固，如图13-2所示。其广泛应用于各类室内展示情形，如产品推介、会议、酒店前台、临时摊位等。易拉宝常用的尺寸为200cm×80cm、160cm×60cm。

图13-1

图13-2

3. 落地展架

落地展架属于独立式展架，主画面采用KT板，可以双面印制。它使用铁质材质，应用广泛，角度和高度可以任意调节，如图13-3所示，多用于商场、店面、办公大厦、车站、促销等场合。落地展架常用的尺寸为50cm×70cm、60cm×90cm。

4. 手提展架

手提展架又称"A字架"，把展架四周掰开，然后将画面放置在展架中再合上即可完成安装。手提展架分为单面、双面两种样式，如图13-4所示。多用于移动式销售推广、街头路演、小型会议、快闪活动等需要频繁移动的场合。手提展架常用的尺寸为60cm×80cm、80cm×120cm。

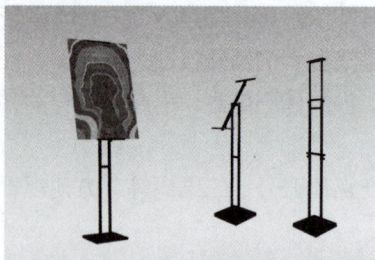

图13-3

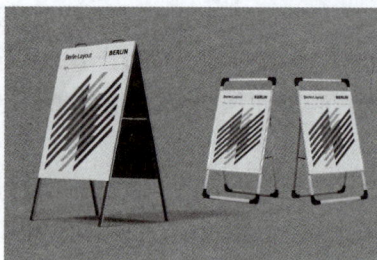

图13-4

5. 门型展架

门型展架的外形类似门框，四周是铁管构成的框架，广告画面四角用弹簧固定，底部有注水箱或铁质底座，结构稳固，展示面积大，视觉效果显著，如图13-5所示。该展架常用于商场、展厅、户外活动、商业街等环境，尤其适合需要较大展示面积和更高稳固性的场合。门型展架常用的尺寸为160cm×60cm、180cm×80cm。

6. POP展架

POP展架是一种多功能且高效的宣传工具，常作为导向牌、告示牌等，如图13-6所示，适用于商场、超市、机场、地铁站入口等位置，发挥着重要的信息传递作用。POP展架常用的尺寸为A3（29.7cm×42cm）、A4（29.7cm×21cm）。

7. 丽屏展架

丽屏展架又称"立牌展架"，可双面展示。该展架采用透明亚克力板或金属边框，中间夹层为广告海报，整体外观较为精致，如图13-7所示，适用于商场、专卖店、橱窗展示、高端会议等对展示品质要求较高的场合。丽屏展架常用的尺寸为200cm×120cm、200cm×80cm。

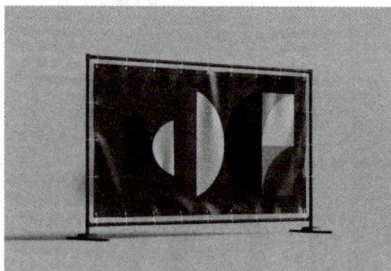

图13-5

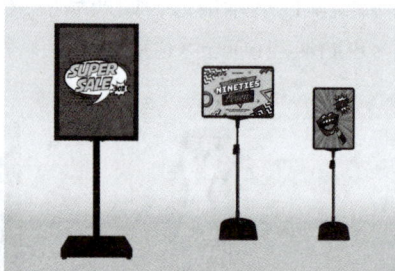

图13-6

图13-7

13.1.4 展架广告的印刷工艺

在选择展架广告的印刷工艺时，需要考虑广告的使用环境（室内或室外）、使用周期、材料种类以及预算等因素。以下是一些主要的印刷工艺。

1. 数码印刷

数码印刷是一种常用于印刷大幅面广告的技术，适合各种尺寸和材料的需求。它支持高分辨率的图像打印，常用的材料包括PVC布、织物、纸张等。数码印刷能够快速打印大量展架广告，且成本相对较低。

2. 丝网印刷

丝网印刷是一种传统的印刷技术，色彩鲜明，覆盖力强，适用于大批量生产展架广告。起初需要一定的时间和成本（制作丝网版），但单件生产成本低，适合大规模的推广活动。

3. 喷墨打印

喷墨打印是一种适用于小批量生产和高定制性需求的技术，特别是需要快速打样或在短时间内完成多样化设计的场景，它能提供高分辨率的打印输出，适用于多种材料。

4. UV印刷

UV印刷能直接在硬质材料上打印，如PVC板、亚克力、金属板等。此技术使用UV墨水材料、光照固化技术，可以实现高质量的图像效果，具有极好的耐候性。印刷的产品适合室内外使用，色彩持久鲜明。

5. 写真喷绘

写真喷绘是展架广告中常见的印刷工艺通过专业的写真喷绘机在大型喷绘布或纸张上打印出高分辨率的图像。写真喷绘的图像色彩鲜艳、细腻，画面效果逼真，适合制作对展示效果要求较高的展架广告。

13.2 汽修活动展架 AIGC

学习了展架广告设计与制作的相关知识后，下面将知识转化为实操，对某公司的活动展架进行设计。

13.2.1 案例分析

案例分析有助于理解优秀设计的构成要素和原理，并从中得到灵感。下面从设计背景、设计元素分析两方面进行介绍。

1. 设计背景

- 产品名称：恒宇汽修活动展架。
- 设计目的：通过展架展示其全面且专业的汽车维修、汽车养护、洗车等服务，吸引潜在客户的关注，得到客户的信任。同时，通过推出会员专享优惠和积分兑换福利活动，增强客户黏性，提高客户回头率。
- 目标受众：私家车车主、出租车司机、物流公司等对汽车保养和维修有需求的个人或企业。

2. 设计元素分析

- 视觉元素：海报采用对比鲜明的色彩，突出主要的服务内容和优惠信息。图片元素展示汽车维修的现场和工具，提高了公司的专业感和可信度。
- 文字元素：文字清晰明了，详细列出服务项目、会员专享和福利赠送，方便受众快速了解并获取所需信息。
- 布局元素：海报布局合理，从上到下依次为服务介绍、会员专享和福利赠送，层次清晰，逻辑性强。

13.2.2 创意阐述

本设计创意性地结合了汽车维修服务的专业性和消费者的实际需求。"洗车/养护/维修一条龙服务"的宣传语突出了恒宇汽修服务的全面性和便捷性。同时，会员专享优惠和积分兑换福利的设定不仅增加了客户的黏性，也提高了客户的满意度和忠诚度。此外，设计还巧妙地利用色彩和布局将海报的各个部分有机地结合起来，形成了一个既美观又实用的宣传作品。

13.2.3 制作过程

实操13-1 汽修活动展架

实例资源 ▶ \第13章\汽修活动展架\素材

1. 制作汽修店标识

微课视频

Step 01 在Midjourney中输入关键词生成标识。例如，输入"生成一个汽修店的标志，要求以汽车、扳手为设计元素，形象简洁，背景为白色"，结果如图13-8所示。

Step 02 查看U4并保存，如图13-9所示。

图13-8

图13-9

Step 03 在CorelDRAW中创建宽度为80mm、高度为180mm的文档，导入素材，如图13-10所示。

Step 04 在属性栏中单击"临摹位图"下拉按钮，选择"轮廓描摹>详细徽标"选项，打开"PowerTRACE"对话框预览效果，如图13-11所示。

图13-10

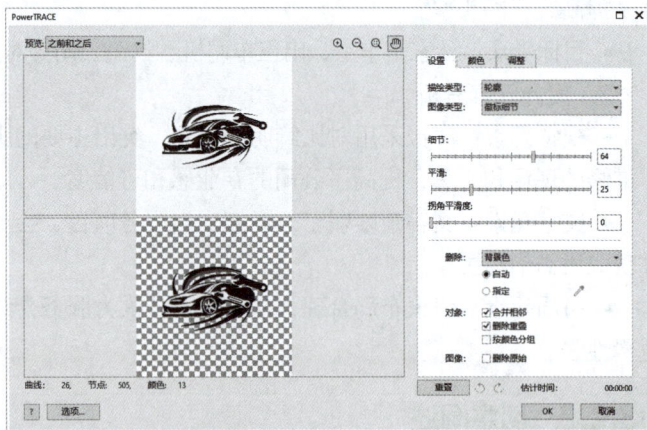
图13-11

Step 05 单击"OK"按钮应用效果，如图13-12所示。

Step 06 在"对象"泊坞窗中隐藏原图像，如图13-13所示。

Step 07 更改部分曲线的颜色（#FFAD14），如图13-14所示。

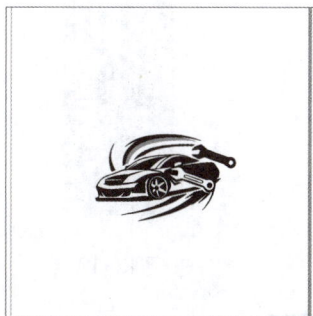

| 图13-12 | 图13-13 | 图13-14 |

Step 08 选择文本工具输入文字，在"文本"泊坞窗中设置参数(字间距100%)，如图13-15所示。

Step 09 选择图形和文字，按Ctrl+G组合键进行组合，如图13-16所示。隐藏该对象群组。

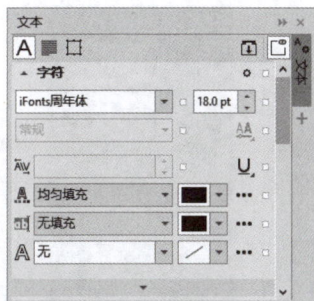

| 图13-15 | 图13-16 |

2. 制作展架背景部分

Step 01 双击矩形工具绘制和文档等大的矩形，并转换为PowerClip图文框，设置轮廓宽度为无，效果如图13-17所示。

Step 02 导入素材并调整显示，如图13-18所示。

微课视频

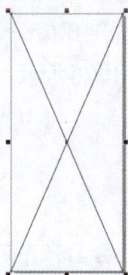

| 图13-17 | 图13-18 |

Step 03 移动素材将其置入PowerClip图文框，如图13-19所示。

Step 04 双击进入聚焦模式调整图像显示，如图13-20所示。

Step 05 在"属性"泊坞窗的"透明度"选项卡中单击"渐变透明度" ![图标]按钮并设置参数，如图13-21所示。

图13-19

图13-20

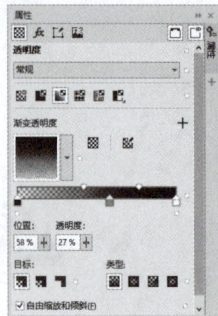

图13-21

Step 06 单击"编辑透明度" ▨ 按钮，在弹出的"编辑透明度"对话框中设置参数，如图13-22所示。

Step 07 单击"OK"按钮应用效果，然后单击"完成" ✓ 完成 按钮退出聚焦模式，如图13-23所示。在"对象"泊坞窗中锁定该对象。

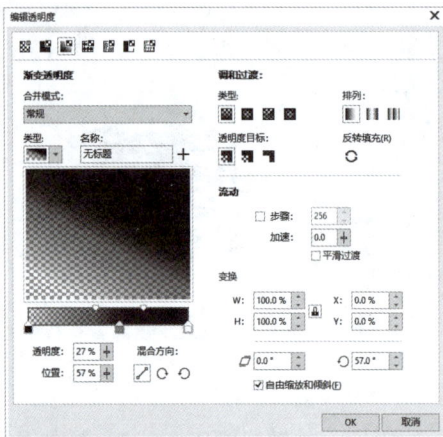

图13-22

图13-23

3. 制作展架文本部分

Step 01 选择文本工具，输入"专业修护"文本，在"文本"泊坞窗中设置参数，如图13-24所示。

Step 02 移动复制后修改文字内容，选中两组文字组合后水平居中对齐，效果如图13-25所示。

Step 03 继续输入文本，在"文本"泊坞窗中设置参数，如图13-26所示。效果如图13-27所示。

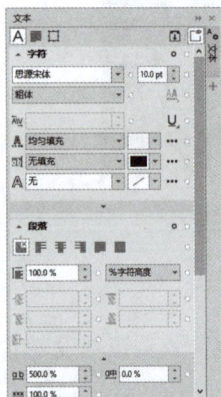

图13-24

图13-25

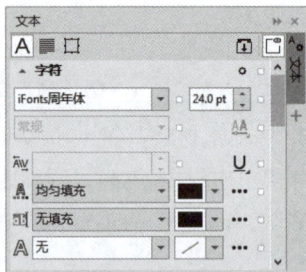

图13-26

Step 04 移动复制文字后更改填充颜色（＃FFAD14），效果如图13-28所示。

Step 05 继续输入文本，在"文本"泊坞窗中设置参数（字间距150%），如图13-29所示。效果如图13-30所示。

图13-27

图13-28

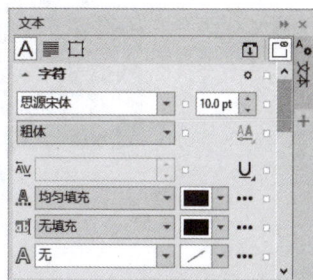

图13-29

Step 06 选择矩形工具绘制矩形，填充白色，向后移动一层，效果如图13-31所示。

Step 07 选中矩形应用渐变透明度效果，然后选中主副标题向下移动至一定位置，效果如图13-32所示。

图13-30

图13-31

图13-32

Step 08 选择星形工具，按住Ctrl键绘制五角星，设置填充颜色为#FFAD14、轮廓宽度为无，效果如图13-33所示。

Step 09 选择文本工具输入文本，在"文本"泊坞窗中设置参数，如图13-34所示。效果如图13-35所示。

图13-33

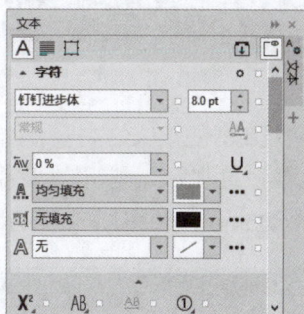

图13-34

图13-35

Step 10 移动复制渐变矩形，水平翻转后调整图层顺序，如图13-36所示。

Step 11 更改填充颜色为黑色，如图13-37所示。

Step 12 选择文本工具输入文字，在"文本"泊坞窗中设置参数，如图13-38、图13-39所示。效果如图13-40所示。

图13-36

图13-37

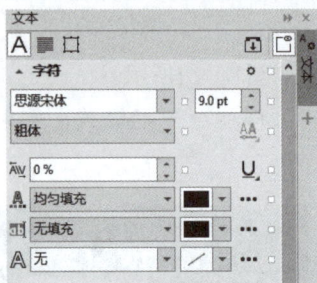

图13-38

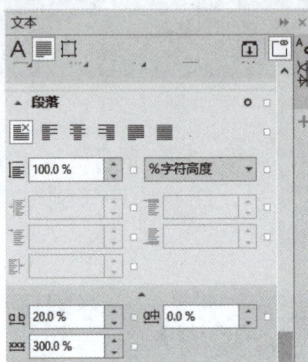

图13-39

图13-40

Step 13 在"变换"泊坞窗中设置参数，如图13-41所示。效果如图13-42所示。

Step 14 更改文字内容，如图13-43所示。

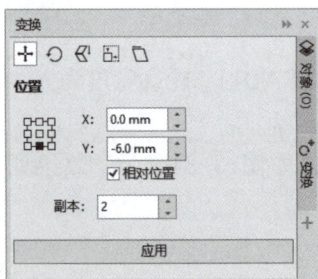

图13-41

图13-42

图13-43

Step 15 选中部分文字和图形，移动复制并更改文字内容，如图13-44所示。

Step 16 在"变换"泊坞窗中将副本数量更改为3，应用效果后更改文字内容，如图13-45所示。

Step 17 选中两段内容文本，向左移动3mm，如图13-46所示。

图13-44

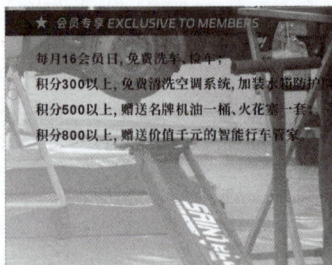

图13-45

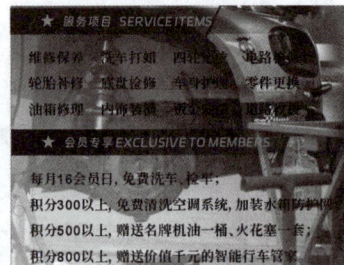

图13-46

CorelDRAW+AIGC 平面设计（微课版）

Step 18 选中部分文字和图形移动复制并更改文字内容，如图13-47所示。

Step 19 选择矩形工具绘制多个圆角半径为1mm的矩形，设置轮廓宽度为无，转换为PowerClip图文框，效果如图13-48所示。

Step 20 导入素材并依次置入PowerClip图文框内，如图13-49所示。

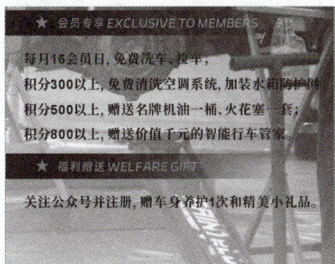
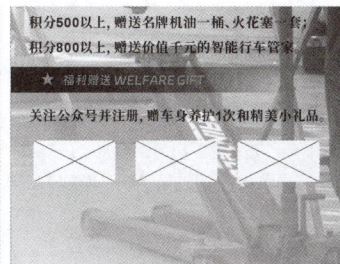
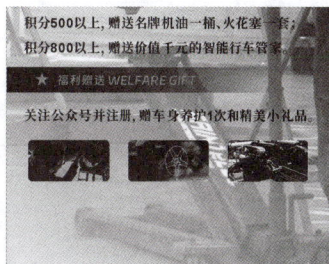

图13-47　　　　　　　　　　图13-48　　　　　　　　　　图13-49

Step 21 显示标识对象群组，调整大小和位置，如图13-50所示。

Step 22 导入素材并调整显示，如图13-51所示。

Step 23 选择文本工具创建段落文本并输入文字，调整居中对齐，效果如图13-52所示。

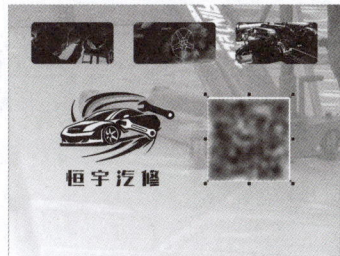
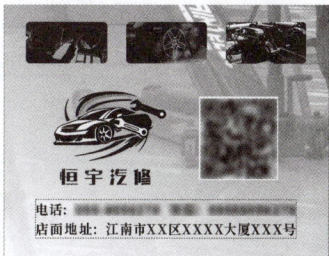

图13-50　　　　　　　　　　图13-51　　　　　　　　　　图13-52

Step 24 利用AIGC工具（如即梦AI），可以生成有活动展架的汽车店场景效果图。在Photoshop中打开效果图，使用"多边形套索工具"，沿展架内容区绘制选区并填充颜色（#ffffe5），如图13-53所示。

Step 25 置入展架海报后自由变换使其贴合展架，更改图层的混合模式为"正片叠底"，效果如图13-54所示。

图13-53　　　　　　　　　　图13-54

至此，汽修活动展架的制作完成。